新三导丛书

XIANXING DAISHU DAOJIAO DAOXUE DAO

线性代数

(同济·第六版)

导教·导学·导考

(第3版)

徐仲 陆全 安晓虹 编

西北工业大学出版社

【内容简介】 本书通过简明的理论介绍与方法总结，以及对大量有代表性的典型例题进行分析、求解和评注，揭示了线性代数的解题方法与技巧. 另外，书中给出了同济大学出版的《线性代数》(第六版)教材中各章习题的解答，书末附录中提供了两套考试真题及解答. 编写本书的目的在于帮助读者把握教学、学习和考试要求，巩固和加深对基本概念的理解，增强运算能力，提高分析问题、解决问题和应试能力.

本书可作为高等院校学生学习线性代数课程的指导书，也可供报考硕士研究生的读者、有关教师及科技工作者参考.

图书在版编目 (CIP) 数据

线性代数导教·导学·导考：同济：第六版/徐仲，陆全，安晓虹编. —西安：西北工业大学出版社，2016.1

(新三导丛书)

ISBN 978-7-5612-4655-9

Ⅰ.①线… Ⅱ.①徐… ②陆… ③安… Ⅲ.①线性代数—高等学校—教材 Ⅳ.①O151.2

中国版本图书馆 CIP 数据核字 (2015) 第 275461 号

出版发行：西北工业大学出版社
通信地址：西安市友谊西路 127 号　　**邮编**：710072
电　　话：(029)88493844　88491757
网　　址：http://www.nwpup.com
印 刷 者：兴平市博闻印务有限公司
开　　本：787 mm×1 092 mm　1/16
印　　张：11.75
字　　数：281 千字
版　　次：2016 年 1 月第 3 版　　2016 年 1 月第 1 次印刷
定　　价：28.00 元

第 3 版前言

本书是在第 1 版(2005 年 1 月出版)的基础上,参照同济大学编写的《线性代数》(第六版)做了进一步的修订.主要改动之处如下:

1. 对各章第四部分"常考题型及考研典型题精解"进行增加或替换,新的例题均为近 5 年的考研真题;

2. 参照《线性代数》(同济·第六版)对第五部分"课后习题全解"进行修订;

3. 对各章后的学习效果两级测试题进行增删、充实;

4. 更新附录"线性代数考试真题".

本次的修订工作由西北工业大学理学院应用数学系安晓虹承担.

我们衷心感谢广大读者对本书的关心,并欢迎继续提出宝贵意见.

编　者

2015 年 8 月于西北工业大学

第 1 版前言

线性代数课程是高等学校普遍开设的一门重要的数学基础课.在全国统一命题的硕士研究生入学数学考试中,线性代数内容占 25%左右(满分 150 分).其中“数学一”含二小题、两大题,共 30 分;“数学二”含三小题、两大题,共 33 分;“数学三”和“数学四”均含三小题、两大题,共 38 分.

线性代数这门课程具有理论的抽象性、逻辑推理的严密性和工程应用的广泛性.读者在学习线性代数时,往往感到抽象难懂,对基本概念及定理结论在理解上感到困难;对如何把所学内容具体应用到解题上感到缺少思路,难以下手;对于课程结束时的考试和考研的相关内容把握不准,迫切需要得到具体指导与帮助.本书就是为解决这些问题而编写的.

本书按照同济大学数学教研室编的最新版《线性代数》(第四版)的自然章编排,每一章由以下六部分内容构成:

一、考点研究——编写本部分的目的主要是使读者明确本章的重点、常考考点以及应掌握的程度.编写中参考了《全国硕士研究生入学统一考试——数学考试大纲》和西北工业大学等国内重点高等学校制订的《线性代数教学大纲》,并将其内容加以细化和归纳,使学生能够正确把握教学、学习和考试的要求.

二、重要结论与公式——本部分将相应章节的内容进行简明扼要的叙述、归纳和总结,部分内容列表或借助框图直观地进行说明.对于有些内容未按章节顺序给出,这是由于线性代数的知识前后联系紧密,相互渗透,集中给出有利于加深读者对基本概念、公式、定理等重点内容的理解和正确应用.

三、主要方法——本部分给出相应章节一些主要计算过程的描述,以使读者熟悉具体计算步骤,提高动手能力.

四、常考题型及考研典型题精解——精选线性代数中具有代表性的部分典型例题,通过对典型例题的解题分析,归纳出线性代数中一些问题的解决方法和技巧,使读者可以举一反三、触类旁通.对于那些需要了解更多典型题的读者,可参阅《线性代数典型题分析解集》(第 2 版)(西北工业大学出版社,2000).

五、课后习题全解——本部分给出《线性代数》(同济大学·第四版)各章习题的全部解答.由于线性代数中解题方法的多样性,对于具有多种解法或答案的习题,一般只给出一种解法或答案.

六、学习效果两级测试题及答案——本部分根据线性代数课程考试和考研内容,精选适量的自测题,并附有答案和部分提示.读者可以通过这些测试题进一步掌握解题要领,巩固和加深对基本概念的理解，增强解决问题的能力，并检验自己对所学知识掌握的程度.

为了帮助读者了解并适应考试，书末附录中提供了两套线性代数课程考试真题及解答. 建议读者在动手做过习题后，再参阅答案.

本书由徐仲、陆全分工合作完成. 书中的疏漏和不妥之处，敬请读者指正.

编　者

2004 年 11 月于西北工业大学

目　　录

第一章 行 列 式

行列式是线性代数中的重要工具,在求解线性方程组、求逆矩阵、判断向量组的线性相关性、求矩阵的特征值、判断二次型的正定性等方面都要用到.

一、考点研究

1. 考试内容与考试要求

考试内容	行列式的概念和基本性质　　行列式按行(列)展开定理
考试要求	(1) 了解 n 阶行列式的概念,掌握行列式的性质. (2) 会应用行列式的性质和行列式按行(列)展开定理计算行列式. (3) 会用克拉默(Cramer)法则.

2. 考点分析

行列式是代表某个数的一个记号.计算行列式即是把这个记号所代表的数具体计算出来.行列式的计算方法多、技巧性强,有关行列式的习题也可以编得很难,但这不一定是考点.在考研试题的线性代数部分中,纯粹考行列式的题很少,且以低阶行列式的计算为主,少数的 n 阶行列式也容易计算.因此,读者应该以熟悉行列式的性质、掌握行列式的基本计算方法为重点,对于 3,4 阶行列式能熟练计算,而一般 n 阶行列式计算只要适当要求即可,不必很难.

二、重要结论与公式

1. 排列的性质

性质 1	交换排列中任意两个数,将改变排列的奇偶性.
性质 2	n 个数 $1,2,\cdots,n$ 可以构成 $n!$ 个不同的 n 阶排列,其中奇、偶排列的个数各占 $\frac{n!}{2}$.
性质 3	任一 n 阶排列 $p_1p_2\cdots p_n$ 与标准排列 $12\cdots n$ 都可以经过一系列对换互变,且所做对换的次数与排列 $p_1p_2\cdots p_n$ 有相同的奇偶性.

2. 对角线法则

对于 2 阶与 3 阶行列式，可以采用对角线法则来记它们所代表的数：

$$\begin{vmatrix} a_{11} & a_{12} \\ a_{21} & a_{22} \end{vmatrix} = \underline{a_{11}a_{22}} - a_{12}a_{21}$$

$$\begin{vmatrix} a_{11} & a_{12} & a_{13} \\ a_{21} & a_{22} & a_{23} \\ a_{31} & a_{32} & a_{33} \end{vmatrix} = \underline{a_{11}a_{22}a_{33}} + \underline{a_{12}a_{23}a_{31}} + \underline{a_{13}a_{21}a_{32}} - a_{13}a_{22}a_{31} - a_{12}a_{21}a_{33} - a_{11}a_{23}a_{32}$$

即实线上 2 个(3 个) 元素的乘积取正号，虚线上 2 个(3 个) 元素的乘积取负号，再求其代数和就是行列式的值.

3. 一些特殊行列式的值

(1) 上(下) 三角行列式等于其主对角线上元素的乘积，即

$$\begin{vmatrix} a_{11} & a_{12} & \cdots & a_{1n} \\ & a_{22} & \cdots & a_{2n} \\ & & \ddots & \vdots \\ & & & a_{nn} \end{vmatrix} = \begin{vmatrix} a_{11} & & & \\ a_{21} & a_{22} & & \\ \vdots & \vdots & \ddots & \\ a_{n1} & a_{n2} & \cdots & a_{nn} \end{vmatrix} = a_{11}a_{22}\cdots a_{nn}$$

(2) 次三角行列式的值等于次对角线元素的乘积并添加适当符号，即

$$\begin{vmatrix} a_{11} & \cdots & a_{1,n-1} & a_{1n} \\ a_{21} & \cdots & a_{2,n-1} & \\ \vdots & ⋰ & & \\ a_{n1} & & & \end{vmatrix} = \begin{vmatrix} & & & a_{1n} \\ & & a_{2,n-1} & a_{2n} \\ & ⋰ & \vdots & \vdots \\ a_{n1} & \cdots & a_{n,n-1} & a_{nn} \end{vmatrix} = (-1)^{\frac{n(n-1)}{2}} a_{1n}a_{2,n-1}\cdots a_{n1}$$

(3) 分块三角行列式可化为低阶行列式的乘积：

$$\begin{vmatrix} a_{11} & \cdots & a_{1m} & 0 & \cdots & 0 \\ \vdots & & \vdots & \vdots & & \vdots \\ a_{m1} & \cdots & a_{mm} & 0 & \cdots & 0 \\ * & \cdots & * & b_{11} & \cdots & b_{1n} \\ \vdots & & \vdots & \vdots & & \vdots \\ * & \cdots & * & b_{n1} & \cdots & b_{nn} \end{vmatrix} = \begin{vmatrix} a_{11} & \cdots & a_{1m} & * & \cdots & * \\ \vdots & & \vdots & \vdots & & \vdots \\ a_{m1} & \cdots & a_{mm} & * & \cdots & * \\ 0 & \cdots & 0 & b_{11} & \cdots & b_{1n} \\ \vdots & & \vdots & \vdots & & \vdots \\ 0 & \cdots & 0 & b_{n1} & \cdots & b_{nn} \end{vmatrix} =$$

$$\begin{vmatrix} a_{11} & \cdots & a_{1m} \\ \vdots & & \vdots \\ a_{m1} & \cdots & a_{mm} \end{vmatrix} \begin{vmatrix} b_{11} & \cdots & b_{1n} \\ \vdots & & \vdots \\ b_{n1} & \cdots & b_{nn} \end{vmatrix}$$

$$\begin{vmatrix} 0 & \cdots & 0 & a_{11} & \cdots & a_{1m} \\ \vdots & & \vdots & \vdots & & \vdots \\ 0 & \cdots & 0 & a_{m1} & \cdots & a_{mm} \\ b_{11} & \cdots & b_{1n} & * & \cdots & * \\ \vdots & & \vdots & \vdots & & \vdots \\ b_{n1} & \cdots & b_{nn} & * & \cdots & * \end{vmatrix} = \begin{vmatrix} * & \cdots & * & a_{11} & \cdots & a_{1m} \\ \vdots & & \vdots & \vdots & & \vdots \\ * & \cdots & * & a_{m1} & \cdots & a_{mm} \\ b_{11} & \cdots & b_{1n} & 0 & \cdots & 0 \\ \vdots & & \vdots & \vdots & & \vdots \\ b_{n1} & \cdots & b_{nn} & 0 & \cdots & 0 \end{vmatrix} =$$

$$(-1)^{mn} \begin{vmatrix} a_{11} & \cdots & a_{1m} \\ \vdots & & \vdots \\ a_{m1} & \cdots & a_{mm} \end{vmatrix} \begin{vmatrix} b_{11} & \cdots & b_{1n} \\ \vdots & & \vdots \\ b_{n1} & \cdots & b_{nn} \end{vmatrix}$$

(4) 范德蒙(Vandermonde)行列式直接套用公式：

$$\begin{vmatrix} 1 & 1 & \cdots & 1 \\ x_1 & x_2 & \cdots & x_n \\ x_1^2 & x_2^2 & \cdots & x_n^2 \\ \vdots & \vdots & & \vdots \\ x_1^{n-1} & x_2^{n-1} & \cdots & x_n^{n-1} \end{vmatrix} = \prod_{n \geqslant i > j \geqslant 1} (x_i - x_j) = (x_2 - x_1)(x_3 - x_1)\cdots(x_n - x_1) \times (x_3 - x_2)\cdots(x_n - x_2) \times \cdots \cdots \times (x_n - x_{n-1})$$

4. 行列式的基本性质

性质 1 行列式与其转置行列式的值相等.

性质 2 行列式中某一行(列)如果有公因数 k，则 k 可以提到行列式符号外. 特别地，若行列式中某行(列)元素全是零，则行列式的值为零.

性质 3 对换行列式中某两行(列)的位置，行列式的值改变符号. 特别地，如两行(列)元素对应相等或成比例，则行列式的值是零.

性质 4 如果行列式中某行(列)的每个元素都是两个数的和，则这个行列式可以拆成两个行列式的和，这两个行列式分别以这两组数作为行(列)，其余各行(列)与原行列式相同.

性质 5 把行列式某行(列)的 k 倍加至另一行(列)，行列式的值不变.(在行列式计算中，往往先用这条性质作恒等变形，以期简化计算.)

5. 行列式按行(列)展开公式

设 $D=\begin{vmatrix} a_{11} & a_{12} & \cdots & a_{1n} \\ a_{21} & a_{22} & \cdots & a_{2n} \\ \vdots & \vdots & & \vdots \\ a_{n1} & a_{n2} & \cdots & a_{nn} \end{vmatrix}$,则

$$D=a_{i1}A_{i1}+a_{i2}A_{i2}+\cdots+a_{in}A_{in} \qquad (i=1,2,\cdots,n)$$
$$D=a_{1j}A_{1j}+a_{2j}A_{2j}+\cdots+a_{nj}A_{nj} \qquad (j=1,2,\cdots,n)$$

其中

$$A_{ij}=(-1)^{i+j}\begin{vmatrix} a_{11} & \cdots & a_{1,j-1} & a_{1,j+1} & \cdots & a_{1n} \\ \vdots & & \vdots & \vdots & & \vdots \\ a_{i-1,1} & \cdots & a_{i-1,j-1} & a_{i-1,j+1} & \cdots & a_{i-1,n} \\ a_{i+1,1} & \cdots & a_{i+1,j-1} & a_{i+1,j+1} & \cdots & a_{i+1,n} \\ \vdots & & \vdots & \vdots & & \vdots \\ a_{n1} & \cdots & a_{n,j-1} & a_{n,j+1} & \cdots & a_{nn} \end{vmatrix}$$

是 a_{ij} 的代数余子式.

6. 有关行列式的重要公式

行列式一行(列)元素与另一行(列)对应元素的代数余子式乘积之和等于零,即

$$a_{i1}A_{j1}+a_{i2}A_{j2}+\cdots+a_{in}A_{jn}=0 \qquad (i\neq j)$$
$$a_{1i}A_{1j}+a_{2i}A_{2j}+\cdots+a_{ni}A_{nj}=0 \qquad (i\neq j)$$

7. Cramer 法则

定理 对于 n 个未知数 n 个方程的线性方程组

$$\begin{cases} a_{11}x_1+a_{12}x_2+\cdots+a_{1n}x_n=b_1 \\ a_{21}x_1+a_{22}x_2+\cdots+a_{2n}x_n=b_2 \\ \quad\cdots\cdots \\ a_{n1}x_1+a_{n2}x_2+\cdots+a_{nn}x_n=b_n \end{cases}$$

如果系数行列式 $D=|a_{ij}|\neq 0$,则方程组有唯一解

$$x_1=\frac{D_1}{D},\quad x_2=\frac{D_2}{D},\quad \cdots,\quad x_n=\frac{D_n}{D}$$

其中 D_j 是把 D 中第 j 列换成常数项所得到的行列式,即

$$D_j=\begin{vmatrix} a_{11} & \cdots & a_{1,j-1} & b_1 & a_{1,j+1} & \cdots & a_{1n} \\ a_{21} & \cdots & a_{2,j-1} & b_2 & a_{2,j+1} & \cdots & a_{2n} \\ \vdots & & \vdots & \vdots & \vdots & & \vdots \\ a_{n1} & \cdots & a_{n,j-1} & b_n & a_{n,j+1} & \cdots & a_{nn} \end{vmatrix} \qquad (j=1,2,\cdots,n)$$

推论 含 n 个未知数 n 个方程的齐次线性方程组

$$\begin{cases} a_{11}x_1 + a_{12}x_2 + \cdots + a_{1n}x_n = 0 \\ a_{21}x_1 + a_{22}x_2 + \cdots + a_{2n}x_n = 0 \\ \quad\cdots\cdots \\ a_{n1}x_1 + a_{n2}x_2 + \cdots + a_{nn}x_n = 0 \end{cases}$$

有非零解(即无穷多解)的充分必要条件是它的系数行列式$D=0$.

注 该推论的充分性由克拉默法则即得,而必要性由第三章的齐次线性方程组有无穷多解的判定条件得到.

三、主要方法

除了较简单的行列式可以利用定义直接计算外,一般行列式有以下基本计算方法.

方法一 利用行列式的性质对行列式做恒等变形化为上(下)三角行列式或次三角行列式,从而直接求得其值.

方法二 利用按行(列)展开定理降低行列式的阶数.但在展开之前往往先通过对行列式恒等变形,使得新行列式的某一行(列)中有较多的零,再按该行(列)展开.

在计算行列式时,应根据行列式的特点和元素的规律性,采取适当的次序和步骤来进行,因此,首先观察和研究行列式元素的规律性是重要的.

计算行列式的常用技巧有三角化法、升阶(或加边)法、递推法、数学归纳法等.

四、常考题型及考研典型题精解

例 1-1 计算 n 阶行列式

$$D_n = \begin{vmatrix} a_1 & b_1 & & & \\ & a_2 & b_2 & & \\ & & \ddots & \ddots & \\ & & & a_{n-1} & b_{n-1} \\ b_n & & & & a_n \end{vmatrix}$$

分析 对于形如的所谓两条线的行列式,可直接展开降阶,再利用三角或次三角行列式的结果直接计算.

解 按第 1 列展开得

$$D_n = a_1 \begin{vmatrix} a_2 & b_2 & & \\ & \ddots & \ddots & \\ & & a_{n-1} & b_{n-1} \\ & & & a_n \end{vmatrix} + b_n(-1)^{n+1} \begin{vmatrix} b_1 & & & \\ a_2 & b_2 & & \\ & \ddots & \ddots & \\ & & a_{n-1} & b_{n-1} \end{vmatrix} =$$

$$a_1a_2\cdots a_n + (-1)^{n+1}b_1b_2\cdots b_n$$

例 1-2 计算 $2n$ 阶行列式

$$D_{2n}=\begin{vmatrix}
a &&&&&& & b\\
& a &&&&& b &\\
&& \ddots &&& \iddots &&\\
&&& a & b &&&\\
&&& c & d &&&\\
&& \iddots &&& \ddots &&\\
& c &&&&& d &\\
c &&&&&&& d
\end{vmatrix}$$

分析　这是形如 $|\boxtimes|$ 的所谓两条线行列式,可直接展开得到递推公式.

解　按第 1 行展开得

$$D_{2n}=a\begin{vmatrix}
a &&&& b & 0\\
& \ddots && \iddots &&\\
&& a \;\; b &&&\\
&& c \;\; d &&&\\
& \iddots && \ddots &&\\
c &&&& d &\\
0 &&&&& d
\end{vmatrix}+b(-1)^{1+2n}\begin{vmatrix}
0 & a &&&& b\\
&& \ddots && \iddots &\\
&&& a \;\; b &&\\
&&& c \;\; d &&\\
&& \iddots && \ddots &\\
& c &&&& d\\
c &&&&& 0
\end{vmatrix}=$$

$$ad\begin{vmatrix}
a &&&& b\\
& \ddots && \iddots &\\
&& a \;\; b &&\\
&& c \;\; d &&\\
& \iddots && \ddots &\\
c &&&& d
\end{vmatrix}-bc(-1)^{(2n-1)+1}\begin{vmatrix}
a &&&& b\\
& \ddots && \iddots &\\
&& a \;\; b &&\\
&& c \;\; d &&\\
& \iddots && \ddots &\\
c &&&& d
\end{vmatrix}=$$

$$(ad-bc)D_{2n-2}$$

于是

$$D_{2n}=(ad-bc)D_{2(n-1)}=(ad-bc)^2D_{2(n-2)}=\cdots=(ad-bc)^{n-1}D_2=(ad-bc)^n$$

例 1－3　计算 $n+1$ 阶行列式

$$D_{n+1}=\begin{vmatrix}
1 & 1 & \cdots & 1 & 1 & a_0\\
0 & 0 & \cdots & 0 & a_1 & 1\\
0 & 0 & \cdots & a_2 & 0 & 1\\
\vdots & \vdots & & \vdots & \vdots & \\
0 & a_{n-1} & \cdots & 0 & 0 & 1\\
a_n & 0 & \cdots & 0 & 0 & 1
\end{vmatrix}\qquad (a_1a_2\cdots a_n\neq 0)$$

分析　对于形如 |↖|,|↗|,|↙|,|↘| 的所谓**箭形(或爪形)行列式**,可以直接利用行列式性质将其化为三角或次三角行列式来计算.

解

$$D_{n+1}\xlongequal[\substack{\vdots \\ c_{n+1}-\frac{1}{a_n}c_1}]{\substack{c_{n+1}-\frac{1}{a_1}c_n \\ c_{n+1}-\frac{1}{a_2}c_{n-1}}}\begin{vmatrix} 1 & 1 & \cdots & 1 & 1 & a_0-\frac{1}{a_1}-\cdots-\frac{1}{a_n} \\ 0 & 0 & \cdots & 0 & a_1 & 0 \\ 0 & 0 & \cdots & a_2 & 0 & 0 \\ \vdots & \vdots & & \vdots & \vdots & \vdots \\ 0 & a_{n-1} & \cdots & 0 & 0 & 0 \\ a_n & 0 & \cdots & 0 & 0 & 0 \end{vmatrix}=$$

$$(-1)^{\frac{(n+1)n}{2}}\left(a_0-\frac{1}{a_1}-\cdots-\frac{1}{a_n}\right)a_1a_2\cdots a_n$$

例 1-4 计算 n 阶行列式

$$D_n=\begin{vmatrix} x_1-m & x_2 & \cdots & x_n \\ x_1 & x_2-m & \cdots & x_n \\ \vdots & \vdots & & \vdots \\ x_1 & x_2 & \cdots & x_n-m \end{vmatrix}$$

分析 该行列式具有各行元素之和相等的特点，可将第 2，3，…，n 列都加到第 1 列，则第 1 列的元素相等，再进一步化简. 对于各列元素之和相等的行列式，也可类似处理.

解

$$D_n\xlongequal[\substack{\vdots \\ c_1+c_n}]{\substack{c_1+c_2 \\ c_1+c_3}}\begin{vmatrix} x_1+\cdots+x_n-m & x_2 & \cdots & x_n \\ x_1+\cdots+x_n-m & x_2-m & \cdots & x_n \\ \vdots & \vdots & & \vdots \\ x_1+\cdots+x_n-m & x_2 & \cdots & x_n-m \end{vmatrix}\xlongequal[\substack{\vdots \\ r_n-r_1}]{\substack{r_2-r_1 \\ r_3-r_1}}$$

$$\begin{vmatrix} x_1+\cdots+x_n-m & x_2 & \cdots & x_n \\ 0 & -m & \cdots & 0 \\ \vdots & \vdots & & \vdots \\ 0 & 0 & \cdots & -m \end{vmatrix}=(-m)^{n-1}(x_1+\cdots+x_n-m)$$

例 1-5 设 x_1,x_2,x_3 是方程 $x^3+px+q=0$ 的 3 个根，则行列式 $\begin{vmatrix} x_1 & x_2 & x_3 \\ x_3 & x_1 & x_2 \\ x_2 & x_3 & x_1 \end{vmatrix}=$ <u>0</u>.

分析 该行列式具有行(列)和相等的特点. 由于 x_1,x_2,x_3 是方程 $x^3+px+q=0$ 的 3 个根，从而

$$x^3+px+q=(x-x_1)(x-x_2)(x-x_3)=$$
$$x^3-(x_1+x_2+x_3)x^2+(x_1x_2+x_1x_3+x_2x_3)x-x_1x_2x_3$$

可见 $x_1+x_2+x_3=0$，故

$$\begin{vmatrix} x_1 & x_2 & x_3 \\ x_3 & x_1 & x_2 \\ x_2 & x_3 & x_1 \end{vmatrix}\xlongequal[c_1+c_3]{c_1+c_2}\begin{vmatrix} x_1+x_2+x_3 & x_2 & x_3 \\ x_1+x_2+x_3 & x_1 & x_2 \\ x_1+x_2+x_3 & x_3 & x_1 \end{vmatrix}=\begin{vmatrix} 0 & x_2 & x_3 \\ 0 & x_1 & x_2 \\ 0 & x_3 & x_1 \end{vmatrix}=0$$

例 1-6 计算 n 阶行列式

$$D_n=\begin{vmatrix} a_1+b_1 & a_2 & \cdots & a_n \\ a_1 & a_2+b_2 & \cdots & a_n \\ \vdots & \vdots & & \vdots \\ a_1 & a_2 & \cdots & a_n+b_n \end{vmatrix} \qquad (b_1b_2\cdots b_n\neq 0)$$

分析 该行列式的各行含有共同的元素 $a_1,a_2,\cdots,a_n$，可在保持原行列式值不变的情况下，增加一行一列(称为**升阶法**或**加边法**)，适当选择所增行(或列)的元素，使得下一步化简后出现大量的零元素.

解

$$D_n \xlongequal{\text{升阶}} \begin{vmatrix} 1 & a_1 & a_2 & \cdots & a_n \\ 0 & a_1+b_1 & a_2 & \cdots & a_n \\ 0 & a_1 & a_2+b_2 & \cdots & a_n \\ \vdots & \vdots & \vdots & & \vdots \\ 0 & a_1 & a_2 & \cdots & a_n+b_n \end{vmatrix} \xlongequal[\mathrm{r}_{n+1}-\mathrm{r}_1]{\substack{\mathrm{r}_2-\mathrm{r}_1\\ \mathrm{r}_3-\mathrm{r}_1\\ \vdots}}$$

$$\begin{vmatrix} 1 & a_1 & a_2 & \cdots & a_n \\ -1 & b_1 & 0 & \cdots & 0 \\ -1 & 0 & b_2 & \cdots & 0 \\ \vdots & \vdots & \vdots & & \vdots \\ -1 & 0 & 0 & \cdots & b_n \end{vmatrix} \xlongequal[\mathrm{c}_1+\frac{1}{b_n}\mathrm{c}_{n+1}]{\substack{\mathrm{c}_1+\frac{1}{b_1}\mathrm{c}_2\\ \mathrm{c}_1+\frac{1}{b_2}\mathrm{c}_3\\ \vdots}}$$

$$\begin{vmatrix} 1+\frac{a_1}{b_1}+\cdots+\frac{a_n}{b_n} & a_1 & a_2 & \cdots & a_n \\ 0 & b_1 & 0 & \cdots & 0 \\ 0 & 0 & b_2 & \cdots & 0 \\ \vdots & \vdots & \vdots & & \vdots \\ 0 & 0 & 0 & \cdots & b_n \end{vmatrix} = b_1b_2\cdots b_n\left(1+\frac{a_1}{b_1}+\cdots+\frac{a_n}{b_n}\right)$$

例 1－7 计算 n 阶行列式

$$D_n=\begin{vmatrix} 2 & 1 & & & \\ 1 & 2 & 1 & & \\ & 1 & \ddots & \ddots & 1 \\ & & \ddots & \ddots & \\ & & & 1 & 2 \end{vmatrix} \qquad (n\geqslant 3)$$

分析 该类行列式称为**三对角行列式**，通常的计算方法是将它按某行(列)展开，得到 D_n 与 D_{n-1} 和 D_{n-2} 的关系，再进一步递推求解或归纳证明.

解

$$D_n \xlongequal{\text{按第 1 行展开}} 2D_{n-1}+1\cdot(-1)^{1+2}\begin{vmatrix}1 & 1 & & & \\ & 2 & 1 & & \\ & 1 & \ddots & \ddots & \\ & & \ddots & \ddots & 1 \\ & & & 1 & 2\end{vmatrix}=2D_{n-1}-D_{n-2}$$

把上面的递推公式改写为

$$D_n-D_{n-1}=D_{n-1}-D_{n-2}$$

利用上式继续递推,可得

$$D_n-D_{n-1}=D_{n-1}-D_{n-2}=\cdots=D_2-D_1$$

由于 $D_2=\begin{vmatrix}2 & 1\\ 1 & 2\end{vmatrix}=3, D_1=2$,则有 $D_n-D_{n-1}=1$. 从而又得

$$D_n=D_{n-1}+1=(D_{n-2}+1)+1=D_{n-2}+2=\cdots=D_1+(n-1)=n+1$$

例 1-8 计算 n 阶行列式

$$D_n=\begin{vmatrix}1 & 1 & \cdots & 1\\ x_1 & x_2 & \cdots & x_n\\ x_1^2 & x_2^2 & \cdots & x_n^2\\ \vdots & \vdots & & \vdots\\ x_1^{n-2} & x_2^{n-2} & \cdots & x_n^{n-2}\\ x_1^n & x_2^n & \cdots & x_n^n\end{vmatrix}$$

分析 D_n 不是范德蒙行列式,但可考虑构造 $n+1$ 阶的范德蒙行列式,再利用范德蒙行列式的结果,间接地求出 D_n 的值.

解 构造 $n+1$ 阶范德蒙行列式

$$f(x)=\begin{vmatrix}1 & 1 & \cdots & 1 & 1\\ x_1 & x_2 & \cdots & x_n & x\\ x_1^2 & x_2^2 & \cdots & x_n^2 & x^2\\ \vdots & \vdots & & \vdots & \vdots\\ x_1^{n-2} & x_2^{n-2} & \cdots & x_n^{n-2} & x^{n-2}\\ x_1^{n-1} & x_2^{n-1} & \cdots & x_n^{n-1} & x^{n-1}\\ x_1^n & x_2^n & \cdots & x_n^n & x^n\end{vmatrix}$$

将 $f(x)$ 按第 $n+1$ 列展开,得

$$f(x)=A_{1,n+1}+A_{2,n+1}x+\cdots+A_{n,n+1}x^{n-1}+A_{n+1,n+1}x^n$$

其中 x^{n-1} 的系数为

$$A_{n,n+1}=(-1)^{n+(n+1)}D_n=-D_n$$

又根据范德蒙行列式的结果得

$$f(x)=(x-x_1)(x-x_2)\cdots(x-x_n)\prod_{n\geqslant i>j\geqslant 1}(x_i-x_j)$$

由上式可求得 x^{n-1} 的系数为

$$-(x_1+x_2+\cdots+x_n)\prod_{n\geqslant i>j\geqslant 1}(x_i-x_j)$$

故
$$D_n=(x_1+x_2+\cdots+x_n)\prod_{n\geqslant i>j\geqslant 1}(x_i-x_j)$$

例 1-9 已知 $D=\begin{vmatrix} a_1 & a_2 & a_3 & a_4 \\ a_2 & a_2 & a_4 & a_5 \\ a_3 & a_2 & a_5 & a_6 \\ a_4 & a_2 & a_6 & a_7 \end{vmatrix}$ $(a_i\neq 0)$，则$A_{13}+A_{23}+A_{33}+A_{43}=$ <u>0</u>.

分析 直接求第 3 列元素的代数余子式 $A_{i3}(i=1,2,3,4)$，须要计算 4 个 3 阶行列式，工作量太大.

法 1 利用一列元素与另一列元素的代数余子式乘积之和等于零的性质，得

$$a_{12}A_{13}+a_{22}A_{23}+a_{32}A_{33}+a_{42}A_{43}=a_2(A_{13}+A_{23}+A_{33}+A_{43})=0$$

于是由 $a_2\neq 0$ 知 $A_{13}+A_{23}+A_{33}+A_{43}=0$.

法 2 将 $A_{13}+A_{23}+A_{33}+A_{43}$ 改写成 $1\cdot A_{13}+1\cdot A_{23}+1\cdot A_{33}+1\cdot A_{43}$，理解成将行列式 D 的第 3 列元素全换成 1 后按第 3 列展开而得到的，于是

$$A_{13}+A_{23}+A_{33}+A_{43}=\begin{vmatrix} a_1 & a_2 & 1 & a_4 \\ a_2 & a_2 & 1 & a_5 \\ a_3 & a_2 & 1 & a_6 \\ a_4 & a_2 & 1 & a_7 \end{vmatrix}=0$$

例 1-10 设 $f(x)=c_0+c_1x+c_2x^2+\cdots+c_nx^n$. 若 $f(x)$ 有 $n+1$ 个不同的零点，证明 $f(x)$ 是零多项式.

分析 $f(x)$ 中有 $n+1$ 个系数 $c_0,c_1,\cdots,c_n$ 要确定. 若 $f(x)$ 有 $n+1$ 个不同的零点 $a_i(i=1,2,\cdots,n+1)$，则由 $f(a_i)=0\ (i=1,2,\cdots,n+1)$ 得到了含 $n+1$ 个未知数 $c_0,c_1,\cdots,c_n$ 和$n+1$ 个方程的齐次线性方程组，从而可利用 Cramer 法则求解.

证 设 $a_i(i=1,2,\cdots,n+1)$ 是 $f(x)$ 的 $n+1$ 个不同的根，即 $a_i\neq a_j(i\neq j)$，则由 $f(a_i)=0\quad(i=1,2,\cdots,n+1)$，得

$$\begin{cases} c_0+c_1a_1+c_2a_1^2+\cdots+c_na_1^n=0 \\ c_0+c_1a_2+c_2a_2^2+\cdots+c_na_2^n=0 \\ \cdots\cdots \\ c_0+c_1a_{n+1}+c_2a_{n+1}^2+\cdots+c_na_{n+1}^n=0 \end{cases}$$

该方程组的系数行列式是范德蒙行列式的转置，即

$$D=\begin{vmatrix} 1 & a_1 & a_1^2 & \cdots & a_1^n \\ 1 & a_2 & a_2^2 & \cdots & a_2^n \\ \vdots & \vdots & \vdots & & \vdots \\ 1 & a_{n+1} & a_{n+1}^2 & \cdots & a_{n+1}^n \end{vmatrix}=\prod_{n+1\geqslant i>j\geqslant 1}(a_i-a_j)\neq 0$$

由 Cramer 法则知，上述方程组只有唯一零解，即 $c_0=c_1=\cdots=c_n=0$，故 $f(x)=0$.

五、课后习题全解(习题一)

1. 利用对角线法则计算下列3阶行列式.

(1) $\begin{vmatrix} 2 & 0 & 1 \\ 1 & -4 & -1 \\ -1 & 8 & 3 \end{vmatrix}$;　　(2) $\begin{vmatrix} a & b & c \\ b & c & a \\ c & a & b \end{vmatrix}$;

(3) $\begin{vmatrix} 1 & 1 & 1 \\ a & b & c \\ a^2 & b^2 & c^2 \end{vmatrix}$;　　(4) $\begin{vmatrix} x & y & x+y \\ y & x+y & x \\ x+y & x & y \end{vmatrix}$.

解 (1) $D=2\times(-4)\times3+0\times(-1)\times(-1)+1\times1\times8-2\times(-1)\times8-0\times1\times3-1\times(-4)\times(-1)=-4$

(2) $D=acb+bac+cba-a^3-b^3-c^3=3abc-a^3-b^3-c^3$

(3) $D=bc^2+ca^2+ab^2-cb^2-ac^2-ba^2=(a-b)(b-c)(c-a)$

(4) $D=x(x+y)y+yx(x+y)+(x+y)yx-x^3-y^3-(x+y)^3=-2(x^3+y^3)$

2. 按自然数从小到大为标准次序,求下列各排列的逆序数.

(1) 1 2 3 4;　　(2) 4 1 3 2;　　(3) 3 4 2 1;

(4) 2 4 1 3;　　(5) 1 3 … $(2n-1)$ 2 4 … $(2n)$;

(6) 1 3 … $(2n-1)$ $(2n)$ $(2n-2)$ … 2.

解 (1) $t=0+0+0+0=0$.

(2) $t=0+1+1+2=4$.

(3) $t=0+0+2+3=5$.

(4) $t=0+0+2+1=3$.

(5) $t=0+0+\cdots+0+(n-1)+(n-2)+\cdots+1+0=\dfrac{(n-1)n}{2}$.

(6) $t=0+0+\cdots+0+0+2+4+\cdots+(2n-2)=2[1+2+\cdots+(n-1)]=(n-1)n$.

3. 写出4阶行列式中含有因子 $a_{11}a_{23}$ 的项.

解 4阶行列式中包含 $a_{11}a_{23}$ 的所有项数为4元排列1 3 p_3 p_4 的个数.因为 p_3,p_4 所取的排列是2,4这两个数所取的两个全排列,从而1 3 p_3 p_4 能组成的4元排列共有2个,即

$$1\ 3\ 2\ 4,\qquad 1\ 3\ 4\ 2$$

这两个排列的逆序数分别为1和2,故4阶行列式中含有因子 $a_{11}a_{23}$ 的项为

$$-a_{11}a_{23}a_{32}a_{44},\quad a_{11}a_{23}a_{34}a_{42}$$

4. 计算下列各行列式.

(1) $\begin{vmatrix} 4 & 1 & 2 & 4 \\ 1 & 2 & 0 & 2 \\ 10 & 5 & 2 & 0 \\ 0 & 1 & 1 & 7 \end{vmatrix}$;　　(2) $\begin{vmatrix} 2 & 1 & 4 & 1 \\ 3 & -1 & 2 & 1 \\ 1 & 2 & 3 & 2 \\ 5 & 0 & 6 & 2 \end{vmatrix}$;

(3) $\begin{vmatrix} -ab & ac & ae \\ bd & -cd & de \\ bf & cf & -ef \end{vmatrix}$；　　(4) $\begin{vmatrix} 1 & 1 & 1 \\ a & b & c \\ b+c & c+a & a+b \end{vmatrix}$；

(5) $\begin{vmatrix} a & 1 & 0 & 0 \\ -1 & b & 1 & 0 \\ 0 & -1 & c & 1 \\ 0 & 0 & -1 & d \end{vmatrix}$；　　(6) $\begin{vmatrix} 1 & 2 & 3 & 4 \\ 1 & 3 & 4 & 1 \\ 1 & 4 & 1 & 2 \\ 1 & 1 & 2 & 3 \end{vmatrix}$.

解　(1) $D \xlongequal[r_3-10r_2]{r_1-4r_2} \begin{vmatrix} 0 & -7 & 2 & -4 \\ 1 & 2 & 0 & 2 \\ 0 & -15 & 2 & -20 \\ 0 & 1 & 1 & 7 \end{vmatrix} \xlongequal[r_3+15r_4]{r_1+7r_4}$

$$\begin{vmatrix} 0 & 0 & 9 & 45 \\ 1 & 2 & 0 & 2 \\ 0 & 0 & 17 & 85 \\ 0 & 1 & 1 & 7 \end{vmatrix} \xlongequal[r_3\div 17]{r_1\div 9} 153\begin{vmatrix} 0 & 0 & 1 & 5 \\ 1 & 2 & 0 & 2 \\ 0 & 0 & 1 & 5 \\ 0 & 1 & 1 & 7 \end{vmatrix}=0$$

(2)

$$D \xlongequal{r_2+r_1} \begin{vmatrix} 2 & 1 & 4 & 1 \\ 5 & 0 & 6 & 2 \\ 1 & 2 & 3 & 2 \\ 5 & 0 & 6 & 2 \end{vmatrix}=0$$

(3) $D \xlongequal[\substack{r_2\div d \\ r_3\div f}]{r_1\div a} adf\begin{vmatrix} -b & c & e \\ b & -c & e \\ b & c & -e \end{vmatrix} \xlongequal[\substack{c_2\div c \\ c_3\div e}]{c_1\div b} abcdef\begin{vmatrix} -1 & 1 & 1 \\ 1 & -1 & 1 \\ 1 & 1 & -1 \end{vmatrix}=4abcdef$

(4) **法 1**

$$D \xlongequal[c_3-c_1]{c_2-c_1} \begin{vmatrix} 1 & 0 & 0 \\ a & b-a & c-a \\ b+c & a-b & a-c \end{vmatrix} \xlongequal[c_3\div(c-a)]{c_2\div(b-a)} (b-a)(c-a)\begin{vmatrix} 1 & 0 & 0 \\ a & 1 & 1 \\ b+c & -1 & -1 \end{vmatrix}=0$$

法 2

$$D \xlongequal[r_3+r_2]{r_3+r_1} \begin{vmatrix} 1 & 1 & 1 \\ a & b & c \\ a+b+c+1 & a+b+c+1 & a+b+c+1 \end{vmatrix} \xlongequal{r_3\div(a+b+c+1)}$$

$$(a+b+c+1)\begin{vmatrix} 1 & 1 & 1 \\ a & b & c \\ 1 & 1 & 1 \end{vmatrix}=0$$

(5) $D \xlongequal{\text{按第 1 行展开}} a\cdot(-1)^{1+1}\begin{vmatrix} b & 1 & 0 \\ -1 & c & 1 \\ 0 & -1 & d \end{vmatrix}+1\cdot(-1)^{1+2}\begin{vmatrix} -1 & 1 & 0 \\ 0 & c & 1 \\ 0 & -1 & d \end{vmatrix}=$

$$a\left(b\begin{vmatrix} c & 1 \\ -1 & d \end{vmatrix}+1\cdot(-1)^{1+2}\begin{vmatrix} -1 & 1 \\ 0 & d \end{vmatrix}\right)-(-1)\begin{vmatrix} c & 1 \\ -1 & d \end{vmatrix}=$$

$$abcd+ab+ad+cd+1$$

(6) $$D\xlongequal[(i=2,3,4)]{r_i-r_1}\begin{vmatrix} 1 & 2 & 3 & 4 \\ 0 & 1 & 1 & -3 \\ 0 & 2 & -2 & -2 \\ 0 & -1 & -1 & -1 \end{vmatrix}=1\cdot(-1)^{1+1}\begin{vmatrix} 1 & 1 & -3 \\ 2 & -2 & -2 \\ -1 & -1 & -1 \end{vmatrix}\xlongequal{r_3+r_1}$$

$$\begin{vmatrix} 1 & 1 & -3 \\ 2 & -2 & -2 \\ 0 & 0 & -4 \end{vmatrix}=(-4)(-1)^{3+3}\begin{vmatrix} 1 & 1 \\ 2 & -2 \end{vmatrix}=16$$

5. 求解下列方程.

(1) $\begin{vmatrix} x+1 & 2 & -1 \\ 2 & x+1 & 1 \\ -1 & 1 & x+1 \end{vmatrix}=0$； (2) $\begin{vmatrix} 1 & 1 & 1 & 1 \\ x & a & b & c \\ x^2 & a^2 & b^2 & c^2 \\ x^3 & a^3 & b^3 & c^3 \end{vmatrix}=0$，其中 a,b,c 互不相等.

解 (1) $$\begin{vmatrix} x+1 & 2 & -1 \\ 2 & x+1 & 1 \\ -1 & 1 & x+1 \end{vmatrix}\xlongequal[r_3-(x+1)r_2]{r_1+r_2}\begin{vmatrix} x+3 & x+3 & 0 \\ 2 & x+1 & 1 \\ -2x-3 & -x(x+2) & 0 \end{vmatrix}=$$

$$1\cdot(-1)^{2+3}\cdot(x+3)\begin{vmatrix} 1 & 1 \\ -2x-3 & -x(x+2) \end{vmatrix}=(x+3)(x^2-3)$$

所以此方程的根为 -3 或 $\sqrt{3}$ 或 $-\sqrt{3}$.

(2) 等号左边是范德蒙德行列式，由范德蒙德行列式的结论直接计算得

$$\begin{vmatrix} 1 & 1 & 1 & 1 \\ x & a & b & c \\ x^2 & a^2 & b^2 & c^2 \\ x^3 & a^3 & b^3 & c^3 \end{vmatrix}=(a-x)(b-x)(c-x)(b-a)(c-a)(c-b)=0$$

又由于 a,b,c 互不相等，所以方程的根为 a 或 b 或 c.

6. 证明下列行列式.

(1) $\begin{vmatrix} a^2 & ab & b^2 \\ 2a & a+b & 2b \\ 1 & 1 & 1 \end{vmatrix}=(a-b)^3$；

(2) $\begin{vmatrix} ax+by & ay+bz & az+bx \\ ay+bz & az+bx & ax+by \\ az+bx & ax+by & ay+bz \end{vmatrix}=(a^3+b^3)\begin{vmatrix} x & y & z \\ y & z & x \\ z & x & y \end{vmatrix}$；

(3) $\begin{vmatrix} a^2 & (a+1)^2 & (a+2)^2 & (a+3)^2 \\ b^2 & (b+1)^2 & (b+2)^2 & (b+3)^2 \\ c^2 & (c+1)^2 & (c+2)^2 & (c+3)^2 \\ d^2 & (d+1)^2 & (d+2)^2 & (d+3)^2 \end{vmatrix}=0$；

(4) $\begin{vmatrix} 1 & 1 & 1 & 1 \\ a & b & c & d \\ a^2 & b^2 & c^2 & d^2 \\ a^4 & b^4 & c^4 & d^4 \end{vmatrix} = (a-b)(a-c)(a-d)(b-c)(b-d)(c-d)(a+b+c+d)$;

(5) $\begin{vmatrix} x & -1 & 0 & 0 \\ 0 & x & -1 & 0 \\ 0 & 0 & x & -1 \\ a_0 & a_1 & a_2 & a_3 \end{vmatrix} = a_3x^3 + a_2x^2 + a_1x + a_0$.

证 (1) $D \xlongequal[c_2 - c_3]{c_1 - c_3} \begin{vmatrix} a^2 - b^2 & b(a-b) & b^2 \\ 2(a-b) & a-b & 2b \\ 0 & 0 & 1 \end{vmatrix} =$

$$\begin{vmatrix} (a-b)(a+b) & b(a-b) \\ 2(a-b) & a-b \end{vmatrix} \xlongequal[r_2 \div (a-b)]{r_1 \div (a-b)}$$

$$(a-b)^2 \begin{vmatrix} a+b & b \\ 2 & 1 \end{vmatrix} = (a-b)^3$$

(2) $D = \begin{vmatrix} ax & ay+bz & az+bx \\ ay & az+bx & ax+by \\ az & ax+by & ay+bz \end{vmatrix} + \begin{vmatrix} by & ay+bz & az+bx \\ bz & az+bx & ax+by \\ bx & ax+by & ay+bz \end{vmatrix} \xlongequal[\text{② } c_1 \div b,\ c_2 - ac_1]{\text{① } c_1 \div a,\ c_3 - bc_1}$

$$a\begin{vmatrix} x & ay+bz & az \\ y & az+bx & ax \\ z & ax+by & ay \end{vmatrix} + b\begin{vmatrix} y & bz & az+bx \\ z & bx & ax+by \\ x & by & ay+bz \end{vmatrix} \xlongequal[\text{② } c_2 \div b,\ c_3 - ac_2]{\text{① } c_3 \div a,\ c_2 - bc_3}$$

$$a^2\begin{vmatrix} x & ay & z \\ y & az & x \\ z & ax & y \end{vmatrix} + b^2\begin{vmatrix} y & z & bx \\ z & x & by \\ x & y & bz \end{vmatrix} \xlongequal[\text{② } c_3 \div b,\ c_2 \leftrightarrow c_3,\ c_1 \leftrightarrow c_2]{\text{① } c_2 \div a} (a^3 + b^3)\begin{vmatrix} x & y & z \\ y & z & x \\ z & x & y \end{vmatrix}$$

(3) $D \xlongequal[c_4 - c_1]{c_2 - c_1,\ c_3 - c_1} \begin{vmatrix} a^2 & 2a+1 & 4a+4 & 6a+9 \\ b^2 & 2b+1 & 4b+4 & 6b+9 \\ c^2 & 2c+1 & 4c+4 & 6c+9 \\ d^2 & 2d+1 & 4d+4 & 6d+9 \end{vmatrix} \xlongequal[c_4 - 3c_2]{c_3 - 2c_2} \begin{vmatrix} a^2 & 2a+1 & 2 & 6 \\ b^2 & 2b+1 & 2 & 6 \\ c^2 & 2c+1 & 2 & 6 \\ d^2 & 2d+1 & 2 & 6 \end{vmatrix} = 0$

(4) 由于行列式 D 中各列元素缺少 3 次幂的元素，在 D 中添加 3 次幂的一行元素，再添加一列构成 5 阶范德蒙行列式

$$f(x)=\begin{vmatrix}1&1&1&1&1\\a&b&c&d&x\\a^2&b^2&c^2&d^2&x^2\\a^3&b^3&c^3&d^3&x^3\\a^4&b^4&c^4&d^4&x^4\end{vmatrix}$$

将 $f(x)$ 按第 5 列展开得到 x 的 4 次多项式，且 x^3 的系数为

$$A_{45}=(-1)^{4+5}D=-D$$

而由教材第一章例 12 可得

$$\begin{aligned}f(x)=&(b-a)(c-a)(d-a)(x-a)(c-b)(d-b)(x-b)(d-c)(x-c)(x-d)=\\&[(a-b)(a-c)(a-d)(b-c)(b-d)(c-d)](x-a)(x-b)(x-c)(x-d)=\\&(a-b)(a-c)(a-d)(b-c)(b-d)(c-d)[x^4-(a+b+c+d)x^3+\cdots]\end{aligned}$$

其中 x^3 的系数为

$$-[(a-b)(a-c)(a-d)(b-c)(b-d)(c-d)](a+b+c+d)$$

故 $$D=(a-b)(a-c)(a-d)(b-c)(b-d)(c-d)\times(a+b+c+d)$$

(5) 记左边的行列式为 D，将其按最后一行展开，得

$$D=(-1)^{4+1}a_0\begin{vmatrix}-1&0&0\\x&-1&0\\0&x&-1\end{vmatrix}+(-1)^{4+2}a_1\begin{vmatrix}x&0&0\\0&-1&0\\0&x&-1\end{vmatrix}+$$

$$(-1)^{4+3}a_2\begin{vmatrix}x&-1&0\\0&x&0\\0&0&-1\end{vmatrix}+(-1)^{4+4}a_3\begin{vmatrix}x&-1&0\\0&x&-1\\0&0&x\end{vmatrix}=$$

$$a_3x^3+a_2x^3+a_1x+a_0$$

7. 设 n 阶行列式 $D=\det(a_{ij})$，把 D 上下翻转，或逆时针旋转 90°，或依副对角线翻转，依次得

$$D_1=\begin{vmatrix}a_{n1}&\cdots&a_{nn}\\\vdots&&\vdots\\a_{11}&\cdots&a_{1n}\end{vmatrix},\quad D_2=\begin{vmatrix}a_{1n}&\cdots&a_{nn}\\\vdots&&\vdots\\a_{11}&\cdots&a_{n1}\end{vmatrix},\quad D_3=\begin{vmatrix}a_{nn}&\cdots&a_{1n}\\\vdots&&\vdots\\a_{n1}&\cdots&a_{11}\end{vmatrix}$$

证明：$D_1=D_2=(-1)^{\frac{n(n-1)}{2}}D$，$D_3=D$.

证 将 D_1 的第 n 行依次与上一行交换直至第 1 行；再将所得行列式的第 n 行依次与上一行交换直至第 2 行；……；最后将所得行列式的第 n 行与第 $n-1$ 行交换，得到行列式 D，于是

$$D_1=(-1)^{(n-1)+(n-2)+\cdots+1}D=(-1)^{\frac{n(n-1)}{2}}D$$

对 D_2 按对 D_1 的交换行的方法处理，即得 D^{T}，于是

$$D_2=(-1)^{\frac{n(n-1)}{2}}D^{\mathrm{T}}=(-1)^{\frac{n(n-1)}{2}}D$$

对 D_3 按对 D_1 的交换行的方法处理，得到行列式

$$D_4=\begin{vmatrix}a_{n1}&\cdots&a_{11}\\\vdots&&\vdots\\a_{nn}&\cdots&a_{1n}\end{vmatrix}=D_1{}^{\mathrm{T}}=D_1$$

故 $D_3=(-1)^{\frac{n(n-1)}{2}}D_4=(-1)^{\frac{n(n-1)}{2}}D_1=(-1)^{\frac{n(n-1)}{2}}(-1)^{\frac{n(n-1)}{2}}D=D$

8. 计算下列各行列式(D_k 为 k 阶行列式).

(1) $D_n=\begin{vmatrix} a & & 1 \\ & \ddots & \\ 1 & & a \end{vmatrix}$,其中对角线上元素都是 a,未写出的元素都是 0;

(2) $D_n=\begin{vmatrix} x & a & \cdots & a \\ a & x & \cdots & a \\ \vdots & \vdots & & \vdots \\ a & a & \cdots & x \end{vmatrix}$;　(3) $D_{n+1}=\begin{vmatrix} a^n & (a-1)^n & \cdots & (a-n)^n \\ a^{n-1} & (a-1)^{n-1} & \cdots & (a-n)^{n-1} \\ \vdots & \vdots & & \vdots \\ a & a-1 & \cdots & a-n \\ 1 & 1 & \cdots & 1 \end{vmatrix}$;

(4) $D_{2n}=\begin{vmatrix} a_n & & & & & b_n \\ & \ddots & & & \begin{matrix} & \\ \end{matrix} \cdot^{\cdot^{\cdot}} & \\ & & a_1 & b_1 & & \\ & & c_1 & d_1 & & \\ & \cdot^{\cdot^{\cdot}} & & & \ddots & \\ c_n & & & & & d_n \end{vmatrix}$;　(5) $D_n=\begin{vmatrix} 1+a_1 & a_1 & \cdots & a_1 \\ a_2 & 1+a_2 & \cdots & a_2 \\ \vdots & \vdots & & \vdots \\ a_n & a_n & \cdots & 1+a_n \end{vmatrix}$;

(6) $D_n=\det(a_{ij})$,其中 $a_{ij}=|i-j|$;

(7) $D_n=\begin{vmatrix} 1+a_1 & 1 & \cdots & 1 \\ 1 & 1+a_2 & \cdots & 1 \\ \vdots & \vdots & & \vdots \\ 1 & 1 & \cdots & 1+a_n \end{vmatrix}$,其中 $a_1a_2\cdots a_n\neq 0$.

解 (1)

$$D_n \xlongequal[c_1-c_n]{r_n+r_1} \begin{vmatrix} a-1 & & & & 1 \\ & a & & & \\ & & \ddots & & \\ & & & a & \\ & & & & a+1 \end{vmatrix}=a^n-a^{n-2}$$

(2)

$$D_n \xlongequal[i=2,3,\cdots,n]{c_1+c_i} \begin{vmatrix} x+(n-1)a & a & \cdots & a \\ x+(n-1)a & x & \cdots & a \\ \vdots & \vdots & & \vdots \\ x+(n-1)a & a & \cdots & x \end{vmatrix} \xlongequal[i=2,3,\cdots,n]{r_i-r_1}$$

$$\begin{vmatrix} x+(n-1)a & a & \cdots & a \\ & x-a & & \vdots \\ & & \ddots & \vdots \\ & & & x-a \end{vmatrix}=$$

$$[x+(n-1)a](x-a)^{n-1}$$

(3) 将 D_{n+1} 的第 $n+1$ 行依次与上一行交换直至第 1 行;再将所得行列式的第 $n+1$ 行依

次与上一行交换直至第 2 行；……；最后将所得行列式的第 $n+1$ 行与第 n 行交换，得

$$D_{n+1}=(-1)^{n+(n-1)+\cdots+2+1}\begin{vmatrix} 1 & 1 & \cdots & 1 \\ a & a-1 & \cdots & a-n \\ a^2 & (a-1)^2 & \cdots & (a-n)^2 \\ \vdots & \vdots & & \vdots \\ a^n & (a-1)^n & \cdots & (a-n)^n \end{vmatrix}$$

对右边的 $n+1$ 阶行列式的列按前一方法处理，得

$$D_{n+1}=(-1)^{\frac{n(n+1)}{2}}\cdot(-1)^{\frac{n(n+1)}{2}}\begin{vmatrix} 1 & 1 & \cdots & 1 \\ a-n & a-n+1 & \cdots & a \\ (a-n)^2 & (a-n+1)^2 & \cdots & a^2 \\ \vdots & \vdots & & \vdots \\ (a-n)^n & (a-n+1)^n & \cdots & a^n \end{vmatrix}=$$

$$\prod_{n+1\geqslant i>j\geqslant 1}[(a-n+i-1)-(a-n+j-1)]=\prod_{n+1\geqslant i>j\geqslant 1}(i-j)$$

(4) $$D_{2n}\xlongequal{\text{按第 1 行展开}}a_n\begin{vmatrix} a_{n-1} & & & & & & b_{n-1} & 0 \\ & \ddots & & & & \iddots & & \\ & & a_1 & b_1 & & & & \\ & & c_1 & d_1 & & & & \\ & \iddots & & & & \ddots & & \\ c_{n-1} & & & & & & d_{n-1} & \\ 0 & & & & & & & d_n \end{vmatrix}+$$

$$b_n(-1)^{1+2n}\begin{vmatrix} 0 & a_{n-1} & & & & & & b_{n-1} \\ & & \ddots & & & & \iddots & \\ & & & a_1 & b_1 & & & \\ & & & c_1 & d_1 & & & \\ & & \iddots & & & & \ddots & \\ & c_{n-1} & & & & & & d_{n-1} \\ c_n & & & & & & & 0 \end{vmatrix}=$$

$$a_nd_nD_{2n-2}-b_nc_n(-1)^{2n-1+1}D_{2n-2}=(a_nd_n-b_nc_n)D_{2(n-1)}=$$

$$(a_nd_n-b_nc_n)(a_{n-1}d_{n-1}-b_{n-1}c_{n-1})D_{2(n-2)}=\cdots=\prod_{i=1}^{n}(a_id_i-b_ic_i)$$

(5) $D_n \xlongequal[i=2,3,\cdots,n]{r_1+r_i} \begin{vmatrix} 1+\sum_{j=1}^{n}a_j & 1+\sum_{j=1}^{n}a_j & \cdots & 1+\sum_{j=1}^{n}a_j \\ a_2 & 1+a_2 & \cdots & a_2 \\ \vdots & \vdots & & \vdots \\ a_n & a_n & \cdots & 1+a_n \end{vmatrix} \xlongequal[i=2,3,\cdots,n]{c_i-c_1}$

$$\begin{vmatrix} 1+\sum_{j=1}^{n}a_j & 0 & \cdots & 0 \\ a_2 & 1 & \cdots & 0 \\ \vdots & \vdots & & \vdots \\ a_n & 0 & \cdots & 1 \end{vmatrix} = 1+\sum_{j=1}^{n}a_j$$

(6) $D_n = \begin{vmatrix} 0 & 1 & 2 & \cdots & n-1 \\ 1 & 0 & 1 & \cdots & n-2 \\ 2 & 1 & 0 & \cdots & n-3 \\ \vdots & \vdots & \vdots & & \vdots \\ n-1 & n-2 & n-3 & \cdots & 0 \end{vmatrix} \xlongequal[\substack{\vdots \\ r_{n-1}-r_n}]{\substack{r_1-r_2 \\ r_2-r_3}}$

$$\begin{vmatrix} -1 & 1 & 1 & \cdots & 1 & 1 \\ -1 & -1 & 1 & \cdots & 1 & 1 \\ -1 & -1 & -1 & \cdots & 1 & 1 \\ \vdots & \vdots & \vdots & & \vdots & \vdots \\ -1 & -1 & -1 & \cdots & -1 & 1 \\ n-1 & n-2 & n-3 & \cdots & 1 & 0 \end{vmatrix} \xlongequal[\substack{\vdots \\ c_n+c_1}]{\substack{c_2+c_1 \\ c_3+c_1}}$$

$$\begin{vmatrix} -1 & 0 & 0 & \cdots & 0 & 0 \\ -1 & -2 & 0 & \cdots & 0 & 0 \\ -1 & -2 & -2 & \cdots & 0 & 0 \\ \vdots & \vdots & \vdots & & \vdots & \vdots \\ -1 & -2 & -2 & \cdots & -2 & 0 \\ n-1 & 2n-3 & 2n-4 & \cdots & n & n-1 \end{vmatrix} = (-1)^{n-1}(n-1)2^{n-2}$$

(7) 采用升阶法

$$D_n = \begin{vmatrix} 1 & 1 & 1 & \cdots & 1 \\ 0 & 1+a_1 & 1 & \cdots & 1 \\ 0 & 1 & 1+a_2 & \cdots & 1 \\ \vdots & \vdots & \vdots & & \vdots \\ 0 & 1 & 1 & \cdots & 1+a_n \end{vmatrix} \xlongequal[i=2,3,\cdots,n+1]{r_i-r_1}$$

$$\begin{vmatrix} 1 & 1 & 1 & \cdots & 1 \\ -1 & a_1 & 0 & \cdots & 0 \\ -1 & 0 & a_2 & \cdots & 0 \\ \vdots & \vdots & \vdots & & \vdots \\ -1 & 0 & 0 & \cdots & a_n \end{vmatrix} \xlongequal[j=1,2,\cdots,n]{c_1+\frac{1}{a_j}c_{j+1}} \begin{vmatrix} 1+\sum\limits_{i=1}^{n}\frac{1}{a_i} & 1 & 1 & \cdots & 1 \\ & a_1 & & & \\ & & a_2 & & \\ & & & \ddots & \\ & & & & a_n \end{vmatrix} =$$

$$a_1a_2\cdots a_n\left(1+\sum_{i=1}^{n}\frac{1}{a_i}\right)$$

9. 设 $D=\begin{vmatrix} 3 & 1 & -1 & 2 \\ -5 & 1 & 3 & -4 \\ 2 & 0 & 1 & -1 \\ 1 & -5 & 3 & -3 \end{vmatrix}$，$D$ 的(i,j)元的代数余子式记作 A_{ij}，求 $A_{31}+3A_{32}-2A_{33}+2A_{34}$.

解 $A_{31}+3A_{32}-2A_{33}+2A_{34}$ 相当于把 D 的第 3 行元素换成 $1,3,-2,2$ 后，再按第 3 行展开后得到的，故得

$$A_{31}+3_{A2}-2A_{33}+2A_{34}=\begin{vmatrix} 3 & 1 & -1 & 2 \\ -5 & 1 & 3 & -4 \\ 1 & 3 & -2 & 2 \\ 1 & -5 & 3 & -3 \end{vmatrix} \xlongequal[\substack{c_3+c_2 \\ c_4-2c_2}]{c_1-3c_2} \begin{vmatrix} 0 & 1 & 0 & 0 \\ -8 & 1 & 4 & -6 \\ -8 & 3 & 1 & -4 \\ 16 & -5 & -2 & 7 \end{vmatrix} =$$

$$8\begin{vmatrix} 1 & 4 & -6 \\ 1 & 1 & -4 \\ -2 & -2 & 7 \end{vmatrix} \xlongequal{r_3+2r_2} 8\begin{vmatrix} 1 & 4 & -6 \\ 1 & 1 & -4 \\ 0 & 0 & -1 \end{vmatrix} =$$

$$8\times(-1)\begin{vmatrix} 1 & 4 \\ 1 & 1 \end{vmatrix}=24$$

六、学习效果两级测试题及答案

测试题 A

1. 计算下列 n 阶行列式.

(1) $D_n=\begin{vmatrix} a_1 & a_2 & \cdots & a_{n-1} & 0 \\ 1 & 0 & \cdots & 0 & b_1 \\ 0 & 1 & \cdots & 0 & b_2 \\ \vdots & \vdots & & \vdots & \vdots \\ 0 & 0 & \cdots & 1 & b_{n-1} \end{vmatrix}$；　(2) $D_n=\begin{vmatrix} a & b & 0 & \cdots & 0 & 0 \\ 0 & a & b & \cdots & 0 & 0 \\ 0 & 0 & a & \cdots & 0 & 0 \\ \vdots & \vdots & \vdots & & \vdots & \vdots \\ 0 & 0 & 0 & \cdots & a & b \\ b & 0 & 0 & \cdots & 0 & a \end{vmatrix}$；

(3) $D_n=\begin{vmatrix}1+x_1^2 & x_1x_2 & \cdots & x_1x_n\\ x_2x_1 & 1+x_2^2 & \cdots & x_2x_n\\ \vdots & \vdots & & \vdots\\ x_nx_1 & x_nx_2 & \cdots & 1+x_n^2\end{vmatrix}$; (4) $D_n=\begin{vmatrix}a & a & \cdots & a & b\\ a & a & \cdots & b & a\\ \vdots & \vdots & & \vdots & \vdots\\ a & b & \cdots & a & a\\ b & a & \cdots & a & a\end{vmatrix}$;

(5) $D_n=\begin{vmatrix}2a & a^2 & & & \\ 1 & 2a & a^2 & & \\ & 1 & \ddots & \ddots & \\ & & \ddots & \ddots & a^2\\ & & & 1 & 2a\end{vmatrix}$.

2. (1) 设 4 阶行列式 $D_4=\begin{vmatrix}a & b & c & d\\ d & a & c & b\\ b & d & c & a\\ a & c & c & b\end{vmatrix}$,则 $A_{11}+A_{21}+A_{31}+A_{41}=$______.

(2) 设 n 阶行列式 $D_n=\begin{vmatrix}x & a & \cdots & a\\ a & x & \cdots & a\\ \vdots & \vdots & & \vdots\\ a & a & \cdots & x\end{vmatrix}$,则 $A_{11}+A_{12}+\cdots+A_{1n}=$______.

测试题 B

1. 4 阶行列式 $\begin{vmatrix}a_1 & 0 & 0 & b_1\\ 0 & a_2 & b_2 & 0\\ 0 & b_3 & a_3 & 0\\ b_4 & 0 & 0 & a_4\end{vmatrix}=$______.

(a) $a_1a_2a_3a_4-b_1b_2b_3b_4$; (b) $a_1a_2a_3a_4+b_1b_2b_3b_4$;

(c) $(a_1a_2-b_1b_2)(a_3a_4-b_3b_4)$; (d) $(a_2a_3-b_2b_3)(a_1a_4-b_1b_4)$.

2. 设 $\begin{vmatrix}a_{11} & a_{12} & a_{13}\\ a_{21} & a_{22} & a_{23}\\ a_{31} & a_{32} & a_{33}\end{vmatrix}=d$,则 $\begin{vmatrix}3a_{31} & 3a_{32} & 3a_{33}\\ 2a_{21} & 2a_{22} & 2a_{23}\\ -a_{11} & -a_{12} & -a_{13}\end{vmatrix}=$______.

3. 行列式 $\begin{vmatrix}1 & -1 & 1 & x-1\\ 1 & -1 & x+1 & -1\\ 1 & x-1 & 1 & -1\\ x+1 & -1 & 1 & -1\end{vmatrix}=$______.

4. λ 取值______时,齐次线性方程组

$$\begin{cases}(1-\lambda)x_1-2x_2+4x_3=0\\ 2x_1+(3-\lambda)x_2+x_3=0\\ x_1+x_2+(1-\lambda)x_3=0\end{cases}$$

有非零解.

5. 5阶行列式 $D=\begin{vmatrix} 1-a & a & 0 & 0 & 0 \\ -1 & 1-a & a & 0 & 0 \\ 0 & -1 & 1-a & a & 0 \\ 0 & 0 & -1 & 1-a & a \\ 0 & 0 & 0 & -1 & 1-a \end{vmatrix}=$ ______.

测试题 A 答案或提示

1. (1) $(-1)^{n+2}\sum_{i=1}^{n-1}a_ib_i$;

(2) $a^n+(-1)^{n+1}b^n$;

(3) $1+x_1^2+x_2^2+\cdots+x_n^2$;(提示:采用升阶法.)

(4) $(-1)^{\frac{n(n-1)}{2}}[(n-1)a+b](b-a)^{n-1}$;

(5) $(n+1)a^n$.(提示:$D_n=2aD_{n-1}-a^2D_{n-2}$,于是有 $D_n-aD_{n-1}=a(D_{n-1}-aD_{n-2})$.)

2. (1) 0; (2) $(x-a)^{n-1}$.(提示:将行列式第1行的 x 换成 a.)

测试题 B 答案或提示

1. (d).
2. $6d$.
3. x^4.(提示:行元素之和相同.)
4. $\lambda=0$,或 $\lambda=2$,或 $\lambda=3$.(提示:当系数行列式为0时,齐次线性方程组有非零解.)
5. $1-a+a^2-a^3+a^4-a^5$.

第二章　矩阵及其运算

矩阵的概念、运算及理论贯穿线性代数的始终，对矩阵的理解与掌握要扎实深入，融会贯通.

一、考点研究

1. 考试内容与考试要求

考试内容	矩阵的概念　矩阵的线性运算　矩阵的乘法　方阵的幂　方阵乘积的行列式 矩阵的转置　逆矩阵的概念和性质　矩阵可逆的充分必要条件　伴随矩阵 分块矩阵及其运算
考试要求	(1) 理解矩阵的概念，了解一些特殊矩阵(单位矩阵、对角矩阵、三角矩阵、对称与反对称矩阵、正交矩阵、正定矩阵(后两个矩阵在第五章介绍))的定义及性质. (2) 掌握矩阵的线性运算(加、减、数乘)、乘法、转置，以及它们的运算规律；了解方阵的幂，方阵乘积的行列式. (3) 理解逆矩阵的概念，掌握逆矩阵的性质，以及矩阵可逆的充分必要条件，理解伴随矩阵的概念，会用伴随矩阵求矩阵的逆. (4) 了解分块矩阵及其运算.

2. 考点分析

(1) 矩阵的运算(含逆矩阵)是矩阵考试内容中的重点，其中，又以方阵的行列式(特别是抽象矩阵的行列式)、矩阵乘法和逆矩阵最为重要. 要掌握矩阵的运算，除了要理解矩阵各种运算的概念外，还要熟练掌握矩阵各种运算规律和运算性质，熟悉行列式的有关性质. 求具体数值矩阵的逆矩阵时，对 2 阶矩阵采用伴随矩阵法，而对 2 阶以上的矩阵主要是用初等变换法(第三章介绍)，这里计算的正确性是最重要的. 求解矩阵方程是近年来常考的题型，因为这类考题既考查了利用运算规律的技巧，也考查了数值运算. 作矩阵运算时，往往先利用运算法则通过"字母"运算进行化简，然后再作具体的数值运算.

(2) 伴随矩阵 $\boldsymbol{A}^*$ 在考研试题中经常出现，应加以注意. 虽然伴随矩阵 $\boldsymbol{A}^*$ 是通过 $|\boldsymbol{A}|$ 中诸元素的代数余子式(按转置的次序排列)来定义的，但在涉及伴随矩阵的性质、行列式、逆矩阵、秩及包含伴随矩阵的矩阵方程的证明与计算中，往往利用伴随矩阵的基本公式 $\boldsymbol{AA}^* = \boldsymbol{A}^*\boldsymbol{A} = |\boldsymbol{A}|\boldsymbol{E}$ (该式无论 $\boldsymbol{A}$ 是否可逆都成立)来推证及化简. 利用这一基本公式不但导出了 $|\boldsymbol{A}| \neq 0$ 时的求逆公式 $\boldsymbol{A}^{-1} = \frac{1}{|\boldsymbol{A}|}\boldsymbol{A}^*$，还可以得出许多有意义的结论，如 $(\boldsymbol{A}^*)^{-1} =$

$\frac{1}{|\boldsymbol{A}|}\boldsymbol{A}$（当 $|\boldsymbol{A}|\neq 0$ 时），$|\boldsymbol{A}^*|=|\boldsymbol{A}|^{n-1}$，$(\boldsymbol{A}^*)^*=|\boldsymbol{A}|^{n-2}\boldsymbol{A}$ 等. 有时，利用 $\boldsymbol{A}^{-1}$ 反求出 $\boldsymbol{A}^*$，结合 $\boldsymbol{A}^*$ 的定义又可得到代数余子式的有关结果.

(3) 分块矩阵的运算是矩阵运算的一个重要技巧. 为了保证分块矩阵能够运算，必须注意分块的方法，特别是乘法. 对矩阵按列分块与按行分块是常用的分块方法，这样可以使矩阵与向量及线性方程组相联系. 注意下列常用的分块：

$$\boldsymbol{AB}=\boldsymbol{A}(\boldsymbol{\beta}_1,\boldsymbol{\beta}_2,\cdots,\boldsymbol{\beta}_n)=(\boldsymbol{A\beta}_1,\boldsymbol{A\beta}_2,\cdots,\boldsymbol{A\beta}_n)\quad(\text{其中 }\boldsymbol{\beta}_j\text{ 是 }\boldsymbol{B}\text{ 的第 }j\text{ 列})$$

若 $\boldsymbol{AB}=\boldsymbol{O}$，则 $\boldsymbol{A\beta}_i=\boldsymbol{0}$ $(i=1,2,\cdots,n)$，说明 $\boldsymbol{\beta}_i$ 都是 $\boldsymbol{Ax}=\boldsymbol{0}$ 的解向量.

矩阵分块运算的另一常见情形是分块对角矩阵的运算，其运算可类比对角矩阵的相应运算. 分块矩阵求逆也是考查的重点.

二、重要结论与公式

1. 矩阵运算中的重要性质

矩阵加法与数乘	$\boldsymbol{A}+\boldsymbol{B}=\boldsymbol{B}+\boldsymbol{A}$，$(\boldsymbol{A}+\boldsymbol{B})+\boldsymbol{C}=\boldsymbol{A}+(\boldsymbol{B}+\boldsymbol{C})$，$\boldsymbol{A}+\boldsymbol{O}=\boldsymbol{A}$，$\boldsymbol{A}+(-\boldsymbol{A})=\boldsymbol{O}$，$k(l\boldsymbol{A})=(kl)\boldsymbol{A}$， $(k+l)\boldsymbol{A}=k\boldsymbol{A}+l\boldsymbol{A}$，$k(\boldsymbol{A}+\boldsymbol{B})=k\boldsymbol{A}+k\boldsymbol{B}$，$1\boldsymbol{A}=\boldsymbol{A}$，$0\boldsymbol{A}=\boldsymbol{O}$
矩阵乘法	$(\boldsymbol{AB})\boldsymbol{C}=\boldsymbol{A}(\boldsymbol{BC})$，$\boldsymbol{A}(\boldsymbol{B}+\boldsymbol{C})=\boldsymbol{AB}+\boldsymbol{AC}$，$(\boldsymbol{B}+\boldsymbol{C})\boldsymbol{A}=\boldsymbol{BA}+\boldsymbol{CA}$，$(k\boldsymbol{A})(l\boldsymbol{B})=(kl)\boldsymbol{AB}$， $\boldsymbol{AE}=\boldsymbol{A}$，$\boldsymbol{EA}=\boldsymbol{A}$，$\boldsymbol{AO}=\boldsymbol{O}$，$\boldsymbol{OA}=\boldsymbol{O}$
转置矩阵	$(\boldsymbol{A}^{\mathrm{T}})^{\mathrm{T}}=\boldsymbol{A}$，$(k\boldsymbol{A})^{\mathrm{T}}=k\boldsymbol{A}^{\mathrm{T}}$，$(\boldsymbol{A}+\boldsymbol{B})^{\mathrm{T}}=\boldsymbol{A}^{\mathrm{T}}+\boldsymbol{B}^{\mathrm{T}}$，$(\boldsymbol{AB})^{\mathrm{T}}=\boldsymbol{B}^{\mathrm{T}}\boldsymbol{A}^{\mathrm{T}}$
逆矩阵	$(\boldsymbol{A}^{-1})^{-1}=\boldsymbol{A}$，$(k\boldsymbol{A})^{-1}=\frac{1}{k}\boldsymbol{A}^{-1}$ $(k\neq 0)$，$(\boldsymbol{AB})^{-1}=\boldsymbol{B}^{-1}\boldsymbol{A}^{-1}$，$(\boldsymbol{A}^{\mathrm{T}})^{-1}=(\boldsymbol{A}^{-1})^{\mathrm{T}}$
方阵的幂	$\boldsymbol{A}^k\boldsymbol{A}^l=\boldsymbol{A}^{k+l}$，$(\boldsymbol{A}^k)^l=\boldsymbol{A}^{kl}$，$(\boldsymbol{A}^k)^{\mathrm{T}}=(\boldsymbol{A}^{\mathrm{T}})^k$，$(l\boldsymbol{A})^k=l^k\boldsymbol{A}^k$
伴随矩阵	(设 $\boldsymbol{A},\boldsymbol{B}$ 是 n 阶方阵) $(k\boldsymbol{A})^*=k^{n-1}\boldsymbol{A}^*$，$(\boldsymbol{AB})^*=\boldsymbol{B}^*\boldsymbol{A}^*$，$(\boldsymbol{A}^*)^*=|\boldsymbol{A}|^{n-2}\boldsymbol{A}$，$(\boldsymbol{A}^*)^{-1}=(\boldsymbol{A}^{-1})^*$， $(\boldsymbol{A}^*)^{-1}=\frac{\boldsymbol{A}}{|\boldsymbol{A}|}$

续表

重要公式	$AA^* = A^*A = \|A\|E$ （无论 A 是否可逆，该式总成立） $A^* = \|A\|A^{-1}$ （当 A 可逆时，常用此式推证 A^* 的有关结果）
方阵的行列式	（设 A,B 是 n 阶方阵） $\|A^{\mathrm{T}}\| = \|A\|$， $\|lA\| = l^n\|A\|$， $\|AB\| = \|A\|\|B\|$， $\|A^k\| = \|A\|^k$， $\|A^{-1}\| = \|A\|^{-1}$， $\|A^*\| = \|A\|^{n-1}$
分块矩阵	（设 A 是 m 阶方阵，B 是 n 阶方阵） $\begin{vmatrix} A & O \\ * & B \end{vmatrix} = \|A\|\|B\|$， $\begin{vmatrix} A & * \\ O & B \end{vmatrix} = \|A\|\|B\|$， $\begin{vmatrix} O & A \\ B & * \end{vmatrix} = (-1)^{mn}\|A\|\|B\|$， $\begin{vmatrix} * & A \\ B & O \end{vmatrix} = (-1)^{mn}\|A\|\|B\|$， $\begin{pmatrix} A & O \\ O & B \end{pmatrix}^{-1} = \begin{pmatrix} A^{-1} & O \\ O & B^{-1} \end{pmatrix}$， $\begin{pmatrix} O & A \\ B & O \end{pmatrix}^{-1} = \begin{pmatrix} O & B^{-1} \\ A^{-1} & O \end{pmatrix}$

2. 矩阵运算中可能不成立的结论

由于矩阵的运算是对数表规定的运算，所以矩阵运算的规律与数的运算法则不尽相同，要防止错用法则出现的差错. 关于矩阵运算应注意以下问题：

(1) 一般地 $AB \neq BA$

(2) 一般地 $(A+B)^2 \neq A^2 + 2AB + B^2$

$$(A+B)^k \neq A^k + C_k^1 A^{k-1}B + \cdots + C_k^{k-1}AB^{k-1} + B^k$$

$$(A+B)(A-B) \neq A^2 - B^2$$

$$(AB)^k \neq A^k B^k$$

当且仅当 $AB = BA$ 时，它们才成立.

(3) 一般地 $AB = O \nRightarrow A = O$ 或 $B = O$（当且仅当 B 可逆或 A 可逆时才成立）

(4) 一般地 $AB = AC \nRightarrow B = C$（当且仅当 A 可逆时才成立）

$BA = CA \nRightarrow B = C$（当且仅当 A 可逆时才成立）

(5) 一般地 $A^2 = A \nRightarrow A = O$ 或 $A = E$（当且仅当 $A-E$ 可逆时，$A = O$；当且仅当 A 可逆时，$A = E$）

(6) 一般地 $A^2 = O \nRightarrow A = O$（当且仅当 A 为实对称矩阵时才成立）

(7) 一般地 $A^2 = E \nRightarrow A = \pm E$

(8) 一般地 $|\boldsymbol{A}+\boldsymbol{B}| \neq |\boldsymbol{A}|+|\boldsymbol{B}|$， $(\boldsymbol{A}+\boldsymbol{B})^{-1} \neq \boldsymbol{A}^{-1}+\boldsymbol{B}^{-1}$， $(\boldsymbol{A}+\boldsymbol{B})^{*} \neq \boldsymbol{A}^{*}+\boldsymbol{B}^{*}$

3. n 阶方阵 $\boldsymbol{A}$ 可逆的充分必要条件

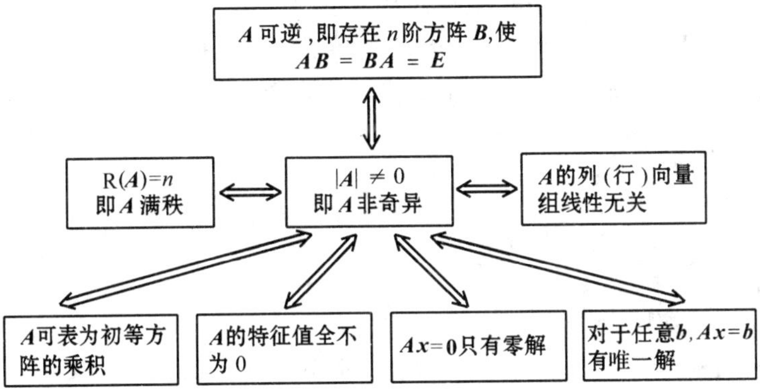

注 方阵 $\boldsymbol{A}$ 可逆、非奇异、满秩是等价的说法.

4. 一些 n 阶特殊矩阵的有关结果

$\boldsymbol{A},\boldsymbol{B}$	$\lvert\boldsymbol{A}\rvert$	$\boldsymbol{A}^{T}$	$\boldsymbol{A}^{-1}$	$\boldsymbol{A}+\boldsymbol{B}$	$\boldsymbol{AB}$	$\boldsymbol{A}^{k}$	$l\boldsymbol{A}$	$\boldsymbol{A}^{*}$
可逆	$\lvert\boldsymbol{A}\rvert \neq 0$	可逆	可逆		可逆	可逆	$l \neq 0$ 时，可逆	可逆
对称		对称	对称	对称		对称	对称	对称
反对称	n 为奇数时，$\lvert\boldsymbol{A}\rvert = 0$	反对称	反对称	反对称		k 为奇数时，反对称 k 为偶数时，对称	反对称	
正交	$\lvert\boldsymbol{A}\rvert = \pm 1$	正交	正交		正交	正交	$l = \pm 1$ 时，正交	正交
正定	$\lvert\boldsymbol{A}\rvert > 0$	正定	正定	正定		正定	$l > 0$ 时，正定 $l < 0$ 时，负定	正定
负定	n 为奇数时，$\lvert\boldsymbol{A}\rvert < 0$ n 为偶数时，$\lvert\boldsymbol{A}\rvert > 0$	负定	负定	负定		k 为奇数时，负定 k 为偶数时，正定	$l > 0$ 时，负定 $l < 0$ 时，正定	

三、主要方法

1. 求方阵 $\boldsymbol{A}$ 的高次幂

求 n 阶方阵 $\boldsymbol{A}$ 的 k 次幂常采用以下方法：

方法一　数学归纳法　计算 $\boldsymbol{A}^2, \boldsymbol{A}^3$ 等，从中发现 $\boldsymbol{A}^k$ 的元素的规律，再用数学归纳法证明.

方法二　利用二项展开公式　将矩阵 $\boldsymbol{A}$ 分解成 $\boldsymbol{A}=\boldsymbol{B}+\boldsymbol{C}$，要求矩阵 $\boldsymbol{B}$ 和 $\boldsymbol{C}$ 的方幂容易计算，且满足 $\boldsymbol{BC}=\boldsymbol{CB}$（即 $\boldsymbol{B}$ 与 $\boldsymbol{C}$ 相乘可交换，否则二项展开公式不成立），则有

$$\boldsymbol{A}^k=(\boldsymbol{B}+\boldsymbol{C})^k=\boldsymbol{B}^k+\mathrm{C}_k^1\boldsymbol{B}^{k-1}\boldsymbol{C}+\mathrm{C}_k^2\boldsymbol{B}^{k-2}\boldsymbol{C}^2+\cdots+\mathrm{C}_k^{k-1}\boldsymbol{B}\boldsymbol{C}^{k-1}+\boldsymbol{C}^k$$

方法三　利用矩阵乘法结合律　若矩阵 $\boldsymbol{A}$ 可分解为 $\boldsymbol{A}=\boldsymbol{\alpha\beta}^{\mathrm{T}}$，其中 $\boldsymbol{\alpha},\boldsymbol{\beta}$ 均是 $n\times 1$ 矩阵（即列向量），利用矩阵乘法结合律，并注意 $\boldsymbol{\beta}^{\mathrm{T}}\boldsymbol{\alpha}$ 是数，则有

$$\boldsymbol{A}^k=(\boldsymbol{\alpha\beta}^{\mathrm{T}})^k=\boldsymbol{\alpha}(\boldsymbol{\beta}^{\mathrm{T}}\boldsymbol{\alpha})^{k-1}\boldsymbol{\beta}^{\mathrm{T}}=(\boldsymbol{\beta}^{\mathrm{T}}\boldsymbol{\alpha})^{k-1}\boldsymbol{A}$$

方法四　分块对角阵求方幂　对于分块对角矩阵

$$\boldsymbol{A}=\begin{pmatrix}\boldsymbol{A}_1&&&\\&\boldsymbol{A}_2&&\\&&\ddots&\\&&&\boldsymbol{A}_s\end{pmatrix},\quad 有\quad \boldsymbol{A}^k=\begin{pmatrix}\boldsymbol{A}_1^k&&&\\&\boldsymbol{A}_2^k&&\\&&\ddots&\\&&&\boldsymbol{A}_s^k\end{pmatrix}$$

其中 $\boldsymbol{A}_i(i=1,2,\cdots,s)$ 均为方阵.

方法五　利用相似对角化　若求得 n 阶可逆矩阵 $\boldsymbol{P}$，使得

$$\boldsymbol{P}^{-1}\boldsymbol{AP}=\begin{pmatrix}\lambda_1&&&\\&\lambda_2&&\\&&\ddots&\\&&&\lambda_n\end{pmatrix}\ (见第五章),\quad 则\quad \boldsymbol{A}^k=\boldsymbol{P}\begin{pmatrix}\lambda_1^k&&&\\&\lambda_2^k&&\\&&\ddots&\\&&&\lambda_n^k\end{pmatrix}\boldsymbol{P}^{-1}$$

2. 求逆矩阵

求元素为具体数字的矩阵的逆矩阵时，常采用以下方法.

方法一　伴随阵法（或公式法）　$\boldsymbol{A}^{-1}=\dfrac{1}{|\boldsymbol{A}|}\boldsymbol{A}^*$

注　该法常用于求 2 阶方阵的逆矩阵. 对 2 阶方阵 $\boldsymbol{A}=\begin{pmatrix}a_{11}&a_{12}\\a_{21}&a_{22}\end{pmatrix}$ 有 $\boldsymbol{A}^*=\begin{pmatrix}a_{22}&-a_{12}\\-a_{21}&a_{11}\end{pmatrix}$，即伴随矩阵具有“主对角元互换，副对角元变号”的规律. 注意，对分块矩阵不能套用公式法.

方法二　初等变换法　$(\boldsymbol{A}\,\vdots\,\boldsymbol{E})\xrightarrow{\text{初等行变换}}(\boldsymbol{E}\,\vdots\,\boldsymbol{A}^{-1})$　（见第三章）

注　对于阶数 n 较高（$n\geqslant 3$）的矩阵，采用初等变换法求逆矩阵一般比用伴随阵法简便. 在用上述方法求逆矩阵时，只允许施行初等行变换.

方法三　分块对角阵求逆　对于分块对角（或次对角）矩阵求逆可套用公式

$$\begin{pmatrix}\boldsymbol{A}_1&&\\&\ddots&\\&&\boldsymbol{A}_s\end{pmatrix}^{-1}=\begin{pmatrix}\boldsymbol{A}_1^{-1}&&\\&\ddots&\\&&\boldsymbol{A}_s^{-1}\end{pmatrix},\quad \begin{pmatrix}&&\boldsymbol{A}_1\\&\iddots&\\\boldsymbol{A}_s&&\end{pmatrix}^{-1}=\begin{pmatrix}&&\boldsymbol{A}_s^{-1}\\&\iddots&\\\boldsymbol{A}_1^{-1}&&\end{pmatrix}$$

其中 $\boldsymbol{A}_i(i=1,2,\cdots,s)$ 均为可逆矩阵.

对于元素未具体给出的抽象矩阵 $\boldsymbol{A}$，判断其可逆及求逆矩阵常利用如下结论.

结论　设 $\boldsymbol{A}$ 为 n 阶方阵，若存在 n 阶方阵 $\boldsymbol{B}$ 使得 $\boldsymbol{AB}=\boldsymbol{E}$（或 $\boldsymbol{BA}=\boldsymbol{E}$），则 $\boldsymbol{A}$ 可逆，且 $\boldsymbol{A}^{-1}=\boldsymbol{B}$.

注　对于需证 $\boldsymbol{A}$ 可逆又要求出 $\boldsymbol{A}^{-1}$ 的题目，利用上述结论将这两个问题一并解决了，即不必先证 $|\boldsymbol{A}|\neq 0$ 来说明 $\boldsymbol{A}$ 可逆.

四、常考题型及考研典型题精解

例 2-1 设$\boldsymbol{A},\boldsymbol{B}$均为4阶方阵，$\boldsymbol{A}=(\boldsymbol{\alpha},\boldsymbol{\gamma}_2,\boldsymbol{\gamma}_3,\boldsymbol{\gamma}_4)$，$\boldsymbol{B}=(\boldsymbol{\beta},\boldsymbol{\gamma}_2,\boldsymbol{\gamma}_3,\boldsymbol{\gamma}_4)$，其中$\boldsymbol{\alpha},\boldsymbol{\beta},\boldsymbol{\gamma}_2,\boldsymbol{\gamma}_3,\boldsymbol{\gamma}_4$均为4维列向量，且$|\boldsymbol{A}|=4$，$|\boldsymbol{B}|=1$，则$|\boldsymbol{A}+\boldsymbol{B}|=$ __40__.

分析 根据矩阵加法和行列式的性质得

$$|\boldsymbol{A}+\boldsymbol{B}|=|(\boldsymbol{\alpha}+\boldsymbol{\beta},2\boldsymbol{\gamma}_2,2\boldsymbol{\gamma}_3,2\boldsymbol{\gamma}_4)|=|(\boldsymbol{\alpha},2\boldsymbol{\gamma}_2,2\boldsymbol{\gamma}_3,2\boldsymbol{\gamma}_4)|+|(\boldsymbol{\beta},2\boldsymbol{\gamma}_2,2\boldsymbol{\gamma}_3,2\boldsymbol{\gamma}_4)|=$$
$$2^3|(\boldsymbol{\alpha},\boldsymbol{\gamma}_2,\boldsymbol{\gamma}_3,\boldsymbol{\gamma}_4)|+2^3|(\boldsymbol{\beta},\boldsymbol{\gamma}_2,\boldsymbol{\gamma}_3,\boldsymbol{\gamma}_4)|=8|\boldsymbol{A}|+8|\boldsymbol{B}|=40$$

例 2-2 设$\boldsymbol{A},\boldsymbol{B}$均为$n$阶方阵，$|\boldsymbol{A}|=2$，$|\boldsymbol{B}|=-3$，则$|\boldsymbol{A}^{-1}\boldsymbol{B}^*-\boldsymbol{A}^*\boldsymbol{B}^{-1}|=$ __$(-1)^{n-1}\dfrac{5^n}{6}$__.

分析 由于$\boldsymbol{B}^*=|\boldsymbol{B}|\boldsymbol{B}^{-1}=-3\boldsymbol{B}^{-1}$，$\boldsymbol{A}^*=|\boldsymbol{A}|\boldsymbol{A}^{-1}=2\boldsymbol{A}^{-1}$，从而

$$|\boldsymbol{A}^{-1}\boldsymbol{B}^*-\boldsymbol{A}^*\boldsymbol{B}^{-1}|=|-3\boldsymbol{A}^{-1}\boldsymbol{B}^{-1}-2\boldsymbol{A}^{-1}\boldsymbol{B}^{-1}|=|-5\boldsymbol{A}^{-1}\boldsymbol{B}^{-1}|=(-5)^n|\boldsymbol{A}^{-1}\boldsymbol{B}^{-1}|=$$
$$(-5)^n\frac{1}{|\boldsymbol{A}||\boldsymbol{B}|}=(-5)^n\frac{1}{-6}=(-1)^{n-1}\frac{5^n}{6}$$

例 2-3 设$\boldsymbol{\alpha}_1,\boldsymbol{\alpha}_2,\cdots,\boldsymbol{\alpha}_n$为$n$维列向量，$n$阶方阵$\boldsymbol{A}=(\boldsymbol{\alpha}_1,\boldsymbol{\alpha}_2,\cdots,\boldsymbol{\alpha}_n)$，$\boldsymbol{B}=(\boldsymbol{\alpha}_1+\boldsymbol{\alpha}_2,\boldsymbol{\alpha}_2+\boldsymbol{\alpha}_3,\cdots,\boldsymbol{\alpha}_{n-1}+\boldsymbol{\alpha}_n,\boldsymbol{\alpha}_n+\boldsymbol{\alpha}_1)$. 如果$|\boldsymbol{A}|=a$，求$|\boldsymbol{B}|$.

解 因为

$$\boldsymbol{B}=(\boldsymbol{\alpha}_1,\boldsymbol{\alpha}_2,\cdots,\boldsymbol{\alpha}_n)\begin{pmatrix}1&&&&1\\1&1&&&\\&\ddots&\ddots&&\\&&\ddots&1&\\&&&1&1\end{pmatrix}=\boldsymbol{AP},\quad 其中\quad \boldsymbol{P}=\begin{pmatrix}1&&&&1\\1&1&&&\\&\ddots&\ddots&&\\&&\ddots&1&\\&&&1&1\end{pmatrix}$$

且$|\boldsymbol{P}|=1+(-1)^{n+1}$，则有

$$|\boldsymbol{B}|=|\boldsymbol{A}||\boldsymbol{P}|=a[1+(-1)^{n+1}]=\begin{cases}2a, & n\text{ 为奇数}\\0, & n\text{ 为偶数}\end{cases}$$

例 2-4 已知实矩阵$\boldsymbol{A}=(a_{ij})_{3\times3}$满足条件：

(1) $a_{ij}=A_{ij}\quad(i,j=1,2,3)$，其中$A_{ij}$是$a_{ij}$的代数余子式；　(2) $a_{11}\neq0$.

计算行列式$|\boldsymbol{A}|$.

分析 $\boldsymbol{A}$的伴随矩阵$\boldsymbol{A}^*$与a_{ij}的代数余子式A_{ij}有关，如能将$\boldsymbol{A}^*$与$\boldsymbol{A}$联系起来，则可利用伴随矩阵的有关结果，如$\boldsymbol{AA}^*=|\boldsymbol{A}|\boldsymbol{E}$进行计算.

解 因为$a_{ij}=A_{ij}$，所以

$$|\boldsymbol{A}|=a_{11}A_{11}+a_{12}A_{12}+a_{13}A_{13}=a_{11}^2+a_{12}^2+a_{13}^2>0$$

又因为

$$\boldsymbol{A}^*=\begin{pmatrix}A_{11}&A_{21}&A_{31}\\A_{12}&A_{22}&A_{32}\\A_{13}&A_{23}&A_{33}\end{pmatrix}=\begin{pmatrix}a_{11}&a_{21}&a_{31}\\a_{12}&a_{22}&a_{32}\\a_{13}&a_{23}&a_{33}\end{pmatrix}=\boldsymbol{A}^{\mathrm{T}}$$

从而

$$\boldsymbol{AA}^{\mathrm{T}}=\boldsymbol{AA}^*=|\boldsymbol{A}|\boldsymbol{E}$$

两边取行列式得

$$|A||A^T| = |A|^3 \quad 或 \quad |A|^2(1-|A|)=0$$

故由 $|A|>0$ 知 $|A|=1$.

例 2-5 已知 $A=\begin{pmatrix}2&4&0&0\\1&2&0&0\\0&0&2&4\\0&0&0&2\end{pmatrix}$，求 A^n.

分析 A 是分块对角矩阵. 在求子块的方幂时，要充分利用求方幂的各种方法.

解 A 是分块对角矩阵 $A=\begin{pmatrix}B&O\\O&C\end{pmatrix}$，其中 $B=\begin{pmatrix}2&4\\1&2\end{pmatrix}$，$C=\begin{pmatrix}2&4\\0&2\end{pmatrix}$. 则

$$A^n=\begin{pmatrix}B^n&O\\O&C^n\end{pmatrix}$$

由于 $B=\begin{pmatrix}2&4\\1&2\end{pmatrix}=\begin{pmatrix}2\\1\end{pmatrix}(1\quad 2)=\alpha\beta^T$，其中 $\alpha=\begin{pmatrix}2\\1\end{pmatrix}$，$\beta=\begin{pmatrix}1\\2\end{pmatrix}$，则有

$$B^n=(\alpha\beta^T)^n=\underbrace{(\alpha\beta^T)(\alpha\beta^T)\cdots(\alpha\beta^T)}_{n个}=\alpha(\beta^T\alpha)^{n-1}\beta^T=4^{n-1}\alpha\beta^T=4^{n-1}B$$

又
$$C=\begin{pmatrix}2&4\\0&2\end{pmatrix}=\begin{pmatrix}2&0\\0&2\end{pmatrix}+\begin{pmatrix}0&4\\0&0\end{pmatrix}=2E+H$$

其中 $H=\begin{pmatrix}0&4\\0&0\end{pmatrix}$，且满足 $H^2=O$，注意到 $(2E)H=H(2E)$，从而

$$C^n=(2E+H)^n=(2E)^n+n(2E)^{n-1}H=2^nE+n2^{n-1}H=\begin{pmatrix}2^n&4n2^{n-1}\\0&2^n\end{pmatrix}$$

故
$$A^n=\begin{pmatrix}2\cdot 4^{n-1}&4^n&0&0\\4^{n-1}&2\cdot 4^{n-1}&0&0\\0&0&2^n&n\cdot 2^{n+1}\\0&0&0&2^n\end{pmatrix}$$

例 2-6 设 $A=\begin{pmatrix}1&0&0\\1&0&1\\0&1&0\end{pmatrix}$，证明当 $n\geqslant 3$ 时恒有 $A^n=A^{n-2}+A^2-E$，并求 A^{100}.

解 采用数学归纳法证明. 因为

$$A^2=\begin{pmatrix}1&0&0\\1&1&0\\1&0&1\end{pmatrix},\quad A^3=\begin{pmatrix}1&0&0\\2&0&1\\1&1&0\end{pmatrix}=A+A^2-E$$

所以 $n=3$ 时结论成立. 假设 $n=k$ 时结论成立，即 $A^k=A^{k-2}+A^2-E$，则当 $n=k+1$ 时，有

$$A^{k+1}=A^kA=(A^{k-2}+A^2-E)A=A^{k-1}+A^3-A=$$
$$A^{k-1}+(A+A^2-E)-A=A^{k-1}+A^2-E$$

故由归纳假设知命题成立. 利用所证公式，得

$$A^{100}=A^{98}+A^2-E=A^{96}+2(A^2-E)=\cdots=$$
$$A^2+49(A^2-E)=50A^2-49E=\begin{pmatrix}1&0&0\\50&1&0\\50&0&1\end{pmatrix}$$

例 2-7 设方阵 A 满足 $A^3-A^2+3A-2E=O$，则 $A^{-1}=$ $\underline{\frac{1}{2}(A^2-A+3E)}$，$(E-A)^{-1}=$ $\underline{A^2+3E}$.

分析 如果有 $AB=E$，则 A 可逆，且 $A^{-1}=B$. 由 $A^3-A^2+3A-2E=O$，得

$$A(A^2-A+3E)=2E$$

即

$$A\left[\frac{1}{2}(A^2-A+3E)\right]=E$$

故

$$A^{-1}=\frac{1}{2}(A^2-A+3E)$$

同样，如果有 $(E-A)B=E$，则 $E-A$ 可逆，且 $(E-A)^{-1}=B$. 由 $A^3-A^2+3A-2E=O$，得

$$(E-A)(-A^2-3E)=-E$$

(可设 $(E-A)(-A^2+aA+bE)=cE$，展开得 $A^3+(-a-1)A^2+(a-b)A+(b-c)E=O$，与 $A^3-A^2+3A-2E=O$ 比较得 $-a-1=-1, a-b=3, b-c=-2$，从而 $a=0, b=-3, c=-1$).

即

$$(E-A)(A^2+3E)=E$$

故 $E-A$ 可逆，且 $(E-A)^{-1}=A^2+3E$.

例 2-8 设分块矩阵 $M=\begin{pmatrix} O & B \\ C & D \end{pmatrix}$，其中 B 和 C 都是 n 阶可逆矩阵，试求 M^{-1}.

分析 求分块矩阵的逆矩阵往往采用待定的方法. 注意不能对分块矩阵求伴随矩阵.

解 设 $M^{-1}=\begin{pmatrix} X_1 & X_2 \\ X_3 & X_4 \end{pmatrix}$，其中 X_i 均为 n 阶方阵，则由

$$MM^{-1}=\begin{pmatrix} O & B \\ C & D \end{pmatrix}\begin{pmatrix} X_1 & X_2 \\ X_3 & X_4 \end{pmatrix}=E_{2n}=\begin{pmatrix} E_n & O \\ O & E_n \end{pmatrix}$$

得

$$BX_3=E_n,\quad BX_4=O,\quad CX_1+DX_3=O,\quad CX_2+DX_4=E_n$$

求解诸矩阵方程，得

$$X_3=B^{-1},\quad X_4=O,\quad X_1=-C^{-1}DX_3=-C^{-1}DB^{-1},\quad X_2=C^{-1}$$

故

$$M^{-1}=\begin{pmatrix} -C^{-1}DB^{-1} & C^{-1} \\ B^{-1} & O \end{pmatrix}$$

例 2-9 设 $A=\begin{pmatrix} 1 & 1 & -1 \\ -1 & 1 & 1 \\ 1 & -1 & 1 \end{pmatrix}$，且

$$A^*X\left(\frac{1}{2}A^*\right)^*=8A^{-1}X+E$$

其中 A^* 是 A 的伴随矩阵，E 是 3 阶单位矩阵，求矩阵 X.

分析 这是求解矩阵方程(即含有未知矩阵的等式)的问题. 在求解时先利用矩阵运算的各种性质对方程作恒等变形，化简为 $AXB=C$ 的形式，从而当 A,B 可逆时解出 $X=A^{-1}CB^{-1}$.

解 可求得 $|A|=\begin{vmatrix} 1 & 1 & -1 \\ -1 & 1 & 1 \\ 1 & -1 & 1 \end{vmatrix}=4$，于是

$$A^* = |A|A^{-1} = 4A^{-1}$$

$$\left(\frac{1}{2}A^*\right)^* = (2A^{-1})^* = |2A^{-1}|(2A^{-1})^{-1} = \frac{2^3}{|A|}\cdot\frac{1}{2}A = A$$

代入矩阵方程,得 $$4A^{-1}XA = 8A^{-1}X + E$$

左乘矩阵 A,有 $$4XA = 8X + A$$

即 $$4X(A-2E) = A$$

从而得 $$X = \frac{1}{4}A(A-2E)^{-1}$$

由于

$$(A-2E)^{-1} = \begin{pmatrix} -1 & 1 & -1 \\ -1 & -1 & 1 \\ 1 & -1 & -1 \end{pmatrix}^{-1} = -\frac{1}{2}\begin{pmatrix} 1 & 1 & 0 \\ 0 & 1 & 1 \\ 1 & 0 & 1 \end{pmatrix}$$

故

$$X = \frac{1}{4}\begin{pmatrix} 1 & 1 & -1 \\ -1 & 1 & 1 \\ 1 & -1 & 1 \end{pmatrix}\left(-\frac{1}{2}\right)\begin{pmatrix} 1 & 1 & 0 \\ 0 & 1 & 1 \\ 1 & 0 & 1 \end{pmatrix} = -\frac{1}{8}\begin{pmatrix} 0 & 2 & 0 \\ 0 & 0 & 2 \\ 2 & 0 & 0 \end{pmatrix} = -\frac{1}{4}\begin{pmatrix} 0 & 1 & 0 \\ 0 & 0 & 1 \\ 1 & 0 & 0 \end{pmatrix}$$

例 2-10 设矩阵 A 的伴随矩阵 $A^* = \begin{pmatrix} 1 & 0 & 0 & 0 \\ 0 & 1 & 0 & 0 \\ 1 & 0 & 1 & 0 \\ 0 & -3 & 0 & 8 \end{pmatrix}$,且 $AXA^{-1} = XA^{-1} + 3E$,求矩阵 X.

分析 这仍是矩阵方程求解问题.如能根据所给条件进行适当的恒等变形,可以减少计算工作量.

解 **法 1** 由 $AXA^{-1} = XA^{-1} + 3E$ 得,$(A-E)XA^{-1} = 3E$,于是

$$X = 3(A-E)^{-1}A \tag{*}$$

(可见关键是求出 A,而求 A 要利用 $AA^* = |A|E$ 求得,$A = |A|(A^*)^{-1}$.)由于 $|A^*| = 8$,且 $|A||A^*| = |A|^4$,从而 $|A|^3 = |A^*| = 8$,即 $|A| = 2$,于是

$$A = |A|(A^*)^{-1} = 2(A^*)^{-1} = \begin{pmatrix} 2 & 0 & 0 & 0 \\ 0 & 2 & 0 & 0 \\ -2 & 0 & 2 & 0 \\ 0 & \frac{3}{4} & 0 & \frac{1}{4} \end{pmatrix}$$

又可求得

$$(A-E)^{-1} = \begin{pmatrix} 1 & 0 & 0 & 0 \\ 0 & 1 & 0 & 0 \\ -2 & 0 & 1 & 0 \\ 0 & \frac{3}{4} & 0 & -\frac{3}{4} \end{pmatrix}^{-1} = \begin{pmatrix} 1 & 0 & 0 & 0 \\ 0 & 1 & 0 & 0 \\ 2 & 0 & 1 & 0 \\ 0 & 1 & 0 & -\frac{4}{3} \end{pmatrix}$$

故

$$X=3(A-E)^{-1}A=3\begin{pmatrix}1&0&0&0\\0&1&0&0\\2&0&1&0\\0&1&0&-\frac{4}{3}\end{pmatrix}\begin{pmatrix}2&0&0&0\\0&2&0&0\\-2&0&2&0\\0&\frac{3}{4}&0&\frac{1}{4}\end{pmatrix}=\begin{pmatrix}6&0&0&0\\0&6&0&0\\6&0&6&0\\0&3&0&-1\end{pmatrix}$$

法 2　由式(*)得

$$X=3(A-E)^{-1}(A^{-1})^{-1}=3[A^{-1}(A-E)]^{-1}=3(E-A^{-1})^{-1}=$$

$$3(E-\frac{1}{|A|}A^*)^{-1}=3\left(E-\frac{1}{2}A^*\right)^{-1}=6(2E-A^*)^{-1}$$

(其中 $|A|=2$ 仍按法 1 中方法求出.)可求得

$$(2E-A^*)^{-1}=\begin{pmatrix}1&0&0&0\\0&1&0&0\\-1&0&1&0\\0&3&0&-6\end{pmatrix}^{-1}=\begin{pmatrix}1&0&0&0\\0&1&0&0\\1&0&1&0\\0&\frac{1}{2}&0&-\frac{1}{6}\end{pmatrix}$$

故得

$$X=6(2E-A^*)^{-1}=\begin{pmatrix}6&0&0&0\\0&6&0&0\\6&0&6&0\\0&3&0&-1\end{pmatrix}$$

例 2-11　设 A,B 均为 n 阶对称矩阵,且 $|A|\neq0$. 当 $E+AB$ 可逆时,试证 $(E+AB)^{-1}A$ 为对称矩阵.

分析　为证某一矩阵 A 为对称矩阵,需证明 $A^T=A$.

证　因为 $A^T=A,B^T=B$,所以

$$[(E+AB)^{-1}A]^T=A^T[(E+AB)^{-1}]^T=A(E+B^TA^T)^{-1}=(A^{-1})^{-1}(E+BA)^{-1}=$$
$$[(E+BA)A^{-1}]^{-1}=[(A^{-1}+B)]^{-1}=[A^{-1}(E+AB)]^{-1}=(E+AB)^{-1}A$$

故 $(E+AB)^{-1}A$ 为对称矩阵.

例 2-12　设 $A=(a_{ij})_{n\times n}$ 是 n 阶可逆矩阵,且 A 的每行元素之和均为常数 c,试证 A^{-1} 的每行元素之和为 $\frac{1}{c}$.

证　因为 A 的每行元素之和均为常数 c,即有

$$a_{i1}+a_{i2}+\cdots+a_{in}=c\qquad(i=1,2,\cdots,n)$$

即

$$A\begin{pmatrix}1\\1\\\vdots\\1\end{pmatrix}=\begin{pmatrix}c\\c\\\vdots\\c\end{pmatrix}=c\begin{pmatrix}1\\1\\\vdots\\1\end{pmatrix}$$

因为 A 可逆,所以 $c\neq0$(否则若 $c=0$,上式两边左乘 A^{-1} 得 $(1,1,\cdots,1)^T=(0,0,\cdots,0)^T$,矛盾).上式左乘 A^{-1} 并整理得

$$A^{-1}\begin{pmatrix}1\\1\\\vdots\\1\end{pmatrix}=\frac{1}{c}\begin{pmatrix}1\\1\\\vdots\\1\end{pmatrix}.$$

故 A^{-1} 的各行元素之和为$\frac{1}{c}$.

例 2-13 设 A 为 3 阶矩阵，P 为 3 阶可逆矩阵，且 $P^{-1}AP=\begin{pmatrix}1&&\\&1&\\&&2\end{pmatrix}$，$P=(\boldsymbol{\alpha}_1,\boldsymbol{\alpha}_2,\boldsymbol{\alpha}_3)$，$Q=(\boldsymbol{\alpha}_1+\boldsymbol{\alpha}_2,\boldsymbol{\alpha}_2,\boldsymbol{\alpha}_3)$，则 $Q^{-1}AQ=$______.

(a) $\begin{pmatrix}1&&\\&2&\\&&1\end{pmatrix}$； (b) $\begin{pmatrix}1&&\\&1&\\&&2\end{pmatrix}$； (c) $\begin{pmatrix}2&&\\&1&\\&&2\end{pmatrix}$； (d) $\begin{pmatrix}2&&\\&2&\\&&1\end{pmatrix}$.

解 由已知得 $Q=P\begin{pmatrix}1&0&0\\1&1&0\\0&0&1\end{pmatrix}$. 记 $B=\begin{pmatrix}1&0&0\\1&1&0\\0&0&1\end{pmatrix}$，则有

$$Q^{-1}QP=(PB)^{-1}A(PB)=B^{-1}(P^{-1}AP)B=$$

$$\begin{pmatrix}1&0&0\\-1&1&0\\0&0&1\end{pmatrix}\begin{pmatrix}1&&\\&1&\\&&2\end{pmatrix}\begin{pmatrix}1&0&0\\1&1&0\\0&0&1\end{pmatrix}=\begin{pmatrix}1&0&0\\0&1&0\\0&0&2\end{pmatrix}$$

五、课后习题全解(习题二)

1. 计算下列乘积.

(1) $\begin{pmatrix}4&3&1\\1&-2&3\\5&7&0\end{pmatrix}\begin{pmatrix}7\\2\\1\end{pmatrix}$； (2) $(1\quad 2\quad 3)\begin{pmatrix}3\\2\\1\end{pmatrix}$； (3) $\begin{pmatrix}2\\1\\3\end{pmatrix}(-1\quad 2)$；

(4) $\begin{pmatrix}2&1&4&0\\1&-1&3&4\end{pmatrix}\begin{pmatrix}1&3&1\\0&-1&2\\1&-3&1\\4&0&-2\end{pmatrix}$； (5) $(x_1\quad x_2\quad x_3)\begin{pmatrix}a_{11}&a_{12}&a_{13}\\a_{12}&a_{22}&a_{23}\\a_{13}&a_{23}&a_{33}\end{pmatrix}\begin{pmatrix}x_1\\x_2\\x_3\end{pmatrix}$.

解 (1) $\begin{pmatrix}35\\6\\49\end{pmatrix}$； (2) 10； (3) $\begin{pmatrix}-2&4\\-1&2\\-3&6\end{pmatrix}$； (4) $\begin{pmatrix}6&-7&8\\20&-5&-6\end{pmatrix}$；

(5) $a_{11}x_1^2+a_{22}x_2^2+a_{33}x_3^2+2a_{12}x_1x_2+2a_{13}x_1x_3+2a_{23}x_2x_3$.

2. 设 $A=\begin{pmatrix}1&1&1\\1&1&-1\\1&-1&1\end{pmatrix}$，$B=\begin{pmatrix}1&2&3\\-1&-2&4\\0&5&1\end{pmatrix}$，求 $3AB-2A$ 及 $A^{\mathrm{T}}B$.

解 $3AB-2A=3\begin{pmatrix}1&1&1\\1&1&-1\\1&-1&1\end{pmatrix}\begin{pmatrix}1&2&3\\-1&-2&4\\0&5&1\end{pmatrix}-2\begin{pmatrix}1&1&1\\1&1&-1\\1&-1&1\end{pmatrix}=$

$$3\begin{pmatrix}0&5&8\\0&-5&6\\2&9&0\end{pmatrix}-2\begin{pmatrix}1&1&1\\1&1&-1\\1&-1&1\end{pmatrix}=\begin{pmatrix}-2&13&22\\-2&-17&20\\4&29&-2\end{pmatrix}$$

$$A^TB=\begin{pmatrix}1&1&1\\1&1&-1\\1&-1&1\end{pmatrix}\begin{pmatrix}1&2&3\\-1&-2&4\\0&5&1\end{pmatrix}=\begin{pmatrix}0&5&8\\0&-5&6\\2&9&0\end{pmatrix}$$

3. 已知两个线性变换：

$$\begin{cases}x_1=2y_1+y_3\\x_2=-2y_1+3y_2+2y_3,\\x_3=4y_1+y_2+5y_3\end{cases}\quad\begin{cases}y_1=-3z_1+z_2\\y_2=2z_1+z_3\\y_3=-z_2+3z_3\end{cases}$$

求从 z_1,z_2,z_3 到 x_1,x_2,x_3 的线性变换.

解 令

$$x=\begin{pmatrix}x_1\\x_2\\x_3\end{pmatrix},\quad A=\begin{pmatrix}2&0&1\\-2&3&2\\4&1&5\end{pmatrix},\quad y=\begin{pmatrix}y_1\\y_2\\y_3\end{pmatrix},\quad B=\begin{pmatrix}-3&1&0\\2&0&1\\0&-1&3\end{pmatrix},\quad z=\begin{pmatrix}z_1\\z_2\\z_3\end{pmatrix}$$

则线性变换可用矩阵乘法表示为 $x=Ay$，$y=Bz$. 于是 $x=(AB)z$. 可得

$$AB=\begin{pmatrix}2&0&1\\-2&3&2\\4&1&5\end{pmatrix}\begin{pmatrix}-3&1&0\\2&0&1\\0&-1&3\end{pmatrix}=\begin{pmatrix}-6&1&3\\12&-4&9\\-10&-1&16\end{pmatrix}$$

故

$$\begin{cases}x_1=-6z_1+z_2+3z_3\\x_2=12z_1-4z_2+9z_3\\x_3=-10z_1-z_2+16z_3\end{cases}$$

4. 设 $A=\begin{pmatrix}1&2\\1&3\end{pmatrix}$，$B=\begin{pmatrix}1&0\\1&2\end{pmatrix}$，问：

(1) $AB=BA$ 吗？

(2) $(A+B)^2=A^2+2AB+B^2$ 吗？

(3) $(A+B)(A-B)=A^2-B^2$ 吗？

解 (1) $AB=\begin{pmatrix}3&4\\4&6\end{pmatrix}$，$BA=\begin{pmatrix}1&2\\3&8\end{pmatrix}$，可见 $AB\neq BA$.

(2) $(A+B)^2=\begin{pmatrix}8&14\\14&29\end{pmatrix}$，$A^2+2AB+B^2=\begin{pmatrix}10&16\\15&27\end{pmatrix}$，可见

$$(A+B)^2\neq A^2+2AB+B^2$$

(3) $(A+B)(A-B)=\begin{pmatrix}0&6\\0&9\end{pmatrix}$，$A^2-B^2=\begin{pmatrix}2&8\\1&7\end{pmatrix}$，可见

$$(A+B)(A-B)\neq A^2-B^2$$

5. 举反例说明下列命题是错误的.

(1) 若 $A^2=O$,则 $A=O$;

(2) 若 $A^2=A$,则 $A=O$ 或 $A=E$;

(3) 若 $AX=AY$,且 $A\neq O$,则 $X=Y$.

解 (1) 取 $A=\begin{pmatrix}0&1\\0&0\end{pmatrix}$,有 $A\neq O$,而 $A^2=O$.

(2) 取 $A=\begin{pmatrix}1&0\\0&0\end{pmatrix}$,有 $A\neq O,A\neq E$,而 $A^2=A$.

(3) 取 $A=\begin{pmatrix}1&0\\0&0\end{pmatrix}$,$X=\begin{pmatrix}0&0\\2&4\end{pmatrix}$,$Y=\begin{pmatrix}0&0\\-1&2\end{pmatrix}$,有 $A\neq O,X\neq Y$,而 $AX=AY$.

6. (1) 设 $A=\begin{pmatrix}1&0\\\lambda&1\end{pmatrix}$,求 $A^2,A^3,\cdots,A^k$;　　(2) 设 $A=\begin{pmatrix}\lambda&1&0\\0&\lambda&1\\0&0&\lambda\end{pmatrix}$,求 A^k.

解 (1) $A^2=\begin{pmatrix}1&0\\\lambda&1\end{pmatrix}\begin{pmatrix}1&0\\\lambda&1\end{pmatrix}=\begin{pmatrix}1&0\\2\lambda&1\end{pmatrix}$, $A^3=A^2A=\begin{pmatrix}1&0\\2\lambda&1\end{pmatrix}\begin{pmatrix}1&0\\\lambda&1\end{pmatrix}=\begin{pmatrix}1&0\\3\lambda&1\end{pmatrix}$.

设 $A^k=\begin{pmatrix}1&0\\k\lambda&1\end{pmatrix}$,则

$$A^{k+1}=A^kA=\begin{pmatrix}1&0\\k\lambda&1\end{pmatrix}\begin{pmatrix}1&0\\\lambda&1\end{pmatrix}=\begin{pmatrix}1&0\\(k+1)\lambda&1\end{pmatrix}$$

由数学归纳法知

$$A^k=\begin{pmatrix}1&0\\k\lambda&1\end{pmatrix}$$

(2) **法 1** 直接计算可得

$$A^2=\begin{pmatrix}\lambda^2&2\lambda&1\\0&\lambda^2&2\lambda\\0&0&\lambda^2\end{pmatrix},\quad A^3=\begin{pmatrix}\lambda^3&3\lambda^2&3\lambda\\0&\lambda^3&3\lambda^2\\0&0&\lambda^3\end{pmatrix}$$

可以发现 A^2 的第 1 行是 $(\lambda+1)^2$ 展开式的前 3 个元素,而 A^3 的第 1 行是 $(\lambda+1)^3$ 展开式的前 3 个元素. 设

$$A^k=\begin{pmatrix}\lambda^k&k\lambda^{k-1}&\frac{k(k-1)}{2}\lambda^{k-2}\\0&\lambda^k&k\lambda^{k-1}\\0&0&\lambda^k\end{pmatrix}$$

则

$$A^{k+1}=A^kA=\begin{pmatrix}\lambda^k & k\lambda^{k-1} & \frac{k(k-1)}{2}\lambda^{k-2}\\ 0 & \lambda^k & k\lambda^{k-1}\\ 0 & 0 & \lambda^k\end{pmatrix}\begin{pmatrix}\lambda & 1 & 0\\ 0 & \lambda & 1\\ 0 & 0 & \lambda\end{pmatrix}=\begin{pmatrix}\lambda^{k+1} & (k+1)\lambda^k & \frac{(k+1)k}{2}\lambda^{k-1}\\ 0 & \lambda^{k+1} & (k+1)\lambda^k\\ 0 & 0 & \lambda^{k+1}\end{pmatrix}$$

故由归纳法，得

$$A^k=\begin{pmatrix}\lambda^k & k\lambda^{k-1} & \frac{k(k-1)}{2}\lambda^{k-2}\\ 0 & \lambda^k & k\lambda^{k-1}\\ 0 & 0 & \lambda^k\end{pmatrix}$$

法 2

$$A=\begin{pmatrix}\lambda & 0 & 0\\ 0 & \lambda & 0\\ 0 & 0 & \lambda\end{pmatrix}+\begin{pmatrix}0 & 1 & 0\\ 0 & 0 & 1\\ 0 & 0 & 0\end{pmatrix}=\lambda E+H$$

其中 $H=\begin{pmatrix}0 & 1 & 0\\ 0 & 0 & 1\\ 0 & 0 & 0\end{pmatrix}$. 注意到 $H^2=\begin{pmatrix}0 & 0 & 1\\ 0 & 0 & 0\\ 0 & 0 & 0\end{pmatrix}$，$H^3=O$，且 $(\lambda E)H=H(\lambda E)$，故二项展开公式成立，即有

$$A^k=(\lambda E+H)^k=(\lambda E)^k+k(\lambda E)^{k-1}H+\frac{k(k-1)}{2}(\lambda E)^{k-2}H^2=$$

$$\begin{pmatrix}\lambda^k & 0 & 0\\ 0 & \lambda^k & 0\\ 0 & 0 & \lambda^k\end{pmatrix}+\begin{pmatrix}0 & k\lambda^{k-1} & 0\\ 0 & 0 & k\lambda^{k-1}\\ 0 & 0 & 0\end{pmatrix}+\begin{pmatrix}0 & 0 & \frac{k(k-1)}{2}\lambda^{k-2}\\ 0 & 0 & 0\\ 0 & 0 & 0\end{pmatrix}=$$

$$\begin{pmatrix}\lambda^k & k\lambda^{k-1} & \frac{k(k-1)}{2}\lambda^{k-2}\\ 0 & \lambda^k & k\lambda^{k-1}\\ 0 & 0 & \lambda^k\end{pmatrix}$$

7.(1) 设 $A=\begin{pmatrix}3 & 1\\ 1 & -3\end{pmatrix}$，求 A^{50} 和 A^{51}；

(2) 设 $a=\begin{pmatrix}2\\ 1\end{pmatrix}$，$b=\begin{pmatrix}1\\ 2\\ 4\end{pmatrix}$，$A=ab^{\mathrm{T}}$，求 A^{100}.

解　(1) $A^2=\begin{pmatrix}3 & 1\\ 1 & -3\end{pmatrix}\begin{pmatrix}3 & 1\\ 1 & -3\end{pmatrix}=\begin{pmatrix}10 & 0\\ 0 & 10\end{pmatrix}$，则

$$A^{50}=(A^2)^{25}=(10\quad 0)^{25}=\begin{pmatrix}10^{25} & 0\\ 0 & 10^{25}\end{pmatrix}$$

$$A^{51}=A^{50}\cdot A=\begin{pmatrix}10^{25} & 0\\ 0 & 10^{25}\end{pmatrix}\begin{pmatrix}3 & 1\\ 1 & -3\end{pmatrix}=\begin{pmatrix}3\cdot 10^{25} & 10^{25}\\ 10^{25} & -3\cdot 10^{25}\end{pmatrix}$$

(2) $A^{100}=(ab^{\mathrm{T}})^{100}=\underbrace{(ab^{\mathrm{T}})(ab^{\mathrm{T}})\cdots(ab^{\mathrm{T}})}_{100\text{个}}=a(b^{\mathrm{T}}a)^{99}b^{\mathrm{T}}$， $b^{\mathrm{T}}a=(1\quad 2\quad 4)\begin{pmatrix}2\\ 1\\ -3\end{pmatrix}=-8$，则

$$A^{100}=(-8)^{99}ab^{\mathrm{T}}=-8^{99}\begin{pmatrix}2\\ 1\\ -3\end{pmatrix}(1\quad 2\quad 4)=-8^{99}\begin{pmatrix}2 & 4 & 8\\ 1 & 2 & 4\\ -3 & -6 & -12\end{pmatrix}$$

8. (1) 设 A,B 为 n 阶矩阵，且 A 为对称矩阵，证明 $B^{\mathrm{T}}AB$ 也是对称矩阵；

(2) 设 A,B 都是 n 阶对称矩阵，证明 AB 是对称矩阵的充分必要条件是 $AB=BA$.

证 (1) 因为 $A^{\mathrm{T}}=A$，所以

$$(B^{\mathrm{T}}AB)^{\mathrm{T}}=B^{\mathrm{T}}A^{\mathrm{T}}(B^{\mathrm{T}})^{\mathrm{T}}=B^{\mathrm{T}}AB$$

故 $B^{\mathrm{T}}AB$ 是对称矩阵.

(2) 由题设 $A^{\mathrm{T}}=A,B^{\mathrm{T}}=B$，又 $(AB)^{\mathrm{T}}=B^{\mathrm{T}}A^{\mathrm{T}}=BA$，$(BA)^{\mathrm{T}}=A^{\mathrm{T}}B^{\mathrm{T}}=AB$，当 AB 是对称矩阵，即 $(AB)^{\mathrm{T}}=AB$ 时，有 $BA=AB$. 反之，若 $AB=BA$，则 $(AB)^{\mathrm{T}}=BA=AB$，即 AB 是对称矩阵.

9. 求下列矩阵的逆矩阵.

(1) $\begin{pmatrix}1 & 2\\ 2 & 5\end{pmatrix}$； (2) $\begin{pmatrix}\cos\theta & -\sin\theta\\ \sin\theta & \cos\theta\end{pmatrix}$； (3) $\begin{pmatrix}1 & 2 & -1\\ 3 & 4 & -2\\ 5 & -4 & 1\end{pmatrix}$；

(4) $\begin{pmatrix}a_1 & & & \\ & a_2 & & \\ & & \ddots & \\ & & & a_n\end{pmatrix}$ $(a_1a_2\cdots a_n\neq 0)$.

解 (1) 可求得 $|A|=1$，$A^*=\begin{pmatrix}5 & -2\\ -2 & 1\end{pmatrix}$，故 $A^{-1}=\begin{pmatrix}5 & -2\\ -2 & 1\end{pmatrix}$.

(2) 可求得 $|A|=1$，$A^*=\begin{pmatrix}\cos\theta & \sin\theta\\ -\sin\theta & \cos\theta\end{pmatrix}$，故 $A^{-1}=\begin{pmatrix}\cos\theta & \sin\theta\\ -\sin\theta & \cos\theta\end{pmatrix}$.

(3) 可求得 $|A|=2$，$A^*=\begin{pmatrix}-4 & 2 & 0\\ -13 & 6 & -1\\ -32 & 14 & -2\end{pmatrix}$，故 $A^{-1}=\begin{pmatrix}-2 & 1 & 0\\ -\frac{13}{2} & 3 & -\frac{1}{2}\\ -16 & 7 & -1\end{pmatrix}$.

(4) $\boldsymbol{A}=\begin{pmatrix}\boldsymbol{A}_1 & & & \\ & \boldsymbol{A}_2 & & \\ & & \ddots & \\ & & & \boldsymbol{A}_n\end{pmatrix}$,其中 $\boldsymbol{A}_i=(a_i)\quad(i=1,2,\cdots,n)$. 由于 $\boldsymbol{A}_i^{-1}=\left(\dfrac{1}{a_i}\right)$,故

$$\boldsymbol{A}^{-1}=\begin{pmatrix}\boldsymbol{A}_1^{-1} & & & \\ & \boldsymbol{A}_2^{-1} & & \\ & & \ddots & \\ & & & \boldsymbol{A}_n^{-1}\end{pmatrix}=\begin{pmatrix}\dfrac{1}{a_1} & & & \\ & \dfrac{1}{a_2} & & \\ & & \ddots & \\ & & & \dfrac{1}{a_n}\end{pmatrix}$$

10. 已知线性变换:

$$\begin{cases}x_1=2y_1+2y_2+y_3\\ x_2=3y_1+y_2+5y_3\\ x_3=3y_1+2y_2+3y_3\end{cases}$$

求从变量 x_1,x_2,x_3 到变量 y_1,y_2,y_3 的线性变换.

解 令

$$\boldsymbol{x}=\begin{pmatrix}x_1\\x_2\\x_3\end{pmatrix},\quad \boldsymbol{A}=\begin{pmatrix}2&2&1\\3&1&5\\3&2&3\end{pmatrix},\quad \boldsymbol{y}=\begin{pmatrix}y_1\\y_2\\y_3\end{pmatrix}$$

则线性变换可用矩阵乘法表示为 $\boldsymbol{x}=\boldsymbol{A}\boldsymbol{y}$,于是 $\boldsymbol{y}=\boldsymbol{A}^{-1}\boldsymbol{x}$. 可求得

$$|\boldsymbol{A}|=1,\quad \boldsymbol{A}^*=\begin{pmatrix}-7&-4&9\\6&3&-7\\3&2&-4\end{pmatrix}$$

从而

$$\boldsymbol{A}^{-1}=\boldsymbol{A}^*=\begin{pmatrix}-7&-4&9\\6&3&-7\\3&2&-4\end{pmatrix}$$

故

$$\begin{cases}y_1=-7x_1-4x_2+9x_3\\ y_2=6x_1+3x_2-7x_3\\ y_3=3x_1+2x_2-4x_3\end{cases}$$

11. 设 $\boldsymbol{J}$ 是元素全为 1 的 $n(n\geqslant 2)$ 阶方阵. 证明 $\boldsymbol{E}-\boldsymbol{J}$ 是可逆方阵,且 $(\boldsymbol{E}-\boldsymbol{J})^{-1}=\boldsymbol{E}-\dfrac{1}{n-1}\boldsymbol{J}$,这里 $\boldsymbol{E}$ 是与 $\boldsymbol{J}$ 同阶的单位矩阵.

证 $\boldsymbol{J}=\begin{pmatrix}1&1&\cdots&1\\1&1&\cdots&1\\\vdots&\vdots&&\vdots\\1&1&\cdots&1\end{pmatrix}$,则 $\boldsymbol{E}-\boldsymbol{J}=\begin{pmatrix}0&-1&\cdots&-1\\-1&0&\cdots&-1\\\vdots&\vdots&&\vdots\\-1&-1&\cdots&0\end{pmatrix}$. 从而

$$|\boldsymbol{E}-\boldsymbol{J}| \xlongequal[j=2,3,\cdots,n]{c_1+c_j} \begin{vmatrix} 1-n & -1 & \cdots & -1 \\ 1-n & 0 & \cdots & -1 \\ \vdots & \vdots & & \vdots \\ 1-n & -1 & \cdots & 0 \end{vmatrix} \xlongequal[i=2,3,\cdots,n]{r_i-r_1}$$

$$\begin{vmatrix} 1-n & -1 & \cdots & -1 \\ 0 & 1 & \cdots & 0 \\ \vdots & \vdots & & \vdots \\ 0 & 0 & \cdots & 1 \end{vmatrix} = 1-n \neq 0 \quad (n \geqslant 2)$$

则 $\boldsymbol{E}-\boldsymbol{J}$ 可逆. 欲证$(\boldsymbol{E}-\boldsymbol{J})^{-1}=\boldsymbol{E}-\frac{1}{n-1}\boldsymbol{J}$,只需证$(\boldsymbol{E}-\boldsymbol{J})\left(\boldsymbol{E}-\frac{1}{n-1}\boldsymbol{J}\right)=\boldsymbol{E}$. 由于

$$(\boldsymbol{E}-\boldsymbol{J})\left(\boldsymbol{E}-\frac{1}{n-1}\boldsymbol{J}\right)=\boldsymbol{E}-\frac{1}{n-1}\boldsymbol{J}-\boldsymbol{J}+\frac{1}{n-1}\boldsymbol{J}^2=\boldsymbol{E}-\frac{n}{n-1}\boldsymbol{J}+\frac{1}{n-1}\boldsymbol{J}^2=$$

$$\boldsymbol{E}+\frac{1}{n-1}(\boldsymbol{J}^2-n\boldsymbol{J})$$

$$\boldsymbol{J}^2=\begin{pmatrix} 1 & 1 & \cdots & 1 \\ 1 & 1 & \cdots & 1 \\ \vdots & \vdots & & \vdots \\ 1 & 1 & \cdots & 1 \end{pmatrix}\begin{pmatrix} 1 & 1 & \cdots & 1 \\ 1 & 1 & \cdots & 1 \\ \vdots & \vdots & & \vdots \\ 1 & 1 & \cdots & 1 \end{pmatrix}=\begin{pmatrix} n & n & \cdots & n \\ n & n & \cdots & n \\ \vdots & \vdots & & \vdots \\ n & n & \cdots & n \end{pmatrix}=n\boldsymbol{J}$$

可得$(\boldsymbol{E}-\boldsymbol{J})\left(\boldsymbol{E}-\frac{1}{n-1}\boldsymbol{J}\right)=\boldsymbol{E}+\frac{1}{n-1}(\boldsymbol{J}^2-n\boldsymbol{J})=\boldsymbol{E}$,故

$$(\boldsymbol{E}-\boldsymbol{J})^{-1}=\boldsymbol{E}-\frac{1}{n-1}\boldsymbol{J}$$

12. 设 $\boldsymbol{A}^k=\boldsymbol{O}$ (k 为正整数),证明

$$(\boldsymbol{E}-\boldsymbol{A})^{-1}=\boldsymbol{E}+\boldsymbol{A}+\boldsymbol{A}^2+\cdots+\boldsymbol{A}^{k-1}$$

证 因为

$$(\boldsymbol{E}-\boldsymbol{A})(\boldsymbol{E}+\boldsymbol{A}+\boldsymbol{A}^2+\cdots+\boldsymbol{A}^{k-1})=\boldsymbol{E}-\boldsymbol{A}^k=\boldsymbol{E}$$

所以

$$(\boldsymbol{E}-\boldsymbol{A})^{-1}=\boldsymbol{E}+\boldsymbol{A}+\boldsymbol{A}^2+\cdots+\boldsymbol{A}^{k-1}$$

13. 设方阵 $\boldsymbol{A}$ 满足 $\boldsymbol{A}^2-\boldsymbol{A}-2\boldsymbol{E}=\boldsymbol{O}$,证明 $\boldsymbol{A}$ 及 $\boldsymbol{A}+2\boldsymbol{E}$ 都可逆,并求 $\boldsymbol{A}^{-1}$ 及$(\boldsymbol{A}+2\boldsymbol{E})^{-1}$.

证 由 $\boldsymbol{A}^2-\boldsymbol{A}-2\boldsymbol{E}=\boldsymbol{O}$,得 $\boldsymbol{A}(\boldsymbol{A}-\boldsymbol{E})=2\boldsymbol{E}$,即

$$\boldsymbol{A}\left[\frac{1}{2}(\boldsymbol{A}-\boldsymbol{E})\right]=\boldsymbol{E}$$

得 $\boldsymbol{A}$ 可逆,且 $\boldsymbol{A}^{-1}=\frac{1}{2}(\boldsymbol{A}-\boldsymbol{E})$. 又由 $\boldsymbol{A}^2-\boldsymbol{A}-2\boldsymbol{E}=\boldsymbol{O}$,则有

$$(\boldsymbol{A}+2\boldsymbol{E})(\boldsymbol{A}-3\boldsymbol{E})=-4\boldsymbol{E} \qquad (*)$$

即

$$(\boldsymbol{A}+2\boldsymbol{E})\left[\frac{1}{4}(3\boldsymbol{E}-\boldsymbol{A})\right]=\boldsymbol{E}$$

故 $\boldsymbol{A}+2\boldsymbol{E}$ 可逆,且$(\boldsymbol{A}+2\boldsymbol{E})^{-1}=\frac{1}{4}(3\boldsymbol{E}-\boldsymbol{A})$.

注　式(*)可用待定系数法求得.设$(\boldsymbol{A}+2\boldsymbol{E})(\boldsymbol{A}+a\boldsymbol{E})=b\boldsymbol{E}$,即$\boldsymbol{A}^2+(a+2)\boldsymbol{A}+(2a-b)\boldsymbol{E}=\boldsymbol{O}$,与已知等式比较,有$a+2=-1,2a-b=-2$,解得$a=-3,b=-4$,即得式(*).

14. 解下列矩阵方程.

(1) $\begin{pmatrix}2&5\\1&3\end{pmatrix}\boldsymbol{X}=\begin{pmatrix}4&-6\\2&1\end{pmatrix}$;　　(2) $\boldsymbol{X}\begin{pmatrix}2&1&-1\\2&1&0\\1&-1&1\end{pmatrix}=\begin{pmatrix}1&-1&3\\4&3&2\end{pmatrix}$;

(3) $\begin{pmatrix}1&4\\-1&2\end{pmatrix}\boldsymbol{X}\begin{pmatrix}2&0\\-1&1\end{pmatrix}=\begin{pmatrix}3&1\\0&-1\end{pmatrix}$;

(4) $\boldsymbol{AXB}=\boldsymbol{C}$,其中 $\boldsymbol{A}=\begin{pmatrix}2&1\\5&4\end{pmatrix}$, $\boldsymbol{B}=\begin{pmatrix}1&3&3\\1&4&3\\1&3&4\end{pmatrix}$, $\boldsymbol{C}=\begin{pmatrix}1&0&-1\\1&-2&0\end{pmatrix}$.

解　(1) 设 $\boldsymbol{A}=\begin{pmatrix}2&5\\1&3\end{pmatrix}$,　$\boldsymbol{C}=\begin{pmatrix}4&-6\\2&1\end{pmatrix}$,可求得$\boldsymbol{A}^{-1}=\begin{pmatrix}3&-5\\-1&2\end{pmatrix}$,故

$$\boldsymbol{X}=\boldsymbol{A}^{-1}\boldsymbol{C}=\begin{pmatrix}3&-5\\-1&2\end{pmatrix}\begin{pmatrix}4&-6\\2&1\end{pmatrix}=\begin{pmatrix}2&-23\\0&8\end{pmatrix}$$

(2) 设 $\boldsymbol{B}=\begin{pmatrix}2&1&-1\\2&1&0\\1&-1&1\end{pmatrix}$, $\boldsymbol{C}=\begin{pmatrix}1&-1&3\\4&3&2\end{pmatrix}$,可求得

$$|\boldsymbol{B}|=3,\quad \boldsymbol{B}^*=\begin{pmatrix}1&0&1\\-2&3&-2\\-3&3&0\end{pmatrix},\quad \boldsymbol{B}^{-1}=\frac{1}{3}\begin{pmatrix}1&0&1\\-2&3&-2\\-3&3&0\end{pmatrix}$$

从而

$$\boldsymbol{X}=\boldsymbol{CB}^{-1}=\begin{pmatrix}1&-1&3\\4&3&2\end{pmatrix}\cdot\frac{1}{3}\begin{pmatrix}1&0&1\\-2&3&-2\\-3&3&0\end{pmatrix}=\begin{pmatrix}-2&2&1\\-\frac{8}{3}&5&-\frac{2}{3}\end{pmatrix}$$

(3) 设 $\boldsymbol{A}=\begin{pmatrix}1&4\\-1&2\end{pmatrix}$, $\boldsymbol{B}=\begin{pmatrix}2&0\\-1&1\end{pmatrix}$, $\boldsymbol{C}=\begin{pmatrix}3&1\\0&-1\end{pmatrix}$,可求得

$$\boldsymbol{A}^{-1}=\frac{1}{6}\begin{pmatrix}2&-4\\1&1\end{pmatrix},\qquad \boldsymbol{B}^{-1}=\frac{1}{2}\begin{pmatrix}1&0\\1&2\end{pmatrix}$$

故

$$\boldsymbol{X}=\boldsymbol{A}^{-1}\boldsymbol{CB}^{-1}=\frac{1}{6}\begin{pmatrix}2&-4\\1&1\end{pmatrix}\begin{pmatrix}3&1\\0&-1\end{pmatrix}\cdot\frac{1}{2}\begin{pmatrix}1&0\\1&2\end{pmatrix}=\begin{pmatrix}1&1\\\frac{1}{4}&0\end{pmatrix}$$

(4) $A^{-1}=\frac{1}{3}\begin{pmatrix}4 & -1\\ -5 & 2\end{pmatrix}$，$|B|=1, B^*=\begin{pmatrix}7 & -3 & -3\\ -1 & 1 & 0\\ -1 & 0 & 1\end{pmatrix}$，得 $B^{-1}=B^*$，故

$$X=A^{-1}CB^{-1}=\frac{1}{3}\begin{pmatrix}4 & -1\\ -5 & 2\end{pmatrix}\begin{pmatrix}1 & 0 & -1\\ 1 & -2 & 0\end{pmatrix}\begin{pmatrix}7 & -3 & -3\\ -1 & 1 & 0\\ -1 & 0 & 1\end{pmatrix}=$$

$$\frac{1}{3}\begin{pmatrix}23 & -7 & -13\\ -22 & 5 & 14\end{pmatrix}$$

15. 分别应用克拉默法则和逆矩阵解下列线性方程组.

(1) $\begin{cases}x_1+2x_2+3x_3=1\\ 2x_1+2x_2+5x_3=2;\\ 3x_1+5x_2+x_3=2\end{cases}$　　(2) $\begin{cases}x_1+x_2+x_3=2\\ x_1+2x_2+4x_3=3.\\ x_1+3x_2+9x_3=5\end{cases}$

解　(1) **法 1**　(克拉默法则)可求得

$$D=\begin{vmatrix}1 & 2 & 3\\ 2 & 2 & 5\\ 3 & 5 & 1\end{vmatrix}=15,\quad D_1=\begin{vmatrix}1 & 2 & 3\\ 2 & 2 & 5\\ 3 & 5 & 1\end{vmatrix}=15,\quad D_2=\begin{vmatrix}1 & 1 & 3\\ 2 & 2 & 5\\ 3 & 3 & 1\end{vmatrix}=0,\quad D_3=\begin{vmatrix}1 & 2 & 1\\ 2 & 2 & 2\\ 3 & 5 & 3\end{vmatrix}=0$$

故得
$$x_1=\frac{D_1}{D}=1,\quad x_2=\frac{D_2}{D}=0,\quad x_3=\frac{D_3}{D}=0$$

法 2　设 $A=\begin{pmatrix}1 & 2 & 3\\ 2 & 2 & 5\\ 3 & 5 & 1\end{pmatrix}$，$x=\begin{pmatrix}x_1\\ x_2\\ x_3\end{pmatrix}$，$b=\begin{pmatrix}1\\ 2\\ 3\end{pmatrix}$，则线性方程组可写为 $Ax=b$. 可求得

$$|A|=15,\quad A^*=\begin{pmatrix}-23 & 13 & 4\\ 13 & -8 & 1\\ 4 & 1 & -2\end{pmatrix},\quad A^{-1}=\frac{1}{15}\begin{pmatrix}-23 & 13 & 4\\ 13 & -8 & 1\\ 4 & 1 & -2\end{pmatrix}$$

故
$$x=A^{-1}b=\frac{1}{15}\begin{pmatrix}-23 & 13 & 4\\ 13 & -8 & 1\\ 4 & 1 & -2\end{pmatrix}\begin{pmatrix}1\\ 2\\ 3\end{pmatrix}=\begin{pmatrix}1\\ 0\\ 0\end{pmatrix}$$

即
$$x_1=1,\quad x_2=0,\quad x_3=0$$

(2) **法 1**　(克拉默法则)可求得

$$D=\begin{vmatrix}1 & 1 & 1\\ 1 & 2 & 4\\ 1 & 3 & 9\end{vmatrix}=2,\quad D_1=\begin{vmatrix}2 & 1 & 1\\ 3 & 2 & 4\\ 5 & 3 & 9\end{vmatrix}=4,\quad D_2=\begin{vmatrix}1 & 2 & 1\\ 1 & 3 & 4\\ 1 & 5 & 9\end{vmatrix}=-1,\quad D_3=\begin{vmatrix}1 & 1 & 2\\ 1 & 2 & 3\\ 1 & 3 & 5\end{vmatrix}=1$$

所以
$$x_1=\frac{D_1}{D}=2,\quad x_2=\frac{D_2}{D}=-\frac{1}{2},\quad x_3=\frac{D_3}{D}=\frac{1}{2}$$

法 2　(逆矩阵法)

设 $\boldsymbol{A}=\begin{pmatrix}1&1&1\\1&2&4\\1&3&9\end{pmatrix}$，$\boldsymbol{x}=\begin{pmatrix}x_1\\x_2\\x_3\end{pmatrix}$，$\boldsymbol{b}=\begin{pmatrix}2\\3\\5\end{pmatrix}$，则线性方程组可写为 $\boldsymbol{Ax}=\boldsymbol{b}$，可求得

$$|\boldsymbol{A}|=2,\quad \boldsymbol{A}^*=\begin{pmatrix}6&-6&2\\-5&8&-3\\1&-2&1\end{pmatrix},\quad \boldsymbol{A}^{-1}=\frac{1}{2}\boldsymbol{A}^*=\frac{1}{2}\begin{pmatrix}6&-6&2\\-5&8&-3\\1&-2&1\end{pmatrix}$$

故

$$\boldsymbol{x}=\boldsymbol{A}^{-1}\boldsymbol{b}=\frac{1}{2}\begin{pmatrix}6&-6&2\\-5&8&-3\\1&-2&1\end{pmatrix}\begin{pmatrix}2\\3\\5\end{pmatrix}=\begin{pmatrix}2\\-\frac{1}{2}\\\frac{1}{2}\end{pmatrix}$$

即

$$x_1=2,\quad x_2=-\frac{1}{2},\quad x_3=\frac{1}{2}$$

16. 设 $\boldsymbol{A}$ 为 3 阶矩阵，$|\boldsymbol{A}|=\frac{1}{2}$，求 $|(2\boldsymbol{A})^{-1}-5\boldsymbol{A}^*|$.

解　由 $|\boldsymbol{A}|=\frac{1}{2}$ 知 $\boldsymbol{A}$ 可逆，于是

$$\boldsymbol{A}^*=|\boldsymbol{A}|\boldsymbol{A}^{-1}=\frac{1}{2}\boldsymbol{A}^{-1},\quad (2\boldsymbol{A})^{-1}=\frac{1}{2}\boldsymbol{A}^{-1}$$

故

$$|(2\boldsymbol{A})^{-1}-5\boldsymbol{A}^*|=\left|\frac{1}{2}\boldsymbol{A}^{-1}-\frac{5}{2}\boldsymbol{A}^{-1}\right|=|-2\boldsymbol{A}^{-1}|=(-2)^3|\boldsymbol{A}^{-1}|=-8\frac{1}{|\boldsymbol{A}|}=-16$$

17. 设 $\boldsymbol{A}=\begin{pmatrix}0&3&3\\1&1&0\\-1&2&3\end{pmatrix}$，$\boldsymbol{AB}=\boldsymbol{A}+2\boldsymbol{B}$，求 $\boldsymbol{B}$.

解　由 $\boldsymbol{AB}=\boldsymbol{A}+2\boldsymbol{B}$，得 $(\boldsymbol{A}-2\boldsymbol{E})\boldsymbol{B}=\boldsymbol{A}$. 可求得

$$\boldsymbol{A}-2\boldsymbol{E}=\begin{pmatrix}-2&3&3\\1&-1&0\\-1&2&1\end{pmatrix},\qquad (\boldsymbol{A}-2\boldsymbol{E})^{-1}=\frac{1}{2}\begin{pmatrix}-1&3&3\\-1&1&3\\1&1&-1\end{pmatrix}$$

故

$$\boldsymbol{B}=(\boldsymbol{A}-2\boldsymbol{E})^{-1}\boldsymbol{A}=\frac{1}{2}\begin{pmatrix}-1&3&3\\-1&1&3\\1&1&-1\end{pmatrix}\begin{pmatrix}0&3&3\\1&1&0\\-1&2&3\end{pmatrix}=\begin{pmatrix}0&3&3\\-1&2&3\\1&1&0\end{pmatrix}$$

18. 设 $\boldsymbol{A}=\begin{pmatrix}1&0&1\\0&2&0\\1&0&1\end{pmatrix}$，且 $\boldsymbol{AB}+\boldsymbol{E}=\boldsymbol{A}^2+\boldsymbol{B}$，求 $\boldsymbol{B}$.

解　由 $\boldsymbol{AB}+\boldsymbol{E}=\boldsymbol{A}^2+\boldsymbol{B}$ 得 $(\boldsymbol{A}-\boldsymbol{E})\boldsymbol{B}=\boldsymbol{A}^2-\boldsymbol{E}$. 又

$$A-E=\begin{pmatrix}0&0&1\\0&1&0\\1&0&0\end{pmatrix},\quad |A-E|=-1\neq 0$$

则 $A-E$ 可逆.注意到 $A^2-E=(A-E)(A+E)$,故有

$$B=(A-E)^{-1}(A-E)(A+E)=A+E=\begin{pmatrix}2&0&1\\0&3&0\\1&0&2\end{pmatrix}$$

19. 设 $A=\mathrm{diag}(1,-2,1)$,$A^*BA=2BA-8E$,求 B.

解 方程 $A^*BA=2BA-8E$ 两边左乘 A 并利用 $AA^*=|A|E=-2E$,得

$$-2BA=2ABA-8A$$

上式两边再右乘 $\frac{1}{2}A^{-1}$,得

$$-B=AB-4E \quad 即 \quad (A+E)B=4E$$

由于 $A+E=\mathrm{diag}(2,-1,2)$ 是可逆矩阵,故得

$$B=4(A+E)^{-1}=4\mathrm{diag}\left(\frac{1}{2},-1,\frac{1}{2}\right)=\mathrm{diag}(2,-4,2)$$

20. 已知矩阵 A 的伴随矩阵 $A^*=\begin{pmatrix}1&0&0&0\\0&1&0&0\\0&0&1&0\\0&0&0&8\end{pmatrix}$,且 $ABA^{-1}=BA^{-1}+3E$,求 B.

解 由 $AA^*=|A|E$ 得 $|A||A^*|=|A|^4$,于是 $|A|^3=|A^*|=8$,即 $|A|=2$.

法1 由 A^* 求出 A.由 $AA^*=2E$ 得

$$A=2(A^*)^{-1}=2\begin{pmatrix}1&0&0&0\\0&1&0&0\\0&0&1&0\\0&0&0&\frac{1}{8}\end{pmatrix}=\begin{pmatrix}2&0&0&0\\0&2&0&0\\0&0&2&0\\0&0&0&\frac{1}{4}\end{pmatrix}$$

又给方程 $ABA^{-1}=BA^{-1}+3E$ 两边右乘 A 得 $AB=B+3A$,于是

$$(A-E)B=3A$$

而 $A-E$ 可逆,故

$$B=3(A-E)^{-1}A=3\begin{pmatrix}1&0&0&0\\0&1&0&0\\0&0&1&0\\0&0&0&-\frac{4}{3}\end{pmatrix}\begin{pmatrix}2&0&0&0\\0&2&0&0\\0&0&2&0\\0&0&0&\frac{1}{4}\end{pmatrix}=\begin{pmatrix}6&0&0&0\\0&6&0&0\\0&0&6&0\\0&0&0&-1\end{pmatrix}$$

法2 由 $ABA^{-1}=BA^{-1}+3E$ 左乘 A^{-1} 得

$$BA^{-1}=A^{-1}BA^{-1}+3A^{-1}$$

上式再右乘 A 得

$$B=A^{-1}B+3E,\quad 即\quad (E-A^{-1})B=3E$$

由于 $E-A^{-1}=E-\frac{1}{|A|}A^*=\frac{1}{2}(2E-A^*)$ 可逆，从而

$$B=3(E-A^{-1})^{-1}=6(2E-A^*)^{-1}=6\begin{pmatrix}1&0&0&0\\0&1&0&0\\0&0&1&0\\0&0&0&-6\end{pmatrix}^{-1}=\begin{pmatrix}6&0&0&0\\0&6&0&0\\0&0&6&0\\0&0&0&-1\end{pmatrix}$$

21. 设 $P^{-1}AP=\Lambda$，其中 $P=\begin{pmatrix}-1&-4\\1&1\end{pmatrix}$，$\Lambda=\begin{pmatrix}-1&0\\0&2\end{pmatrix}$，求 A^{11}.

解　可求得 $A=P\Lambda P^{-1}$，且 $P^{-1}=\frac{1}{3}\begin{pmatrix}1&4\\-1&-1\end{pmatrix}$，于是

$$A^{11}=(P\Lambda P^{-1})^{11}=P\Lambda^{11}P^{-1}=\begin{pmatrix}-1&-4\\1&1\end{pmatrix}\begin{pmatrix}(-1)^{11}&0\\0&2^{11}\end{pmatrix}\cdot\frac{1}{3}\begin{pmatrix}1&4\\-1&-1\end{pmatrix}=$$

$$\frac{1}{3}\begin{pmatrix}1+2^{13}&4+2^{13}\\-1-2^{11}&-4-2^{11}\end{pmatrix}=\begin{pmatrix}2731&2732\\-683&-684\end{pmatrix}$$

22. 设 $AP=P\Lambda$，其中 $P=\begin{pmatrix}1&1&1\\1&0&-2\\1&-1&1\end{pmatrix}$，$\Lambda=\begin{pmatrix}-1&&\\&1&\\&&5\end{pmatrix}$，求 $\varphi(A)=A^8(5E-6A+A^2)$.

解　因为 $A=P\Lambda P^{-1}$，于是

$$\varphi(A)=(P\Lambda P^{-1})^8[5E-6P\Lambda P^{-1}+(P\Lambda P^{-1})^2]=P\Lambda^8P^{-1}(5E-6P\Lambda P^{-1}+P\Lambda^2P^{-1})=$$

$$P\Lambda^8(5E-6\Lambda+\Lambda^2)P^{-1}$$

可求得

$$\Lambda^8(5E-6\Lambda+\Lambda^2)=\begin{pmatrix}12&0&0\\0&0&0\\0&0&0\end{pmatrix},\quad P^{-1}=\begin{pmatrix}\frac{1}{3}&\frac{1}{3}&\frac{1}{3}\\\frac{1}{2}&0&-\frac{1}{2}\\\frac{1}{6}&-\frac{1}{3}&\frac{1}{6}\end{pmatrix}$$

故

$$\varphi(A)=\begin{pmatrix}1&1&1\\1&0&-2\\1&-1&1\end{pmatrix}\begin{pmatrix}12&0&0\\0&0&0\\0&0&0\end{pmatrix}\begin{pmatrix}\frac{1}{3}&\frac{1}{3}&\frac{1}{3}\\\frac{1}{2}&0&-\frac{1}{2}\\\frac{1}{6}&-\frac{1}{3}&\frac{1}{6}\end{pmatrix}=\begin{pmatrix}4&4&4\\4&4&4\\4&4&4\end{pmatrix}$$

23. 设矩阵 A 可逆，证明其伴随矩阵 A^* 也可逆，且 $(A^*)^{-1}=(A^{-1})^*$.

证　**法 1**　因为 A 可逆，所以 $A^*=|A|A^{-1}$，从而

$$|A^*|=||A|A^{-1}|=|A|^n|A^{-1}|=|A|^{n-1}\neq 0$$

即 A^* 可逆. 又有

$$(A^*)^{-1}=(|A|A^{-1})^{-1}=\frac{1}{|A|}(A^{-1})^{-1}=\frac{1}{|A|}A$$

$$(A^{-1})^*=|A^{-1}|(A^{-1})^{-1}=\frac{1}{|A|}A$$

故 $(A^*)^{-1}=(A^{-1})^*$.

法 2 因为

$$A^*(A^{-1})^*=(|A|A^{-1})(|A^{-1}|(A^{-1})^{-1})=|A|A^{-1}\cdot\frac{1}{|A|}A=E$$

所以 A^* 可逆，且 $(A^*)^{-1}=(A^{-1})^*$.

24. 设 n 阶矩阵 A 的伴随矩阵为 A^*，证明：

(1) 若 $|A|=0$，则 $|A^*|=0$；

(2) $|A^*|=|A|^{n-1}$.

证 (1) 反证. 若 $|A^*|\neq 0$，则 A^* 可逆，从而

$$A=AE=A(A^*(A^*)^{-1})=(AA^*)(A^*)^{-1}=(|A|E)(A^*)^{-1}=(0E)(A^*)^{-1}=O$$

由定义可求得 $A^*=O$，这与 A^* 可逆矛盾，故 $|A^*|=0$.

(2) 当 $|A|=0$ 时，由 (1) 知 $|A^*|=0$，此时 $|A^*|=|A|^{n-1}$ 成立.

当 $|A|\neq 0$ 时，对 $AA^*=|A|E$ 两边取行列式，得

$$|A||A^*|=|A|^n$$

即 $|A^*|=|A|^{n-1}$.

25. 计算 $\begin{pmatrix}1&2&1&0\\0&1&0&1\\0&0&2&1\\0&0&0&3\end{pmatrix}\begin{pmatrix}1&0&3&1\\0&1&2&-1\\0&0&-2&3\\0&0&0&-3\end{pmatrix}$.

解 **法 1** 直接计算：

$$原式=\begin{pmatrix}1&2&5&2\\0&1&2&-4\\0&0&-4&3\\0&0&0&-9\end{pmatrix}$$

法 2 令 $P=\begin{pmatrix}1&2&1&0\\0&1&0&1\\0&0&2&1\\0&0&0&3\end{pmatrix}\begin{pmatrix}1&0&3&1\\0&1&2&-1\\0&0&-2&3\\0&0&0&-3\end{pmatrix}=\begin{pmatrix}A&E\\O&B\end{pmatrix}\begin{pmatrix}E&C\\O&D\end{pmatrix}$，其中

$$A=\begin{pmatrix}1&2\\0&1\end{pmatrix},\ B=\begin{pmatrix}2&1\\0&3\end{pmatrix},\ C=\begin{pmatrix}3&1\\2&-1\end{pmatrix},\ D=\begin{pmatrix}-2&3\\0&-3\end{pmatrix}$$

则
$$P=\begin{pmatrix}A&AC+D\\O&BD\end{pmatrix}$$

又
$$AC+D=\begin{pmatrix}1&2\\0&1\end{pmatrix}\begin{pmatrix}3&1\\2&-1\end{pmatrix}+\begin{pmatrix}-2&3\\0&-3\end{pmatrix}=\begin{pmatrix}5&2\\2&-4\end{pmatrix}$$

$$BD=\begin{pmatrix}2&1\\0&3\end{pmatrix}\begin{pmatrix}-2&3\\0&-3\end{pmatrix}=\begin{pmatrix}-4&3\\0&-9\end{pmatrix}$$

故

$$P=\begin{pmatrix}1&2&5&2\\0&1&2&-4\\0&0&-4&3\\0&0&0&-9\end{pmatrix}$$

26. 设 $A=\begin{pmatrix}3&4&&\\4&-3&&\boldsymbol{O}\\&&2&0\\\boldsymbol{O}&&2&2\end{pmatrix}$，求 $|A^8|$ 及 A^4.

解　$A=\begin{pmatrix}A_1&O\\O&A_2\end{pmatrix}$，其中 $A_1=\begin{pmatrix}3&4\\4&-3\end{pmatrix}$，$A_2=\begin{pmatrix}2&0\\2&2\end{pmatrix}$，从而

$$|A^8|=|A|^8=(|A_1||A_2|)^8=[(-25)\times 4]^8=(-100)^8=10^{16}$$

$$A^4=\begin{pmatrix}A_1^4&O\\O&A_2^4\end{pmatrix}=\begin{pmatrix}5^4&0&&\\0&5^4&&\boldsymbol{O}\\&&2^4&0\\\boldsymbol{O}&&2^6&2^4\end{pmatrix}=\begin{pmatrix}625&0&0&0\\0&625&0&0\\0&0&16&0\\0&0&64&16\end{pmatrix}$$

27. 设 n 阶矩阵 A 及 s 阶矩阵 B 都可逆，求

(1) $\begin{pmatrix}O&A\\B&O\end{pmatrix}^{-1}$；　　(2) $\begin{pmatrix}A&O\\C&B\end{pmatrix}$.

解　(1) 设 $\begin{pmatrix}O&A\\B&O\end{pmatrix}^{-1}=\begin{pmatrix}X_{11}&X_{12}\\X_{21}&X_{22}\end{pmatrix}$. 则由 $\begin{pmatrix}O&A\\B&O\end{pmatrix}\begin{pmatrix}X_{11}&X_{12}\\X_{21}&X_{22}\end{pmatrix}=\begin{pmatrix}E_n&O\\O&E_s\end{pmatrix}$，得

$$AX_{21}=E_n,\quad AX_{22}=O,\quad BX_{11}=O,\quad BX_{12}=E_s$$

由 A,B 可逆，解出 $X_{21}=A^{-1}$，$X_{22}=O$，$X_{11}=O$，$X_{12}=B^{-1}$，故

$$\begin{pmatrix}O&A\\B&O\end{pmatrix}^{-1}=\begin{pmatrix}O&B^{-1}\\A^{-1}&O\end{pmatrix}$$

(2) 设 $\begin{pmatrix}A&O\\C&B\end{pmatrix}^{-1}=\begin{pmatrix}X_{11}&X_{12}\\X_{21}&X_{22}\end{pmatrix}$，则由 $\begin{pmatrix}A&O\\C&B\end{pmatrix}\begin{pmatrix}X_{11}&X_{12}\\X_{21}&X_{22}\end{pmatrix}=\begin{pmatrix}E_n&O\\O&E_s\end{pmatrix}$ 得

$$AX_{11}=E_n,\quad AX_{12}=O,\quad CX_{11}+BX_{21}=O,\quad CX_{12}+BX_{22}=E_s$$

由第 1 式与第 2 式解得 $X_{11}=A^{-1}$，$X_{12}=O$，代入第 3 式和第 4 式得 $CA^{-1}+BX_{21}=O$，$BX_{22}=E_s$，于是 $X_{21}=-B^{-1}CA^{-1}$，$X_{22}=B^{-1}$. 故

$$\begin{pmatrix}A&O\\C&B\end{pmatrix}^{-1}=\begin{pmatrix}A_{11}^{-1}&O\\-B^{-1}CA^{-1}&B^{-1}\end{pmatrix}$$

28. 求下列矩阵的逆阵.

(1) $\begin{pmatrix}5&2&0&0\\2&1&0&0\\0&0&8&3\\0&0&5&2\end{pmatrix}$；　　(2) $\begin{pmatrix}0&0&\frac{1}{5}\\2&1&0\\4&3&0\end{pmatrix}$.

解 (1) $\boldsymbol{A}=\begin{pmatrix}\boldsymbol{A}_1 & \boldsymbol{O}\\ \boldsymbol{O} & \boldsymbol{A}_2\end{pmatrix}$,其中 $\boldsymbol{A}_1=\begin{pmatrix}5&2\\2&1\end{pmatrix}$, $\boldsymbol{A}_2=\begin{pmatrix}8&3\\5&2\end{pmatrix}$,则有

$$\boldsymbol{A}^{-1}=\begin{pmatrix}\boldsymbol{A}_1^{-1} & \boldsymbol{O}\\ \boldsymbol{O} & \boldsymbol{A}_2^{-1}\end{pmatrix}=\begin{pmatrix}1&-2&0&0\\-2&5&0&0\\0&0&2&-3\\0&0&-5&8\end{pmatrix}$$

(2) $\boldsymbol{A}=\begin{pmatrix} & \boldsymbol{A}_1\\ \boldsymbol{A}_2 & \end{pmatrix}$,其中 $\boldsymbol{A}_1=\begin{pmatrix}1\\5\end{pmatrix}$,$\boldsymbol{A}_2=\begin{pmatrix}2&1\\4&3\end{pmatrix}$. 则有

$$\boldsymbol{A}^{-1}=\begin{pmatrix} & \boldsymbol{A}_1\\ \boldsymbol{A}_2 & \end{pmatrix}^{-1}=\begin{pmatrix} & \boldsymbol{A}_2^{-1}\\ \boldsymbol{A}_1^{-1} & \end{pmatrix}=\begin{pmatrix}0&\frac{3}{2}&-\frac{1}{2}\\0&-2&1\\5&0&0\end{pmatrix}$$

六、学习效果两级测试题及答案

测试题 A

1. 设 $\boldsymbol{A}$ 为 3 阶矩阵,且 $|\boldsymbol{A}|=-2$,则 $\left|\left(\frac{1}{12}\boldsymbol{A}\right)^{-1}+(3\boldsymbol{A})^*\right|=$ ______.

2. 设 $\boldsymbol{\alpha}_1,\boldsymbol{\alpha}_2,\boldsymbol{\alpha}_3$ 为 3 维列向量,$\boldsymbol{A}=(\boldsymbol{\alpha}_1,\boldsymbol{\alpha}_2,\boldsymbol{\alpha}_3)$,$\boldsymbol{B}=(\boldsymbol{\alpha}_3,\boldsymbol{\alpha}_2,\boldsymbol{\alpha}_1)$,且有 $|\boldsymbol{A}+2\boldsymbol{B}|=3$,则 $|\boldsymbol{A}|=$ ______.

3. 已知 $\boldsymbol{A},\boldsymbol{B},\boldsymbol{C}$ 都是行列式值为 2 的 3 阶方阵,则 $\begin{vmatrix}\boldsymbol{O} & -\boldsymbol{A}\\ \left(\frac{2}{3}\boldsymbol{B}\right)^{-1} & \boldsymbol{C}\end{vmatrix}=$ ______.

4. 已知 $\boldsymbol{A}=\begin{pmatrix}2&0&0\\0&2&0\\1&0&2\end{pmatrix}$,求 $\boldsymbol{A}^k$.

5. 已知 $\boldsymbol{A}=\begin{pmatrix}1&0&1\\0&2&0\\1&0&1\end{pmatrix}$,求 $\boldsymbol{A}^n$.

6. 设 $\boldsymbol{A}$ 为方阵,且 $\boldsymbol{A}^2=\boldsymbol{A}$,证明:$(\boldsymbol{A}+\boldsymbol{E})^k=\boldsymbol{E}+(2^k-1)\boldsymbol{A}$.

7. 设 $\boldsymbol{A}$ 是 n 阶可逆矩阵,$\boldsymbol{A}^*$ 是 $\boldsymbol{A}$ 的伴随矩阵,则______.

(a) $|\boldsymbol{A}^*|=|\boldsymbol{A}|^{n-1}$; (b) $|\boldsymbol{A}^*|=|\boldsymbol{A}|$;

(c) $|\boldsymbol{A}^*|=|\boldsymbol{A}|^n$; (d) $|\boldsymbol{A}^*|=|\boldsymbol{A}^{-1}|$.

8. 已知 $\boldsymbol{A}$ 是 n 阶方阵,且 $(\boldsymbol{A}-\boldsymbol{E})^2=2(\boldsymbol{A}+\boldsymbol{E})^2$,则 $\boldsymbol{A}^{-1}=$ ______.

9. 设方阵 $\boldsymbol{A}$ 满足 $\boldsymbol{A}^3=\boldsymbol{O}$,则 $(\boldsymbol{E}+\boldsymbol{A}+\boldsymbol{A}^2)^{-1}=$ ______.

10. 设 $\boldsymbol{A}$ 是 $m\times n$ 矩阵,$\boldsymbol{B}$ 是 $n\times m$ 矩阵. 证明:如果 $\boldsymbol{E}_m-\boldsymbol{AB}$ 可逆,则 $\boldsymbol{E}_n-\boldsymbol{BA}$ 也可逆,并且

$$(\boldsymbol{E}_n-\boldsymbol{BA})^{-1}=\boldsymbol{E}_n+\boldsymbol{B}(\boldsymbol{E}_m-\boldsymbol{AB})^{-1}\boldsymbol{A}$$

11. 设分块矩阵 $\boldsymbol{N}=\begin{pmatrix}\boldsymbol{A}&\boldsymbol{B}\\ \boldsymbol{C}&\boldsymbol{O}\end{pmatrix}$,其中 $\boldsymbol{B},\boldsymbol{C}$ 都是 n 阶可逆矩阵,求 $\boldsymbol{N}^{-1}$.

12. 设 $\boldsymbol{A},\boldsymbol{B}$ 是 3 阶方阵，满足 $\boldsymbol{AB}+\boldsymbol{E}=\boldsymbol{A}^2+\boldsymbol{B}$，已知 $\boldsymbol{A}=\begin{pmatrix}1&0&1\\0&2&0\\-1&0&1\end{pmatrix}$，求矩阵 $\boldsymbol{B}$.

13. 设 $\boldsymbol{A}=\begin{pmatrix}1&1&-1\\-1&1&1\\1&-1&1\end{pmatrix}$，且

$$\boldsymbol{A}^*\boldsymbol{X}\left(\frac{1}{2}\boldsymbol{A}^*\right)^*=8\boldsymbol{A}^{-1}\boldsymbol{X}+\boldsymbol{E}$$

求矩阵 $\boldsymbol{X}$.

测试题 B

1. 设 $\boldsymbol{A},\boldsymbol{B}$ 为 3 阶矩阵，且 $\det\boldsymbol{A}=3$，$\det\boldsymbol{B}=2$，$\det(\boldsymbol{A}^{-1}+\boldsymbol{B})=2$，则 $\det(\boldsymbol{A}+\boldsymbol{B}^{-1})=$________.

2. 设 $\boldsymbol{A}$ 是 m 阶方阵，$\boldsymbol{B}$ 是 n 阶方阵，且 $|\boldsymbol{A}|=a$，$|\boldsymbol{B}|=b$，若 $\boldsymbol{C}=\begin{pmatrix}\boldsymbol{O}&3\boldsymbol{A}\\-\boldsymbol{B}&\boldsymbol{O}\end{pmatrix}$，则 $|\boldsymbol{C}|=$______.

(a) $-3ab$；　(b) $3^m ab$；　(c) $(-1)^{mn}3^m ab$；　(d) $(-1)^{(m+1)n}3^m ab$.

3. 已知 $\boldsymbol{\alpha}=(1,2,3)$，$\boldsymbol{\beta}=\left(1,\frac{1}{2},\frac{1}{3}\right)$，设 $\boldsymbol{A}=\boldsymbol{\alpha}^{\mathrm{T}}\boldsymbol{\beta}$，则 $\boldsymbol{A}^n=$______.

4. 设 $\boldsymbol{A}=\begin{pmatrix}1&0&0\\2&2&0\\3&3&3\end{pmatrix}$ 的伴随矩阵为 $\boldsymbol{A}^*$，则 $(\boldsymbol{A}^*)^{-1}=$______.

5. 设 4 阶矩阵 $\boldsymbol{B}$ 满足

$$\left[\left(\frac{1}{2}\boldsymbol{A}\right)^*\right]^{-1}\boldsymbol{BA}^{-1}=2\boldsymbol{AB}+12\boldsymbol{E}$$

其中 $\boldsymbol{E}$ 是 4 阶单位矩阵，而 $\boldsymbol{A}=\begin{pmatrix}1&2&0&0\\1&3&0&0\\0&0&0&2\\0&0&-1&0\end{pmatrix}$，求矩阵 $\boldsymbol{B}$.

6. 已知矩阵

$$\boldsymbol{A}=\begin{pmatrix}1&0&0\\1&1&0\\1&1&1\end{pmatrix},\quad \boldsymbol{B}=\begin{pmatrix}0&1&1\\1&0&1\\1&1&0\end{pmatrix}$$

且矩阵 $\boldsymbol{X}$ 满足 $\boldsymbol{AXA}+\boldsymbol{BXB}=\boldsymbol{AXB}+\boldsymbol{BXA}+\boldsymbol{E}$，其中 $\boldsymbol{E}$ 是 3 阶单位矩阵，求 $\boldsymbol{X}$.

7. 设 $\boldsymbol{A}=\boldsymbol{E}-\boldsymbol{\xi}\boldsymbol{\xi}^{\mathrm{T}}$，其中 $\boldsymbol{E}$ 是 n 阶单位矩阵，$\boldsymbol{\xi}$ 是 n 维非零列向量，$\boldsymbol{\xi}^{\mathrm{T}}$ 是 $\boldsymbol{\xi}$ 的转置. 证明：

(1) $\boldsymbol{A}^2=\boldsymbol{A}$ 的充要条件是 $\boldsymbol{\xi}^{\mathrm{T}}\boldsymbol{\xi}=1$；

(2) 当 $\boldsymbol{\xi}^{\mathrm{T}}\boldsymbol{\xi}=1$ 时，$\boldsymbol{A}$ 是不可逆矩阵.

8. 设 $\boldsymbol{A}$ 为 n 阶方阵，且 $\boldsymbol{AA}^{\mathrm{T}}=\boldsymbol{E}$，$|\boldsymbol{A}|<0$，则 $|\boldsymbol{A}+\boldsymbol{E}|=$______.

9. 设 $\boldsymbol{A},\boldsymbol{P}$ 均为 3 阶矩阵，$\boldsymbol{P}^{\mathrm{T}}$ 为 $\boldsymbol{P}$ 的转置矩阵，且 $\boldsymbol{P}^{\mathrm{T}}\boldsymbol{A}\boldsymbol{P}=\begin{pmatrix}1&0&0\\0&1&0\\0&0&2\end{pmatrix}$，若 $\boldsymbol{P}=(\boldsymbol{\alpha}_1,\boldsymbol{\alpha}_2,\boldsymbol{\alpha}_3)$，$\boldsymbol{Q}=(\boldsymbol{\alpha}_1+\boldsymbol{\alpha}_2,\boldsymbol{\alpha}_2,\boldsymbol{\alpha}_3)$，则 $\boldsymbol{Q}^{\mathrm{T}}\boldsymbol{A}\boldsymbol{Q}$ 为 = ________.

(a) $\begin{pmatrix}2&1&0\\1&1&0\\0&0&2\end{pmatrix}$； (b) $\begin{pmatrix}1&1&0\\1&2&0\\0&0&2\end{pmatrix}$； (c) $\begin{pmatrix}2&0&0\\0&1&0\\0&0&2\end{pmatrix}$； (d) $\begin{pmatrix}1&0&0\\0&2&0\\0&0&2\end{pmatrix}$.

测试题 A 答案或提示

1. 108.

2. $-\frac{1}{3}$.

3. $\frac{27}{8}$.

4. $\boldsymbol{A}^k=\begin{pmatrix}2^k&0&0\\0&2^k&0\\k2^{k-1}&0&2^k\end{pmatrix}$.（提示：利用数学归纳法或二项展开公式.）

5. $\boldsymbol{A}^n=\begin{pmatrix}2^{n-1}&0&2^{n-1}\\0&2^n&0\\2^{n-1}&0&2^{n-1}\end{pmatrix}$.

7. (a).

8. $-\boldsymbol{A}-6\boldsymbol{E}$.

9. $\boldsymbol{E}-\boldsymbol{A}$.

11. $\boldsymbol{N}^{-1}=\begin{pmatrix}\boldsymbol{O}&\boldsymbol{C}^{-1}\\\boldsymbol{B}^{-1}&-\boldsymbol{B}^{-1}\boldsymbol{A}\boldsymbol{C}^{-1}\end{pmatrix}$. 12. $\boldsymbol{B}=\begin{pmatrix}2&0&1\\0&3&0\\-1&0&2\end{pmatrix}$. 13. $\boldsymbol{X}=-\frac{1}{4}\begin{pmatrix}0&1&0\\0&0&1\\1&0&0\end{pmatrix}$.

测试题 B 答案或提示

1. 3. 2. (d). 3. $3^{n-1}\begin{pmatrix}1&\frac{1}{2}&\frac{1}{3}\\2&1&\frac{2}{3}\\3&\frac{3}{2}&1\end{pmatrix}$.

4. $\begin{pmatrix}\frac{1}{6}&0&0\\\frac{1}{3}&\frac{1}{3}&0\\\frac{1}{2}&\frac{1}{2}&\frac{1}{2}\end{pmatrix}$.（提示：由 $\boldsymbol{A}\boldsymbol{A}^*=|\boldsymbol{A}|\boldsymbol{E}$ 得 $(\boldsymbol{A}^*)^{-1}=\frac{1}{|\boldsymbol{A}|}\boldsymbol{A}$.）

5. $\boldsymbol{B}=\begin{pmatrix}2 & -4 & 0 & 0\\ -2 & -2 & 0 & 0\\ 0 & 0 & 2 & 2\\ 0 & 0 & -1 & 2\end{pmatrix}$.（提示：利用伴随矩阵的性质和分块对角矩阵的求逆公式.）

6. $\boldsymbol{X}=\begin{pmatrix}1 & 2 & 5\\ 0 & 1 & 2\\ 0 & 0 & 1\end{pmatrix}$.（提示：由题设方程得$(\boldsymbol{A}-\boldsymbol{B})\boldsymbol{X}(\boldsymbol{A}-\boldsymbol{B})=\boldsymbol{E}$.）

7. (1) 可求得 $\boldsymbol{A}^2=\boldsymbol{E}-(2-\boldsymbol{\xi}^{\mathrm{T}}\boldsymbol{\xi})\boldsymbol{\xi}\boldsymbol{\xi}^{\mathrm{T}}$，于是

$$\boldsymbol{A}^2=\boldsymbol{A}\Leftrightarrow \boldsymbol{E}-(2-\boldsymbol{\xi}^{\mathrm{T}}\boldsymbol{\xi})\boldsymbol{\xi}\boldsymbol{\xi}^{\mathrm{T}}=\boldsymbol{E}-\boldsymbol{\xi}\boldsymbol{\xi}^{\mathrm{T}}\Leftrightarrow(\boldsymbol{\xi}^{\mathrm{T}}\boldsymbol{\xi}-1)\boldsymbol{\xi}\boldsymbol{\xi}^{\mathrm{T}}=\boldsymbol{O}$$

因为 $\boldsymbol{\xi}\neq\boldsymbol{0}$，所以 $\boldsymbol{\xi}\boldsymbol{\xi}^{\mathrm{T}}\neq\boldsymbol{O}$，从而 $\boldsymbol{A}^2=\boldsymbol{A}\Leftrightarrow\boldsymbol{\xi}^{\mathrm{T}}\boldsymbol{\xi}=1$.

(2) 反证. 当 $\boldsymbol{\xi}^{\mathrm{T}}\boldsymbol{\xi}=1$ 时，由(1) 知 $\boldsymbol{A}^2=\boldsymbol{A}$. 若 $\boldsymbol{A}$ 可逆，则有 $\boldsymbol{A}^{-1}\boldsymbol{A}^2=\boldsymbol{A}^{-1}\boldsymbol{A}$，即 $\boldsymbol{A}=\boldsymbol{E}$，这与 $\boldsymbol{A}=\boldsymbol{E}-\boldsymbol{\xi}\boldsymbol{\xi}^{\mathrm{T}}\neq\boldsymbol{E}$ 矛盾，故 $\boldsymbol{A}$ 不可逆.

8. 0.

9. (a).

第三章 矩阵的初等变换与线性方程组

矩阵这一数学概念能够与工程技术问题相结合，成为表达手段，主要依赖于它的种种运算和变换. 初等变换是矩阵的重要变换之一，利用初等变换可以求矩阵的秩、求解线性方程组、求逆矩阵、化简二次型等.

一、考点研究

1. 考试内容与考试要求

考试内容	矩阵的初等变换　初等矩阵　矩阵的秩　矩阵的等价　线性方程组有解和无解的判定　齐次线性方程组与非齐次线性方程组的通解
考试要求	(1) 掌握矩阵的初等变换，了解矩阵等价的概念及性质，知道矩阵在初等变换下的标准形. (2) 理解矩阵的秩的概念，掌握用初等变换求矩阵的秩的方法. (3) 理解齐次线性方程组有非零解的充分必要条件及非齐次线性方程组有解的充分必要条件. (4) 掌握用初等行变换求线性方程组通解的方法. (5) 了解初等矩阵的性质，掌握用初等变换求逆矩阵的方法.

2. 考点分析

(1) 初等变换是矩阵的重要变换之一，在线性代数计算中用得最多. 必须熟练掌握矩阵的初等变换，并能用它来解决相关问题，如求矩阵的秩，求解线性方程组，求逆矩阵等.

纯粹考矩阵初等变换的试题较少，这些试题往往和初等矩阵相联系. 初等矩阵的引入，使得用语言或符号来表达的矩阵初等变换可以转化为矩阵的乘法运算. 只要熟悉初等矩阵的性质及初等矩阵与初等变换的关系，这一类试题不难解答.

(2) 矩阵的秩是矩阵理论中的一个重要概念. 对于具体的矩阵，可以借助于求行列式或初等变换求得矩阵的秩. 利用可逆矩阵乘矩阵 $\boldsymbol{A}$ 不改变 $\boldsymbol{A}$ 的秩这一事实，有时可以简化计算. 注意矩阵的秩有几个等价条件，它既指矩阵中非零子式的最高阶数，也等于矩阵行向量组的秩和列向量组的秩，而且矩阵的秩是线性方程组解的理论的核心. 因此，有关矩阵的秩的试题常常和向量组的秩或线性方程组的解、方阵对角化等问题揉合在一起综合考查. 熟记关于矩阵的秩的一些结论，对后面章节有关问题的论证会有很大的帮助.

(3) 含有参数的线性方程组求解是历届考研的重点，它综合考查矩阵的秩的确定、线性方程组解的情况的判定及求解方法. 对于 n 个未知数 n 个方程的线性方程组，通常利用系数行列式进行分析讨论：当系数行列式不为零时，方程组有唯一解，用克拉默法则解之；当系数行列式为零时(此时参数一般已确定)，利用增广矩阵的初等行变换化为阶梯形(或行最简形)判别有无解，有解时求出通解. 当方程个数与未知数个数不相等时，通常是对方程组的增广矩阵进行初等行变换化为阶梯形，然后再对参数讨论方程组有无解，有解时求出解. 注意，有些含参数线性方程组的问题是从向量组的线性表示的角度提出的.

二、重要结论与公式

1. 矩阵的秩的有关结论

(1) $R(\boldsymbol{A}_{m\times n})\leqslant\min\{m,n\}$.

(2) $R(k\boldsymbol{A})=\begin{cases}R(\boldsymbol{A}), & k\neq 0\\ 0, & k=0\end{cases}$.

(3) $R(\boldsymbol{A}^{\mathrm{T}})=R(\boldsymbol{A})$.

(4) $R(\boldsymbol{AB})\leqslant\min\{R(\boldsymbol{A}),R(\boldsymbol{B})\}$.

(5) 若 $\boldsymbol{A}$ 可逆，则 $R(\boldsymbol{AB})=R(\boldsymbol{B})$；若 $\boldsymbol{B}$ 可逆，则 $R(\boldsymbol{AB})=R(\boldsymbol{A})$.

(6) $R(\boldsymbol{A}+\boldsymbol{B})\leqslant R(\boldsymbol{A})+R(\boldsymbol{B})$.

(7) $R(\boldsymbol{A}^{*})=\begin{cases}n, & R(\boldsymbol{A})=n\\ 1, & R(\boldsymbol{A})=n-1\\ 0, & R(\boldsymbol{A})<n-1\end{cases}$，其中 $\boldsymbol{A}$ 为 n 阶方阵，且 $n\geqslant 2$.

(8) 若 $\boldsymbol{A}$ 是 $m\times n$ 矩阵，$\boldsymbol{B}$ 是 $n\times p$ 矩阵，且 $\boldsymbol{AB}=\boldsymbol{O}$，则 $R(\boldsymbol{A})+R(\boldsymbol{B})\leqslant n$.

(9) 若 $\boldsymbol{A}$ 与 $\boldsymbol{B}$ 等价，则 $R(\boldsymbol{A})=R(\boldsymbol{B})$.

2. 矩阵的等价标准形

设 $\boldsymbol{A}$ 是秩为 $r(>0)$ 的 $m\times n$ 矩阵.

(1) $\boldsymbol{A}$ 可以经过初等行变换化为行阶梯形矩阵

$$\boldsymbol{J}=\begin{pmatrix}0&\cdots&0&b_{1i_1}&*&\cdots&*&b_{1i_2}&*&\cdots&b_{1i_r}&*&\cdots&*\\0&\cdots&0&0&0&\cdots&0&b_{2i_2}&*&\cdots&\vdots&\vdots&&\vdots\\\vdots&&\vdots&\vdots&\vdots&&\vdots&0&\cdots&\cdots&\vdots&\vdots&&\vdots\\0&\cdots&0&0&0&\cdots&0&0&\cdots&0&b_{ri_r}&*&\cdots&*\\0&\cdots&0&0&0&\cdots&0&\vdots&&\vdots&0&0&\cdots&0\\\vdots&&\vdots&\vdots&\vdots&&\vdots&\vdots&&\vdots&\vdots&\vdots&&\vdots\\0&\cdots&0&0&0&\cdots&0&0&\cdots&0&0&0&\cdots&0\end{pmatrix}$$

其中 $b_{ki_k}\neq 0\ (k=1,2,\cdots,r)$，且 $i_1<i_2<\cdots<i_r$.

(2) $\boldsymbol{A}$ 可以经过初等行变换化为唯一的行最简形矩阵

$$
\boldsymbol{H}=\begin{pmatrix}
0 & \cdots & 0 & \overset{i_1\text{列}}{1} & * & \cdots & * & \overset{i_2\text{列}}{0} & * & \cdots & \overset{i_r\text{列}}{0} & * & \cdots & * \\
0 & \cdots & 0 & 0 & 0 & \cdots & 0 & 1 & * & \cdots & \vdots & \vdots & & \vdots \\
\vdots & & \vdots & \vdots & \vdots & & \vdots & 0 & \cdots & \cdots & 0 & \vdots & & \vdots \\
0 & \cdots & 0 & 0 & 0 & \cdots & 0 & 0 & \cdots & 0 & 1 & * & \cdots & * \\
0 & \cdots & 0 & 0 & 0 & \cdots & 0 & \vdots & & \vdots & 0 & 0 & \cdots & 0 \\
\vdots & & \vdots & \vdots & \vdots & & \vdots & \vdots & & \vdots & \vdots & \vdots & & \vdots \\
0 & \cdots & 0 & 0 & 0 & \cdots & 0 & 0 & \cdots & 0 & 0 & 0 & \cdots & 0
\end{pmatrix}
$$

（前 r 行标注为“r 行”）

(3) $\boldsymbol{A}$ 可以经过初等变换化为唯一的等价标准形

$$\begin{pmatrix} \boldsymbol{E}_r & \boldsymbol{O} \\ \boldsymbol{O} & \boldsymbol{O} \end{pmatrix}_{m\times n}$$

注 (1) 对 $\boldsymbol{A}$ 只作初等列变换，可将 $\boldsymbol{A}$ 化为列阶梯形矩阵和唯一的列最简形矩阵，它们分别和 $\boldsymbol{J}$ 与 $\boldsymbol{H}$ 的转置矩阵类似.

(2) 当 $\boldsymbol{A}$ 是 n 阶方阵且秩为 n 时，$\boldsymbol{A}$ 等价于单位矩阵 $\boldsymbol{E}_n$.

3. 等价矩阵的充要条件

$\boldsymbol{A}$ 与 $\boldsymbol{B}$ 等价 $\boldsymbol{A}$ 经过有限次初等变换变成 $\boldsymbol{B}$	$\Leftrightarrow$	$\boldsymbol{A}$ 与 $\boldsymbol{B}$ 是同型矩阵，且 $\mathrm{R}(\boldsymbol{A})=\mathrm{R}(\boldsymbol{B})$

$\Updownarrow$

存在可逆矩阵 $\boldsymbol{P}$ 和 $\boldsymbol{Q}$，使 $\boldsymbol{PAQ}=\boldsymbol{B}$

4. 线性方程组解的有关结果

设 $\boldsymbol{A}$ 是 $m\times n$ 矩阵，$\boldsymbol{b}$ 是 m 维非零列向量.

(1) 非齐次线性方程组 $\boldsymbol{Ax}=\boldsymbol{b}$ 有解的充要条件是 $\mathrm{R}(\boldsymbol{A})=\mathrm{R}(\boldsymbol{B})$，其中 $\boldsymbol{B}=(\boldsymbol{A},\boldsymbol{b})$ 是增广矩阵.

(2) 当 $\mathrm{R}(\boldsymbol{A})=n$ 时，齐次线性方程组 $\boldsymbol{Ax}=\boldsymbol{0}$ 只有唯一的零解. 当 $\mathrm{R}(\boldsymbol{A})=n$，且非齐次线性方程组 $\boldsymbol{Ax}=\boldsymbol{b}$ 有解时，它只有唯一解.

(3) 齐次线性方程组 $\boldsymbol{Ax}=\boldsymbol{0}$ 有非零解的充要条件是 $\mathrm{R}(\boldsymbol{A})<n$.

(4) 当 $\mathrm{R}(\boldsymbol{A})<n$，且非齐次线性方程组 $\boldsymbol{Ax}=\boldsymbol{b}$ 有解时，它有无穷多解.

注 当 $m=n$ 时，齐次线性方程组 $\boldsymbol{Ax}=\boldsymbol{0}$ 有非零解的充要条件是 $|\boldsymbol{A}|=0$.

5. 初等矩阵的性质

(1) 初等矩阵均可逆，且其逆矩阵仍是同类的初等矩阵，即

$$\boldsymbol{E}(i,j)^{-1}=\boldsymbol{E}(i,j),\qquad \boldsymbol{E}(i(k))^{-1}=\boldsymbol{E}(i(\frac{1}{k})),\qquad \boldsymbol{E}(i,j(k))^{-1}=\boldsymbol{E}(i,j(-k))$$

(2) 对矩阵 $\boldsymbol{A}_{m\times n}$ 施行一次初等行变换相当于在 $\boldsymbol{A}$ 的左边乘以相应的 m 阶初等矩阵；对 $\boldsymbol{A}$ 施行一次初等列变换相当于在 $\boldsymbol{A}$ 的右边乘以相应的 n 阶初等矩阵，即

$$\boldsymbol{A}\xrightarrow{r_i\leftrightarrow r_j}\boldsymbol{B}\Leftrightarrow\boldsymbol{E}(i,j)\boldsymbol{A}=\boldsymbol{B},\qquad \boldsymbol{A}\xrightarrow{c_i\leftrightarrow c_j}\boldsymbol{B}\Leftrightarrow\boldsymbol{AE}(i,j)=\boldsymbol{B}$$

$$\boldsymbol{A}\xrightarrow{r_i\times k}\boldsymbol{B}\Leftrightarrow\boldsymbol{E}(i(k))\boldsymbol{A}=\boldsymbol{B},\qquad \boldsymbol{A}\xrightarrow{c_i\times k}\boldsymbol{B}\Leftrightarrow\boldsymbol{AE}(i(k))=\boldsymbol{B}$$

$$\boldsymbol{A}\xrightarrow{r_i+kr_j}\boldsymbol{B}\Leftrightarrow\boldsymbol{E}(i,j(k))\boldsymbol{A}=\boldsymbol{B},\qquad \boldsymbol{A}\xrightarrow{c_j+kc_i}\boldsymbol{B}\Leftrightarrow\boldsymbol{AE}(i,j(k))=\boldsymbol{B}$$

注　用 $\boldsymbol{E}(i,j(k))$ 左乘 $\boldsymbol{A}$ 及右乘 $\boldsymbol{A}$ 相应于对 $\boldsymbol{A}$ 所作的初等行变换和初等列变换是有差别的.

三、主要方法

1. 求矩阵的秩的方法

(1) 利用秩的定义，即若矩阵 $\boldsymbol{A}$ 中有一个 r 阶子式不为 0，而所有的 $r+1$ 阶子式(如果有的话)全为 0，则 $\mathrm{R}(\boldsymbol{A})=r$.

(2) 用初等行变换化矩阵 $\boldsymbol{A}$ 为行阶梯形矩阵 $\boldsymbol{J}$，则 $\boldsymbol{J}$ 中非零行的行数即等于 $\boldsymbol{A}$ 的秩.

注　由于初等变换不改变矩阵的秩，因此也可以用初等列变换化 $\boldsymbol{A}$ 为列阶梯形矩阵求秩，或用初等变换化 $\boldsymbol{A}$ 为等价标准形求出 $\boldsymbol{A}$ 的秩.

2. 求解线性方程组的消元法

设 $\boldsymbol{A}$ 是秩为 $r(>0)$ 的 $m\times n$ 矩阵，且线性方程组 $\boldsymbol{Ax}=\boldsymbol{b}$ 有解.

将增广矩阵 $\boldsymbol{B}=(\boldsymbol{A},\boldsymbol{b})$ 用初等行变换化为行最简形矩阵，不妨设

$$\boldsymbol{B}\xrightarrow{\text{初等行变换}}\left(\begin{array}{ccccccc:c}1 & 0 & \cdots & 0 & c_{1,r+1} & \cdots & c_{1n} & d_1\\ 0 & 1 & \cdots & 0 & c_{2,r+1} & \cdots & c_{2n} & d_2\\ \vdots & \vdots & & \vdots & \vdots & & \vdots & \vdots\\ 0 & 0 & \cdots & 1 & c_{r,r+1} & \cdots & c_{rn} & d_r\\ 0 & 0 & \cdots & 0 & 0 & \cdots & 0 & 0\\ \vdots & \vdots & & \vdots & \vdots & & \vdots & \vdots\\ 0 & 0 & \cdots & 0 & 0 & \cdots & 0 & 0\end{array}\right)$$

从而得同解线性方程组为

$$\begin{cases}x_1+c_{1,r+1}x_{r+1}+\cdots+c_{1n}x_n=d_1\\ x_2+c_{2,r+1}x_{r+1}+\cdots+c_{2n}x_n=d_2\\ \qquad\cdots\cdots\\ x_r+c_{r,r+1}x_{r+1}+\cdots+c_{rn}x_n=d_r\end{cases}$$

于是 $\boldsymbol{Ax}=\boldsymbol{b}$ 的通解为

$$\begin{cases}x_1 &= d_1-c_{1,r+1}t_1-\cdots-c_{1n}t_{n-r}\\ x_2 &= d_2-c_{2,r+1}t_1-\cdots-c_{2n}t_{n-r}\\ &\cdots\cdots\\ x_r &= d_r-c_{r,r+1}t_1-\cdots-c_{rn}t_{n-r}\\ x_{r+1} &= \qquad t_1\\ &\cdots\cdots\\ x_n &= \qquad\qquad t_{n-r}\end{cases}\qquad (t_1,t_2,\cdots,t_{n-r}\in\mathbf{R})$$

或写成向量形式为

$$\begin{pmatrix} x_1 \\ x_2 \\ \vdots \\ x_r \\ x_{r+1} \\ x_{r+2} \\ \vdots \\ x_n \end{pmatrix} = \begin{pmatrix} d_1 \\ d_2 \\ \vdots \\ d_r \\ 0 \\ 0 \\ \vdots \\ 0 \end{pmatrix} + t_1 \begin{pmatrix} -c_{1,r+1} \\ -c_{2,r+1} \\ \vdots \\ -c_{r,r+1} \\ 1 \\ 0 \\ \vdots \\ 0 \end{pmatrix} + t_2 \begin{pmatrix} -c_{1,r+2} \\ -c_{2,r+2} \\ \vdots \\ -c_{r,r+2} \\ 0 \\ 1 \\ \vdots \\ 0 \end{pmatrix} + \cdots + t_{n-r} \begin{pmatrix} -c_{1n} \\ -c_{2n} \\ \vdots \\ -c_{rn} \\ 0 \\ 0 \\ \vdots \\ 1 \end{pmatrix} \quad (t_1, t_2, \cdots, t_{n-r} \in \mathbf{R})$$

3. 求解含参数的线性方程组

若线性方程组 $\boldsymbol{Ax}=\boldsymbol{b}$ 中方程的个数与未知数个数相同，且系数矩阵 $\boldsymbol{A}$ 及右端项 $\boldsymbol{b}$ 含有参数，则可考虑先求 $|\boldsymbol{A}|$，对于使得 $|\boldsymbol{A}|\neq 0$ 的参数值，根据 Cramer 法则知 $\boldsymbol{Ax}=\boldsymbol{b}$ 有唯一解；而对于使得 $|\boldsymbol{A}|=0$ 的那些参数值，分别列出增广矩阵 $\boldsymbol{B}$ 用消元法求解. 采用上述方法求系数矩阵 $\boldsymbol{A}$ 的行列式远比用初等行变换化含参数的增广矩阵 $\boldsymbol{B}$ 为行阶梯形矩阵要容易.

当然，如果线性方程组 $\boldsymbol{Ax}=\boldsymbol{b}$ 中方程的个数与未知数不相等，则只能采用消元法求解.

4. 用初等变换求逆矩阵

设 $\boldsymbol{A}$ 是 n 阶可逆矩阵，$\boldsymbol{B}$ 是 $n\times p$ 矩阵，$\boldsymbol{C}$ 是 $m\times n$ 矩阵.

(1) $(\boldsymbol{A},\boldsymbol{E}_n)\xrightarrow{\text{初等行变换}}(\boldsymbol{E}_n,\boldsymbol{A}^{-1})$，从而求得 $\boldsymbol{A}^{-1}$.

(2) $\begin{pmatrix}\boldsymbol{A}\\ \boldsymbol{E}_n\end{pmatrix}\xrightarrow{\text{初等列变换}}\begin{pmatrix}\boldsymbol{E}_n\\ \boldsymbol{A}^{-1}\end{pmatrix}$，从而求得 $\boldsymbol{A}^{-1}$.

(3) $(\boldsymbol{A},\boldsymbol{B})\xrightarrow{\text{初等行变换}}(\boldsymbol{E}_n,\boldsymbol{A}^{-1}\boldsymbol{B})$，从而求得 $\boldsymbol{A}^{-1}\boldsymbol{B}$.

(4) $\begin{pmatrix}\boldsymbol{A}\\ \boldsymbol{C}\end{pmatrix}\xrightarrow{\text{初等列变换}}\begin{pmatrix}\boldsymbol{E}_n\\ \boldsymbol{CA}^{-1}\end{pmatrix}$，从而求得 $\boldsymbol{CA}^{-1}$.

四、常考题型及考研典型题精解

例 3－1 讨论 n 阶方阵 $\boldsymbol{A}=\begin{pmatrix} a & b & \cdots & b \\ b & a & \cdots & b \\ \vdots & \vdots & & \vdots \\ b & b & \cdots & a \end{pmatrix}$ $(n\geqslant 2)$ 的秩.

解 法1 $\boldsymbol{A}\xrightarrow[\substack{\vdots \\ c_1+c_n}]{\substack{c_1+c_2 \\ c_1+c_3}}\begin{pmatrix} a+(n-1)b & b & \cdots & b \\ a+(n-1)b & a & \cdots & b \\ \vdots & \vdots & & \vdots \\ a+(n-1)b & b & \cdots & a \end{pmatrix}\xrightarrow[\substack{\vdots \\ r_n-r_1}]{\substack{r_2-r_1 \\ r_3-r_1}}$

$$\begin{pmatrix} a+(n-1)b & b & \cdots & b \\ & a-b & & \\ & & \ddots & \\ & & & a-b \end{pmatrix}$$

可见(1) 当 $a \neq b$ 且 $a(n-1)b \neq 0$ 时，$R(\mathbf{A})=n$；

(2) 当 $a=b\neq 0$ 时，$R(\mathbf{A})=1$；当 $a=b=0$ 时，$R(\mathbf{A})=0$；

(3) 当 $a+(n-1)b=0$ 且 $b\neq 0$ 时，$R(\mathbf{A})=n-1$.

法 2 $|\mathbf{A}| \xlongequal[\substack{\vdots \\ c_1+c_n}]{\substack{c_1+c_2 \\ c_1+c_3}} \begin{vmatrix} a+(n-1)b & b & \cdots & b \\ a+(n-1) & a & \cdots & b \\ \vdots & \vdots & & \vdots \\ a+(n-1)b & b & \cdots & a \end{vmatrix} \xlongequal[\substack{\vdots \\ r_n-r_1}]{\substack{r_2-r_1 \\ r_3-r_1}}$

$$\begin{vmatrix} a+(n-1)b & b & \cdots & b \\ & a-b & & \\ & & \ddots & \\ & & & a-b \end{vmatrix} =$$

$$[a+(n-1)b](a-b)^{n-1}$$

(1) 当 $a+(n-1)b\neq 0$ 且 $a\neq b$ 时，$|\mathbf{A}|\neq 0$，从而 $R(\mathbf{A})=n$；

(2) 当 $a=b$ 时，有

$$\mathbf{A}=\begin{pmatrix} b & b & \cdots & b \\ b & b & \cdots & b \\ \vdots & \vdots & & \vdots \\ b & b & \cdots & b \end{pmatrix} \xrightarrow[\substack{\vdots \\ r_n-r_1}]{\substack{r_2-r_1 \\ r_3-r_1}} \begin{pmatrix} b & b & \cdots & b \\ 0 & 0 & \cdots & 0 \\ \vdots & \vdots & & \vdots \\ 0 & 0 & \cdots & 0 \end{pmatrix}$$

于是 $b\neq 0$ 时，$R(\mathbf{A})=1$；$b=0$ 时，$R(\mathbf{A})=0$；

(3) 当 $a+(n-1)b=0$ 时，有

$$\mathbf{A} \xrightarrow[\substack{\vdots \\ c_1+c_n}]{\substack{c_1+c_2 \\ c_1+c_3}} \begin{pmatrix} 0 & b & \cdots & b \\ 0 & -(n-1)b & \cdots & b \\ \vdots & \vdots & & \vdots \\ 0 & b & \cdots & -(n-1)b \end{pmatrix} \xrightarrow[\substack{\vdots \\ r_n-r_1}]{\substack{r_2-r_1 \\ r_3-r_1}} \begin{pmatrix} 0 & b & \cdots & b \\ & -nb & & \\ & & \ddots & \\ & & & -nb \end{pmatrix}$$

可见，当 $b\neq 0$ 时，$R(\mathbf{A})=n-1$.

例 3-2 设 $\mathbf{A}$ 是 n 阶方阵，证明：

$$R(\mathbf{A}^*)=\begin{cases} n, & R(\mathbf{A})=n \\ 1, & R(\mathbf{A})=n-1 \\ 0, & R(\mathbf{A})<n-1 \end{cases}$$

证 当 $R(\mathbf{A})=n$ 时，$|\mathbf{A}|\neq 0$. 由 $\mathbf{A}\mathbf{A}^*=|\mathbf{A}|\mathbf{E}$ 得 $|\mathbf{A}|\,|\mathbf{A}^*|=|\mathbf{A}|^n$，于是 $|\mathbf{A}^*|=|\mathbf{A}|^{n-1}\neq 0$，即 $R(\mathbf{A}^*)=n$. 当 $R(\mathbf{A})<n-1$ 时，由矩阵的秩的定义知 $\mathbf{A}$ 的每个 $n-1$ 阶子式均为零，从而 $A_{ij}=(-1)^{i+j}M_{ij}=0$，故 $\mathbf{A}^*=(A_{ji})_{n\times n}=\mathbf{O}$，即 $R(\mathbf{A}^*)=0$. 当 $R(\mathbf{A})=n-1$ 时，$|\mathbf{A}|=0$，于是 $\mathbf{A}\mathbf{A}^*=|\mathbf{A}|\mathbf{E}=\mathbf{O}$. 利用秩的有关结论(见第四章) 知 $R(\mathbf{A})+R(\mathbf{A}^*)\leqslant n$，从而

$$R(\mathbf{A}^*)\leqslant n-R(\mathbf{A})=n-(n-1)=1$$

但由秩的定义知 $\mathbf{A}$ 中至少有一个 $n-1$ 阶的非零子式，即有某个 $A_{i_0j_0}\neq 0$，这表明 $\mathbf{A}^*\neq\mathbf{O}$，从

而 $R(\boldsymbol{A})\geqslant 1$. 结合前一式得 $R(\boldsymbol{A}^*)=1$.

例 3-3 设 $\boldsymbol{A},\boldsymbol{B}$ 都是 n 阶非零矩阵，且 $\boldsymbol{AB}=\boldsymbol{O}$，则 $R(\boldsymbol{A})$ 和 $R(\boldsymbol{B})$ 的下列结论正确的是 <u>(b)</u> .

(a) 必有一个等于零；　　　　　(b) 都小于 n；

(c) 一个小于 n，一个等于 n；　　(d) 都等于 n.

分析 **法1** 排除法. 因为 $\boldsymbol{A},\boldsymbol{B}$ 都是非零矩阵，所以 $R(\boldsymbol{A})\geqslant 1$，$R(\boldsymbol{B})\geqslant 1$，可见(a) 不对. (c) 也不对，因为如果一个等于 n，如 $R(\boldsymbol{A})=n$，则 $\boldsymbol{A}$ 可逆，从而由 $\boldsymbol{AB}=\boldsymbol{O}$ 得 $\boldsymbol{B}=\boldsymbol{O}$，矛盾. (d) 也不对，原因同(c). 故选(b).

法2 由于 $\boldsymbol{AB}=\boldsymbol{O}$，所以 $R(\boldsymbol{A})+R(\boldsymbol{B})\leqslant n$. 但 $R(\boldsymbol{A})\geqslant 1$，$R(\boldsymbol{B})\geqslant 1$，故有 $R(\boldsymbol{A})<n$，$R(\boldsymbol{B})<n$.

例 3-4 设 4 阶矩阵

$$\boldsymbol{B}=\begin{pmatrix}1&-1&0&0\\0&1&-1&0\\0&0&1&-1\\0&0&0&1\end{pmatrix},\quad \boldsymbol{C}=\begin{pmatrix}2&1&3&4\\0&2&1&3\\0&0&2&1\\0&0&0&2\end{pmatrix}$$

且矩阵 $\boldsymbol{A}$ 满足关系式 $\boldsymbol{A}(\boldsymbol{E}-\boldsymbol{C}^{-1}\boldsymbol{B})^{\mathrm{T}}\boldsymbol{C}^{\mathrm{T}}=\boldsymbol{E}$，试将所给关系式化简，并求出矩阵 $\boldsymbol{A}$.

解 由所给的矩阵关系得 $\boldsymbol{A}[\boldsymbol{C}(\boldsymbol{E}-\boldsymbol{C}^{-1}\boldsymbol{B})]^{\mathrm{T}}=\boldsymbol{E}$，即 $\boldsymbol{A}(\boldsymbol{C}-\boldsymbol{B})^{\mathrm{T}}=\boldsymbol{E}$，故 $\boldsymbol{A}=[(\boldsymbol{C}-\boldsymbol{B})^{\mathrm{T}}]^{-1}$. 利用初等变换法求 $[(\boldsymbol{C}-\boldsymbol{B})^{\mathrm{T}}]^{-1}$. 由于

$$((\boldsymbol{C}-\boldsymbol{B})^{\mathrm{T}}\ \vdots\ \boldsymbol{E})=\left(\begin{array}{cccc:cccc}1&0&0&0&1&0&0&0\\2&1&0&0&0&1&0&0\\3&2&1&0&0&0&1&0\\4&3&2&1&0&0&0&1\end{array}\right)\xrightarrow[r_4-4r_1]{\substack{r_2-2r_1\\r_3-3r_1}}$$

$$\left(\begin{array}{cccc:cccc}1&0&0&0&1&0&0&0\\0&1&0&0&-2&1&0&0\\0&2&1&0&-3&0&1&0\\0&3&2&1&-4&0&0&1\end{array}\right)\xrightarrow[r_4-3r_2]{r_3-2r_2}$$

$$\left(\begin{array}{cccc:cccc}1&0&0&0&1&0&0&0\\0&1&0&0&-2&1&0&0\\0&0&1&0&1&-2&1&0\\0&0&2&1&2&-3&0&1\end{array}\right)\xrightarrow{r_4-2r_3}$$

$$\left(\begin{array}{cccc:cccc}1&0&0&0&1&0&0&0\\0&1&0&0&-2&1&0&0\\0&0&1&0&1&-2&1&0\\0&0&0&1&0&1&-2&1\end{array}\right)$$

故

$$\boldsymbol{A}=[(\boldsymbol{C}-\boldsymbol{B})^{\mathrm{T}}]^{-1}=\begin{pmatrix}1&0&0&0\\-2&1&0&0\\1&-2&1&0\\0&1&-2&1\end{pmatrix}$$

例 3－5　已知 n 阶方阵

$$\boldsymbol{A}=\begin{pmatrix}1&1&\cdots&1\\ &1&\cdots&1\\ &&\ddots&\vdots\\ &&&1\end{pmatrix}$$

求 $|\boldsymbol{A}|$ 的所有元素的代数余子式之和.

分析　$\boldsymbol{A}^*$ 的元素与 $|\boldsymbol{A}|$ 的所有元素的代数余子式有关，但直接用定义求 $\boldsymbol{A}^*$ 比较麻烦. 注意到 $|\boldsymbol{A}|\neq 0$，因此可以先用初等变换法求出 $\boldsymbol{A}^{-1}$，再由 $\boldsymbol{A}^*=|\boldsymbol{A}|\boldsymbol{A}^{-1}$ 求出 $\boldsymbol{A}^*$，即可确定 $|\boldsymbol{A}|$ 的所有代数余子式.

解　因为 $|\boldsymbol{A}|=1\neq 0$，所以 $\boldsymbol{A}$ 是可逆矩阵. 由

$$(\boldsymbol{A}\,\vdots\,\boldsymbol{E})=\left(\begin{array}{cccc:cccc}1&1&\cdots&1&1&&&\\ &1&\cdots&1&&1&&\\ &&\ddots&\vdots&&&\ddots&\\ &&&1&&&&1\end{array}\right)\xrightarrow[\substack{\vdots\\ r_{n-1}-r_n}]{\substack{r_1-r_2\\ r_2-r_3}}\left(\begin{array}{cccc:cccc}1&&&&1&-1&&\\ &1&&&&1&\ddots&\\ &&\ddots&&&&\ddots&-1\\ &&&1&&&&1\end{array}\right)$$

知

$$\boldsymbol{A}^{-1}=\begin{pmatrix}1&-1&&\\ &1&\ddots&\\ &&\ddots&-1\\ &&&1\end{pmatrix}$$

故 $\boldsymbol{A}^*=|\boldsymbol{A}|\boldsymbol{A}^{-1}=\boldsymbol{A}^{-1}$，从而

$$\sum_{i=1}^{n}\sum_{j=1}^{n}A_{ij}=n+[-(n-1)]=1$$

例 3－6　如果矩阵 $\boldsymbol{A}=\begin{pmatrix}1&2&3\\-1&3&2\\2&1&t\\-2&1&-1\end{pmatrix}$，$\boldsymbol{B}$ 是 3 阶非零矩阵，且 $\boldsymbol{AB}=\boldsymbol{O}$，则 $t=$ __3__.

分析　设 $\boldsymbol{B}=(\boldsymbol{\beta}_1,\boldsymbol{\beta}_2,\boldsymbol{\beta}_3)$，由 $\boldsymbol{AB}=\boldsymbol{O}$ 得 $\boldsymbol{A\beta}_i=\boldsymbol{0}(i=1,2,3)$，可见 $\boldsymbol{B}$ 的列向量是齐次线性方程组 $\boldsymbol{Ax}=\boldsymbol{0}$ 的解向量. 又因为$\boldsymbol{B}\neq\boldsymbol{O}$，从而 $\boldsymbol{Ax}=\boldsymbol{0}$ 有非零解，于是 $\mathrm{R}(\boldsymbol{A})\leqslant 2$，由于

$$\boldsymbol{A}\xrightarrow[r_4+2r_1]{\substack{r_2+r_1\\ r_3-2r_1}}\begin{pmatrix}1&2&3\\0&5&5\\0&-3&t-6\\0&5&5\end{pmatrix}\xrightarrow[r_3+3r_2]{\substack{r_4-r_2\\ r_2\times\frac{1}{5}}}\begin{pmatrix}1&2&3\\0&1&1\\0&0&t-3\\0&0&0\end{pmatrix}$$

可见仅当 $t=3$ 时，$\mathrm{R}(\boldsymbol{A})\leqslant 2$，故应填 $t=3$.

例 3－7　已知方程组 $\begin{cases}x_1+a_1x_2+a_1^2x_3=a_1^3\\ x_1+a_2x_2+a_2^2x_3=a_2^3\\ x_1+a_3x_2+a_3^2x_3=a_3^3\\ x_1+a_4x_2+a_4^2x_3=a_4^3\end{cases}$

(1) 如果 a_1,a_2,a_3,a_4 互不相等，证明方程组无解；

(2) 若 $a_1=a_3=k,a_2=a_4=-k(k\neq 0)$，则方程组有解，并求其通解.

分析 要证明方程组无解，需导出系数矩阵的秩与增广矩阵的秩不相等.

解 (1) 由于增广矩阵 $\boldsymbol{B}$ 的行列式是 4 阶范德蒙行列式，且 a_i 互不相等，于是

$$|\boldsymbol{B}|=\begin{vmatrix}1 & a_1 & a_1^2 & a_1^3\\1 & a_2 & a_2^2 & a_2^3\\1 & a_3 & a_3^2 & a_3^3\\1 & a_4 & a_4^2 & a_4^3\end{vmatrix}=\prod_{4\geqslant i>j\geqslant 1}(a_i-a_j)\neq 0$$

所以 $\mathrm{R}(\boldsymbol{B})=4$. 又方程组的系数矩阵 $\boldsymbol{A}$ 是 4×3 矩阵，从而 $\mathrm{R}(\boldsymbol{A})\leqslant 3$，故方程组无解.

(2) 若 $a_1=a_3=k, a_2=a_4=-k$，则

$$\boldsymbol{B}=\left(\begin{array}{ccc:c}1 & k & k^2 & k^3\\1 & -k & k^2 & -k^3\\1 & k & k^2 & k^3\\1 & -k & k^2 & -k^3\end{array}\right)\xrightarrow[r_2-r_1]{\substack{r_3-r_1\\r_4-r_2}}\left(\begin{array}{ccc:c}1 & k & k^2 & k^3\\0 & -2k & 0 & -2k^3\\0 & 0 & 0 & 0\\0 & 0 & 0 & 0\end{array}\right)\xrightarrow[r_1-kr_2]{r_2\times\left(-\frac{1}{2k}\right)}\left(\begin{array}{ccc:c}1 & 0 & k^2 & 0\\0 & 1 & 0 & k^2\\0 & 0 & 0 & 0\\0 & 0 & 0 & 0\end{array}\right)$$

因为 $\mathrm{R}(\boldsymbol{B})=\mathrm{R}(\boldsymbol{A})=2$，所以方程组有解，同解方程组为 $\begin{cases}x_1=-k^2x_3\\x_2=k^2\end{cases}$，故通解为

$$\begin{cases}x_1=-k^2t\\x_2=k^2\\x_3=t\end{cases}\quad(t\in\mathbf{R})\quad 或\quad\begin{pmatrix}x_1\\x_2\\x_3\end{pmatrix}=\begin{pmatrix}0\\k^2\\0\end{pmatrix}+t\begin{pmatrix}-k^2\\0\\1\end{pmatrix}\quad(t\in\mathbf{R})$$

例 3-8 λ 取何值时，线性方程组

$$\begin{cases}(2\lambda+1)x_1-\lambda x_2+(\lambda+1)x_3=\lambda-1\\(\lambda-2)x_1+(\lambda-1)x_2+(\lambda-2)x_3=\lambda\\(2\lambda-1)x_1+(\lambda-1)x_2+(2\lambda-1)x_3=\lambda\end{cases}$$

有唯一解，无解，无穷多解？在有无穷多解时求通解.

分析 这是含参数的线性方程组，且其中未知数个数与方程个数相同，可以先求其系数行列式，讨论何时有唯一解；再对使系数行列式为 0 的参数分别列出增广矩阵求解. 当然，也可以直接列出增广矩阵化简，但由于其中含有参数，且对增广矩阵只能作初等行变换，计算较麻烦.

解 可求得系数行列式为

$$|\boldsymbol{A}|=\begin{vmatrix}2\lambda+1 & -\lambda & \lambda+1\\\lambda-2 & \lambda-1 & \lambda-2\\2\lambda-1 & \lambda-1 & 2\lambda-1\end{vmatrix}\xlongequal{c_1-c_3}\begin{vmatrix}\lambda & -\lambda & \lambda+1\\0 & \lambda-1 & \lambda-2\\0 & \lambda-1 & 2\lambda-1\end{vmatrix}=\lambda\begin{vmatrix}\lambda-1 & \lambda-2\\\lambda-1 & 2\lambda-1\end{vmatrix}=\lambda(\lambda-1)(\lambda+1)$$

于是(1) 当 $\lambda\neq 0$ 且 $\lambda\neq\pm 1$ 时，有唯一解；

(2) 当 $\lambda=0$ 时，增广矩阵

$$\boldsymbol{B}=\left(\begin{array}{ccc:c}1 & 0 & 1 & -1\\-2 & -1 & -2 & 0\\-1 & -1 & -1 & 0\end{array}\right)\xrightarrow[r_3+r_1]{r_2+2r_1}\left(\begin{array}{ccc:c}1 & 0 & 1 & -1\\0 & -1 & 0 & -2\\0 & -1 & 0 & -1\end{array}\right)\xrightarrow{r_3-r_2}\left(\begin{array}{ccc:c}1 & 0 & 1 & -1\\0 & -1 & 0 & -2\\0 & 0 & 0 & 1\end{array}\right)$$

$\mathrm{R}(\boldsymbol{B})=3$，$\mathrm{R}(\boldsymbol{A})=2$，无解；

(3) 当 $\lambda=1$ 时，增广矩阵

$$B=\left(\begin{array}{ccc:c}3&-1&2&0\\-1&0&-1&1\\1&0&1&1\end{array}\right)\xrightarrow[r_2+r_3]{r_1-3r_3}\left(\begin{array}{ccc:c}0&-1&-1&-3\\0&0&0&2\\1&0&1&1\end{array}\right)\xrightarrow{\substack{r_2\leftrightarrow r_3\\r_1\leftrightarrow r_2}}\left(\begin{array}{ccc:c}1&0&1&1\\0&-1&-1&-3\\0&0&0&2\end{array}\right)$$

$R(\boldsymbol{B})=3$，$R(\boldsymbol{A})=2$，无解；

(4) 当 $\lambda=-1$ 时，增广矩阵

$$B=\left(\begin{array}{ccc:c}-1&1&0&-2\\-3&-2&-3&-1\\-3&-2&-3&-1\end{array}\right)\xrightarrow[\substack{r_2-3r_1\\r_1\times(-1)}]{r_3-r_2}\left(\begin{array}{ccc:c}1&-1&0&2\\0&-5&-3&5\\0&0&0&0\end{array}\right)\xrightarrow[r_1+r_2]{r_2\times(-\frac{1}{5})}\left(\begin{array}{ccc:c}1&0&\frac{3}{5}&1\\0&1&\frac{3}{5}&-1\\0&0&0&0\end{array}\right)$$

$R(\boldsymbol{B})=R(\boldsymbol{A})=2<3$，有无穷多解，同解方程组为 $\begin{cases}x_1=\ \ 1-\frac{3}{5}x_3\\x_2=-1-\frac{3}{5}x_3\end{cases}$，通解为

$$\begin{cases}x_1=\ \ 1-\frac{3}{5}t\\x_2=-1-\frac{3}{5}t\\x_3=\qquad t\end{cases}\ (t\in\mathbf{R})\quad 或\quad \begin{pmatrix}x_1\\x_2\\x_3\end{pmatrix}=\begin{pmatrix}1\\-1\\0\end{pmatrix}+t\begin{pmatrix}-\frac{3}{5}\\-\frac{3}{5}\\1\end{pmatrix}\quad(t\in\mathbf{R})$$

例 3-9　已知线性方程组

$$\begin{cases}x_1+x_2+x_3+x_4+x_5=a\\3x_1+2x_2+x_3+x_4-3x_5=0\\x_2+2x_3+2x_4+6x_5=b\\5x_1+4x_2+3x_3+3x_4-x_5=2\end{cases}$$

a,b 为何值时，方程组有解？并求出其全部解.

分析　该方程组含 5 个未知数 4 个方程，只能用消元法求解.

解　对增广矩阵作初等行变换

$$B=\left(\begin{array}{ccccc:c}1&1&1&1&1&a\\3&2&1&1&-3&0\\0&1&2&2&6&b\\5&4&3&3&-1&2\end{array}\right)\xrightarrow[r_4-5r_1]{r_2-3r_1}\left(\begin{array}{ccccc:c}1&1&1&1&1&a\\0&-1&-2&-2&-6&-3a\\0&1&2&2&6&b\\0&-1&-2&-2&-6&2-5a\end{array}\right)\xrightarrow[\substack{r_3+r_2\\r_4-r_2\\r_2\times(-1)}]{r_1+r_2}$$

$$\left(\begin{array}{ccccc:c}1&0&-1&-1&-5&-2a\\0&1&2&2&6&3a\\0&0&0&0&0&b-3a\\0&0&0&0&0&2-2a\end{array}\right)$$

可见当 $a=1,b=3$ 时，$R(\boldsymbol{B})=R(\boldsymbol{A})=2$，方程组有解，同解方程组为

$$\begin{cases}x_1=-2+x_3+x_4+5x_5\\x_2=\ \ 3-2x_3-2x_4-6x_5\end{cases}$$

通解为

$$\begin{cases} x_1 = -2 + k_1 + k_2 + 5k_3 \\ x_2 = 3 - 2k_1 - 2k_2 - 6k_3 \\ x_3 = k_1 \\ x_4 = k_2 \\ x_5 = k_3 \end{cases} \quad (k_1, k_2, k_3 \in \mathbf{R})$$

或

$$\begin{pmatrix} x_1 \\ x_2 \\ x_3 \\ x_4 \\ x_5 \end{pmatrix} = \begin{pmatrix} -2 \\ 3 \\ 0 \\ 0 \\ 0 \end{pmatrix} + k_1 \begin{pmatrix} 1 \\ -2 \\ 1 \\ 0 \\ 0 \end{pmatrix} + k_2 \begin{pmatrix} 1 \\ -2 \\ 0 \\ 1 \\ 0 \end{pmatrix} + k_3 \begin{pmatrix} 5 \\ -6 \\ 0 \\ 0 \\ 1 \end{pmatrix} \quad (k_1, k_2, k_3 \in \mathbf{R})$$

例 3-10 设 $\boldsymbol{A}$ 为 3 阶矩阵，将 $\boldsymbol{A}$ 的第 2 列加到第 1 列得矩阵 $\boldsymbol{B}$，再交换 $\boldsymbol{B}$ 的第 2 行和第 3 行得单位矩阵，记 $\boldsymbol{P}_1 = \begin{pmatrix} 1 & 0 & 0 \\ 1 & 1 & 0 \\ 0 & 0 & 1 \end{pmatrix}$，$\boldsymbol{P}_2 = \begin{pmatrix} 1 & 0 & 0 \\ 0 & 0 & 1 \\ 0 & 1 & 0 \end{pmatrix}$，则 $\boldsymbol{A} =$ ________.

(a) $\boldsymbol{P}_1\boldsymbol{P}_2$； (b) $\boldsymbol{P}_1^{-1}\boldsymbol{P}_2$； (c) $\boldsymbol{P}_2\boldsymbol{P}_1$； (d) $\boldsymbol{P}_2\boldsymbol{P}_1^{-1}$.

解 由于 $\boldsymbol{A} \xrightarrow{c_1 + c_2} \boldsymbol{B}$，$\boldsymbol{B} \xrightarrow{r_2 \leftrightarrow r_3} \boldsymbol{E}$. 则有

$$\boldsymbol{AE}(1,2(1)) = \boldsymbol{B} \quad \boldsymbol{E}(2,3)\boldsymbol{B} = \boldsymbol{E}$$

即 $\boldsymbol{AP}_1 = \boldsymbol{B}$，$\boldsymbol{P}_2\boldsymbol{B} = \boldsymbol{E}$，所以 $\boldsymbol{P}_2\boldsymbol{AP}_1 = \boldsymbol{E}$，有 $\boldsymbol{A} = \boldsymbol{P}_2^{-1}\boldsymbol{P}_1^{-1}$. 又因为 $\boldsymbol{P}_2^{-1} = \boldsymbol{P}_2$，故选(d).

例 3-11 设 $\boldsymbol{A}$ 为 3 阶矩阵，$|\boldsymbol{A}| = 3$，$\boldsymbol{A}^*$ 为 $\boldsymbol{A}$ 的伴随矩阵，若交换 $\boldsymbol{A}$ 的第一行与第二行得到矩阵 $\boldsymbol{B}$，则 $|\boldsymbol{BA}^*| =$ <u>-27</u>.

解 由于 $\boldsymbol{A} \xrightarrow{r_1 \leftrightarrow r_2} \boldsymbol{B}$. 则有 $\boldsymbol{E}(1,2)\boldsymbol{A} = \boldsymbol{B}$. 将此式右乘 $\boldsymbol{A}^*$，有 $\boldsymbol{E}(1,2)\boldsymbol{AA}^* = \boldsymbol{BA}^*$，两端取行列式，有

$$|\boldsymbol{BA}^*| = |\boldsymbol{E}(1,2)\boldsymbol{AA}^*| = |\boldsymbol{E}(1,2)| \cdot |\boldsymbol{AA}^*| = -||\boldsymbol{A}| \cdot \boldsymbol{E}| = -|\boldsymbol{A}|^3 = -27$$

五、课后习题全解(习题三)

1. 用初等行变换把下列矩阵化为行最简形矩阵.

(1) $\begin{pmatrix} 1 & 0 & 2 & -1 \\ 2 & 0 & 3 & 1 \\ 3 & 0 & 4 & 3 \end{pmatrix}$； (2) $\begin{pmatrix} 0 & 2 & -3 & 1 \\ 0 & 3 & -4 & 3 \\ 0 & 4 & -7 & -1 \end{pmatrix}$；

(3) $\begin{pmatrix} 1 & -1 & 3 & -4 & 3 \\ 3 & -3 & 5 & -4 & 1 \\ 2 & -2 & 3 & -2 & 0 \\ 3 & -3 & 4 & -2 & -1 \end{pmatrix}$； (4) $\begin{pmatrix} 2 & 3 & 1 & -3 & -7 \\ 1 & 2 & 0 & -2 & -4 \\ 3 & -2 & 8 & 3 & 0 \\ 2 & -3 & 7 & 4 & 3 \end{pmatrix}$.

解 (1) $\boldsymbol{A} \xrightarrow[r_3 - 3r_1]{r_2 - 2r_1} \begin{pmatrix} 1 & 0 & 2 & -1 \\ 0 & 0 & -1 & 3 \\ 0 & 0 & -2 & 6 \end{pmatrix} \xrightarrow[\substack{r_3 - 2r_2 \\ r_2 \times (-1)}]{r_1 + 2r_2} \begin{pmatrix} 1 & 0 & 0 & 5 \\ 0 & 0 & 1 & -3 \\ 0 & 0 & 0 & 0 \end{pmatrix}$

(2) $\boldsymbol{A}\xrightarrow[r_3-2r_1]{r_2-r_1}\begin{pmatrix}0&2&-3&1\\0&1&-1&2\\0&0&-1&-3\end{pmatrix}\xrightarrow[r_1\leftrightarrow r_2]{r_1-2r_2}\begin{pmatrix}0&1&-1&2\\0&0&-1&-3\\0&0&-1&-3\end{pmatrix}\xrightarrow[\substack{r_3-r_2\\r_2\times(-1)}]{r_1-r_2}\begin{pmatrix}0&1&0&5\\0&0&1&3\\0&0&0&0\end{pmatrix}$

(3) $\boldsymbol{A}\xrightarrow[r_4-3r_1]{\substack{r_2-3r_1\\r_3-2r_1}}\begin{pmatrix}1&-1&3&-4&3\\0&0&-4&8&-8\\0&0&-3&6&-6\\0&0&-5&10&-10\end{pmatrix}\xrightarrow[\substack{r_4+5r_2\\r_1-3r_2}]{\substack{r_2\times\left(-\frac{1}{4}\right)\\r_3+3r_2}}\begin{pmatrix}1&-1&0&2&-3\\0&0&1&-2&2\\0&0&0&0&0\\0&0&0&0&0\end{pmatrix}$

(4) $\boldsymbol{A}\xrightarrow[\substack{r_3-3r_2\\r_4-2r_2}]{r_1-2r_2}\begin{pmatrix}0&-1&1&1&1\\1&2&0&-2&-4\\0&-8&8&9&12\\0&-7&7&8&11\end{pmatrix}\xrightarrow[\substack{r_2+2r_1\\r_1\times(-1)}]{\substack{r_3-8r_1\\r_4-7r_1}}$

$$\begin{pmatrix}0&1&-1&-1&-1\\1&0&2&0&-2\\0&0&0&1&4\\0&0&0&1&4\end{pmatrix}\xrightarrow[\substack{r_4-r_3\\r_1\leftrightarrow r_2}]{r_1+r_3}\begin{pmatrix}1&0&2&0&-2\\0&1&-1&0&3\\0&0&0&1&4\\0&0&0&0&0\end{pmatrix}$$

2. 设 $\boldsymbol{A}=\begin{pmatrix}1&2&3&4\\2&3&4&5\\5&4&3&2\end{pmatrix}$，求一个可逆矩阵 $\boldsymbol{P}$，使 $\boldsymbol{PA}$ 为行最简形矩阵.

解　$(\boldsymbol{A}\vdots\boldsymbol{E}_3)=\left(\begin{array}{cccc:ccc}1&2&3&4&1&0&0\\2&3&4&5&0&1&0\\5&4&3&2&0&0&1\end{array}\right)\xrightarrow[r_3-5r_1]{r_2-2r_1}$

$$\left(\begin{array}{cccc:ccc}1&2&3&4&1&0&0\\0&-1&-2&-3&-2&1&0\\0&-6&-12&-18&-5&0&1\end{array}\right)\xrightarrow[r_2\times(-1)]{\substack{r_1+2r_2\\r_3-6r_2}}$$

$$\left(\begin{array}{cccc:ccc}1&0&-1&-2&-3&2&0\\0&1&2&3&2&-1&0\\0&0&0&0&7&-6&1\end{array}\right)$$

则存在可逆矩阵 $\boldsymbol{P}=\begin{pmatrix}-3&2&0\\2&-1&0\\7&-6&1\end{pmatrix}$，使

$$\boldsymbol{PA}=\begin{pmatrix}1&0&-1&-2\\0&1&2&3\\0&0&0&0\end{pmatrix}$$

3. 设 $\boldsymbol{A}=\begin{pmatrix}-5&3&1\\2&-1&1\end{pmatrix}$.

(1) 求可逆矩阵 $\boldsymbol{P}$，使 $\boldsymbol{PA}$ 为行最简形矩阵；

(2) 求一个可逆矩阵 $\boldsymbol{Q}$，使 $\boldsymbol{QA}^{\mathrm{T}}$ 为行最简形矩阵.

解　(1) $(\boldsymbol{A}\vdots\boldsymbol{E}_2)=\left(\begin{array}{ccc:cc}-5&3&1&1&0\\2&-1&1&0&1\end{array}\right)\xrightarrow{r_2+\frac{2}{3}r_1}\left(\begin{array}{ccc:cc}-5&3&1&1&0\\0&\frac{1}{5}&\frac{7}{5}&\frac{2}{5}&1\end{array}\right)\xrightarrow[r_2\times 5]{r_1\times\left(\frac{1}{5}\right)}$

$$\begin{pmatrix}1 & -\frac{3}{5} & -\frac{1}{5} & \vdots & -\frac{1}{5} & 0\\ 0 & 1 & 7 & \vdots & 2 & 5\end{pmatrix}\xrightarrow{r_1+\frac{3}{5}r_2}\begin{pmatrix}1 & 0 & 4 & \vdots & 1 & 3\\ 0 & 1 & 7 & \vdots & 2 & 5\end{pmatrix}$$

则存在 $\boldsymbol{P}=\begin{pmatrix}1 & 3\\ 2 & 5\end{pmatrix}$，使 $\boldsymbol{PA}=\begin{pmatrix}1 & 0 & 4\\ 0 & 1 & 7\end{pmatrix}$.

(2) $(\boldsymbol{A}^{\mathrm{T}} \vdots \boldsymbol{E}_3)=\begin{pmatrix}-5 & 2 & \vdots & 1 & 0 & 0\\ 3 & -1 & \vdots & 0 & 1 & 0\\ 1 & 1 & \vdots & 0 & 0 & 1\end{pmatrix}\xrightarrow[r_3\leftrightarrow r_1]{\substack{r_1+5r_3\\ r_2-3r_3}}\begin{pmatrix}1 & 1 & \vdots & 0 & 0 & 1\\ 0 & -4 & \vdots & 0 & 1 & -3\\ 0 & 7 & \vdots & 1 & 0 & 5\end{pmatrix}\xrightarrow{r_2\times\left(\frac{1}{4}\right)}$

$$\begin{pmatrix}1 & 1 & \vdots & 0 & 0 & 1\\ 0 & 1 & \vdots & 0 & -\frac{1}{4} & \frac{3}{4}\\ 0 & 7 & \vdots & 1 & 0 & 5\end{pmatrix}\xrightarrow[r_3-7r_2]{r_1-r_2}\begin{pmatrix}1 & 0 & \vdots & 0 & \frac{1}{4} & \frac{1}{4}\\ 0 & 1 & \vdots & 0 & -\frac{1}{4} & \frac{3}{4}\\ 0 & 0 & \vdots & 1 & \frac{7}{4} & -\frac{1}{4}\end{pmatrix}$$

则存在 $\boldsymbol{Q}=\begin{pmatrix}0 & \frac{1}{4} & \frac{1}{4}\\ 0 & -\frac{1}{4} & \frac{3}{4}\\ 1 & \frac{7}{4} & -\frac{1}{4}\end{pmatrix}$，使 $\boldsymbol{QA}^{\mathrm{T}}=\begin{pmatrix}1 & 0\\ 0 & 1\\ 0 & 0\end{pmatrix}$.

4. 试利用矩阵的初等变换，求下列方阵的逆矩阵.

(1) $\begin{pmatrix}3 & 2 & 1\\ 3 & 1 & 5\\ 3 & 2 & 3\end{pmatrix}$；　　(2) $\begin{pmatrix}3 & -2 & 0 & -1\\ 0 & 2 & 2 & 1\\ 1 & -2 & -3 & -2\\ 0 & 1 & 2 & 1\end{pmatrix}$.

解　(1) $(\boldsymbol{A} \vdots \boldsymbol{E})=\begin{pmatrix}3 & 2 & 1 & \vdots & 1 & 0 & 0\\ 3 & 1 & 5 & \vdots & 0 & 1 & 0\\ 3 & 2 & 3 & \vdots & 0 & 0 & 1\end{pmatrix}\xrightarrow[r_3-r_1]{r_2-r_1}\begin{pmatrix}3 & 2 & 1 & \vdots & 1 & 0 & 0\\ 0 & -1 & 4 & \vdots & -1 & 1 & 0\\ 0 & 0 & 2 & \vdots & -1 & 0 & 1\end{pmatrix}\xrightarrow[\substack{r_2\times(-1)\\ r_3\times\frac{1}{2}}]{r_1+2r_2}$

$$\begin{pmatrix}3 & 0 & 9 & \vdots & -1 & 2 & 0\\ 0 & 1 & -4 & \vdots & 1 & -1 & 0\\ 0 & 0 & 1 & \vdots & -\frac{1}{2} & 0 & \frac{1}{2}\end{pmatrix}\xrightarrow[r_1\times\frac{1}{3}]{\substack{r_2+4r_3\\ r_1-9r_3}}$$

$$\begin{pmatrix}1 & 0 & 0 & \vdots & \frac{7}{6} & \frac{2}{3} & -\frac{3}{2}\\ 0 & 1 & 0 & \vdots & -1 & -1 & 2\\ 0 & 0 & 1 & \vdots & -\frac{1}{2} & 0 & \frac{1}{2}\end{pmatrix}$$

故

$$\boldsymbol{A}^{-1}=\begin{pmatrix}\frac{7}{6} & \frac{2}{3} & -\frac{3}{2}\\ -1 & -1 & 2\\ -\frac{1}{2} & 0 & \frac{1}{2}\end{pmatrix}$$

(2)

$$(\boldsymbol{A}\vdots\boldsymbol{E})=\left(\begin{array}{cccc:cccc}3&-2&0&-1&1&0&0&0\\0&2&2&1&0&1&0&0\\1&-2&-3&-2&0&0&1&0\\0&1&2&1&0&0&0&1\end{array}\right)\xrightarrow[r_2-2r_4]{r_1-3r_3}$$

$$\left(\begin{array}{cccc:cccc}0&4&9&5&1&0&-3&0\\0&0&-2&-1&0&1&0&-2\\1&-2&-3&-2&0&0&1&0\\0&1&2&1&0&0&0&1\end{array}\right)\xrightarrow[r_3+2r_4]{r_1-4r_4}$$

$$\left(\begin{array}{cccc:cccc}0&0&1&1&1&0&-3&-4\\0&0&-2&-1&0&1&0&-2\\1&0&1&0&0&0&1&2\\0&1&2&1&0&0&0&1\end{array}\right)\xrightarrow[\substack{r_3-r_1\\r_4-2r_1}]{r_2+2r_1}$$

$$\left(\begin{array}{cccc:cccc}0&0&1&1&1&0&-3&-4\\0&0&0&1&2&1&-6&-10\\1&0&0&-1&-1&0&4&6\\0&1&0&-1&-2&0&6&9\end{array}\right)\xrightarrow[r_4+r_2]{\substack{r_1-r_2\\r_3+r_2}}$$

$$\left(\begin{array}{cccc:cccc}0&0&1&0&-1&-1&3&6\\0&0&0&1&2&1&-6&-10\\1&0&0&0&1&1&-2&-4\\0&1&0&0&0&1&0&-1\end{array}\right)\xrightarrow[r_2\leftrightarrow r_4]{r_1\leftrightarrow r_3}$$

$$\left(\begin{array}{cccc:cccc}1&0&0&0&1&1&-2&-4\\0&1&0&0&0&1&0&-1\\0&0&1&0&-1&-1&3&6\\0&0&0&1&2&1&-6&-10\end{array}\right)$$

故
$$\boldsymbol{A}^{-1}=\begin{pmatrix}1&1&-2&-4\\0&1&0&-1\\-1&-1&3&6\\2&1&-6&-10\end{pmatrix}$$

5. 试利用矩阵的初等行变换，求解第二章习题二第 15 题之(2).

解　记方程组的增广矩阵为 $\boldsymbol{B}$，对 $\boldsymbol{B}$ 进行初等行变换，有

$$\boldsymbol{B}=\left(\begin{array}{ccc:c}1&1&1&2\\1&2&4&3\\1&3&9&5\end{array}\right)\xrightarrow[r_3-r_1]{r_2-r_1}\left(\begin{array}{ccc:c}1&1&1&2\\0&1&3&1\\0&2&8&3\end{array}\right)\xrightarrow[r_3-2r_2]{r_1-r_2}$$

$$\left(\begin{array}{ccc:c}1&0&-2&1\\0&1&3&1\\0&0&2&1\end{array}\right)\xrightarrow[r_3\times\frac{1}{2}]{\substack{r_1+r_2\\ r_2-\frac{3}{2}r_3}}\left(\begin{array}{ccc:c}1&0&0&2\\0&1&0&-\frac{1}{2}\\0&0&1&\frac{1}{2}\end{array}\right)$$

$R(\boldsymbol{B})=R(\boldsymbol{A})=3$,方程组有唯一解为 $x_1=2,x_2=-\frac{1}{2},x_3=\frac{1}{2}$.

6. (1) 设 $\boldsymbol{A}=\begin{pmatrix}4&1&-2\\2&2&1\\3&1&-1\end{pmatrix}$,$\boldsymbol{B}=\begin{pmatrix}1&-3\\2&2\\3&-1\end{pmatrix}$,求 $\boldsymbol{X}$ 使 $\boldsymbol{AX}=\boldsymbol{B}$;

(2) 设 $\boldsymbol{A}=\begin{pmatrix}0&2&1\\2&-1&3\\-3&3&-4\end{pmatrix}$,$\boldsymbol{B}=\begin{pmatrix}1&2&3\\2&-3&1\end{pmatrix}$,求 $\boldsymbol{X}$ 使 $\boldsymbol{XA}=\boldsymbol{B}$;

(3) 设 $\boldsymbol{A}=\begin{pmatrix}1&-1&0\\0&1&-1\\-1&0&1\end{pmatrix}$,$\boldsymbol{AX}=2\boldsymbol{X}+\boldsymbol{A}$,求 $\boldsymbol{X}$.

解 (1) 因为 $\boldsymbol{A}^{-1}=\begin{pmatrix}-3&-1&5\\5&2&-8\\-4&-1&6\end{pmatrix}$

所以 $$\boldsymbol{X}=\boldsymbol{A}^{-1}\boldsymbol{B}=\begin{pmatrix}10&2\\-15&-3\\12&4\end{pmatrix}$$

(2) 因为 $$\boldsymbol{A}^{-1}=\begin{pmatrix}-5&11&7\\-1&3&2\\3&-6&-4\end{pmatrix}$$

所以 $$\boldsymbol{X}=\boldsymbol{BA}^{-1}=\begin{pmatrix}2&-1&-1\\-4&7&4\end{pmatrix}$$

(3) 由 $\boldsymbol{AX}=2\boldsymbol{X}+\boldsymbol{A}$ 得 $(\boldsymbol{A}-2\boldsymbol{E})\boldsymbol{X}=\boldsymbol{A}$,故

$$\boldsymbol{X}=(\boldsymbol{A}-2\boldsymbol{E})^{-1}\boldsymbol{A}=\begin{pmatrix}-1&-1&0\\0&-1&-1\\-1&0&-1\end{pmatrix}^{-1}\boldsymbol{A}=$$

$$\frac{1}{2}\begin{pmatrix}-1&1&-1\\-1&-1&1\\1&-1&-1\end{pmatrix}\begin{pmatrix}1&-1&0\\0&1&-1\\-1&0&1\end{pmatrix}=\begin{pmatrix}0&1&-1\\-1&0&1\\1&-1&0\end{pmatrix}$$

7. 在秩是 r 的矩阵中,有没有等于 0 的 $r-1$ 阶子式?有没有等于 0 的 r 阶子式?

解 都可能有. 如 $\boldsymbol{A}=\begin{pmatrix}1&0&0\\0&1&0\\0&0&0\end{pmatrix}$ 的秩为 2,其中有等于 0 的 1 阶子式,也有等于 0 的 2 阶子式.

8. 从矩阵 $\boldsymbol{A}$ 中划去一行得到矩阵 $\boldsymbol{B}$，问 $\boldsymbol{A},\boldsymbol{B}$ 的秩的关系怎样？

解　$R(\boldsymbol{B})=R(\boldsymbol{A})$ 或 $R(\boldsymbol{B})=R(\boldsymbol{A})-1$. 原因如下：

矩阵 $\boldsymbol{B}$ 是由矩阵 $\boldsymbol{A}$ 划去一行得到的，即矩阵 $\boldsymbol{B}$ 的行数比矩阵 $\boldsymbol{A}$ 少一行，由矩阵的秩的定义知 $R(\boldsymbol{B})\leqslant R(\boldsymbol{A})$，且 $\boldsymbol{B}$ 的秩至少比 $\boldsymbol{A}$ 的秩减 1，即 $R(\boldsymbol{B})\geqslant R(\boldsymbol{A})-1$，从而 $R(\boldsymbol{B})=R(\boldsymbol{A})$ 或 $R(\boldsymbol{B})=R(\boldsymbol{A})-1$.

9. 试作一个秩是 4 的方阵，它的两个行向量为

$$(1,0,1,0,0),\quad (1,-1,0,0,0)$$

解　$\boldsymbol{A}=\begin{pmatrix}1&0&1&0&0\\1&-1&0&0&0\\0&0&1&0&0\\0&0&0&1&0\\0&0&0&0&0\end{pmatrix}$，则 $R(\boldsymbol{A})=4$ （$\boldsymbol{A}$ 不唯一）.

10. 求下列矩阵的秩.

(1) $\begin{pmatrix}3&1&0&2\\1&-1&2&-1\\1&3&-4&4\end{pmatrix}$；(2) $\begin{pmatrix}3&2&-1&-3&-1\\2&-1&3&1&-3\\7&0&5&-1&-8\end{pmatrix}$；(3) $\begin{pmatrix}2&1&8&3&7\\2&-3&0&7&-5\\3&-2&5&8&0\\1&0&3&2&0\end{pmatrix}$.

解　(1) $\boldsymbol{A}\xrightarrow[r_3-r_2]{r_1-3r_2}\begin{pmatrix}0&4&-6&5\\1&-1&2&-1\\0&4&-6&5\end{pmatrix}\xrightarrow[r_1\leftrightarrow r_2]{r_3-r_1}\begin{pmatrix}1&-1&2&-1\\0&4&-6&5\\0&0&0&0\end{pmatrix}$

故 $R(\boldsymbol{A})=2$.

(2) $\boldsymbol{A}\xrightarrow{r_1-r_2}\begin{pmatrix}1&3&-4&-4&2\\2&-1&3&1&-3\\7&0&5&-1&-8\end{pmatrix}\xrightarrow[r_3-7r_1]{r_2-2r_1}\begin{pmatrix}1&3&-4&-4&2\\0&-7&11&9&-7\\0&-21&33&27&-22\end{pmatrix}\xrightarrow{r_3-3r_2}$

$$\begin{pmatrix}1&3&-4&-4&2\\0&-7&11&9&-7\\0&0&0&0&-1\end{pmatrix}$$

故 $R(\boldsymbol{A})=3$.

(3) $\boldsymbol{A}\xrightarrow[r_3-3r_4]{\substack{r_1-2r_4\\r_2-2r_4}}\begin{pmatrix}0&1&2&-1&7\\0&-3&-6&3&-5\\0&-2&-4&2&0\\1&0&3&2&0\end{pmatrix}\xrightarrow{\substack{r_2+3r_1\\r_3+2r_1}}\begin{pmatrix}0&1&2&-1&7\\0&0&0&0&16\\0&0&0&0&14\\1&0&3&2&0\end{pmatrix}\xrightarrow[\substack{r_2\leftrightarrow r_4\\r_3\times\frac{1}{14}}]{r_1\leftrightarrow r_4}$

$$\begin{pmatrix}1&0&3&2&0\\0&1&2&-1&7\\0&0&0&0&1\\0&0&0&0&16\end{pmatrix}\xrightarrow{r_4-16r_3}\begin{pmatrix}1&0&3&2&0\\0&1&2&-1&7\\0&0&0&0&1\\0&0&0&0&0\end{pmatrix}$$

故 $R(\boldsymbol{A})=3$.

11. 设 $\boldsymbol{A},\boldsymbol{B}$ 都是 $m\times n$ 矩阵，证明 $\boldsymbol{A}\sim\boldsymbol{B}$ 的充分必要条件是 $R(\boldsymbol{A})=R(\boldsymbol{B})$.

证 必要性即定理2,故只需证明充分性.设$R(\boldsymbol{A})=R(\boldsymbol{B})=r$,由矩阵的等价标准形理论知,$m\times n$矩阵$\boldsymbol{A}$与$\boldsymbol{B}$有相同的等价标准形:

$$\boldsymbol{F}=\begin{pmatrix}\boldsymbol{E}_r & \boldsymbol{O}\\ \boldsymbol{O} & \boldsymbol{O}\end{pmatrix}$$

即$\boldsymbol{A}\sim\boldsymbol{F}$, $\boldsymbol{B}\sim\boldsymbol{F}$,由等价关系的对称性和传递性得$\boldsymbol{A}\sim\boldsymbol{B}$.

12. 设$\boldsymbol{A}=\begin{pmatrix}1 & -2 & 3k\\ -1 & 2k & -3\\ k & -2 & 3\end{pmatrix}$.问$k$为何值,可使

(1) $R(\boldsymbol{A})=1$; (2) $R(\boldsymbol{A})=2$; (3) $R(\boldsymbol{A})=3$.

解 对$\boldsymbol{A}$作初等变换,有

$$\boldsymbol{A}\xrightarrow[r_3-kr_1]{r_2+r_1}\begin{pmatrix}1 & -2 & 3k\\ 0 & 2(k-1) & 3(k-1)\\ 0 & 2(k-1) & 3(1-k^2)\end{pmatrix}\xrightarrow{r_3-r_2}\begin{pmatrix}1 & -2 & 3k\\ 0 & 2(k-1) & 3(k-1)\\ 0 & 0 & 3(1-k)(k+2)\end{pmatrix}$$

于是,(1)当$k=1$时,$R(\boldsymbol{A})=1$;(2)当$k=-2$时,$R(\boldsymbol{A})=2$;(3)当$k\neq1$且$k\neq-2$时,$R(\boldsymbol{A})=3$.

13. 求解下列齐次线性方程组.

(1) $\begin{cases}x_1+x_2+2x_3-x_4=0\\ 2x_1+x_2+x_3-x_4=0\\ 2x_1+2x_2+x_3+2x_4=0\end{cases}$; (2) $\begin{cases}x_1+2x_2+x_3-x_4=0\\ 3x_1+6x_2-x_3-3x_4=0\\ 5x_1+10x_2+x_3-7x_4=0\end{cases}$;

(3) $\begin{cases}2x_1+3x_2-x_3-7x_4=0\\ 3x_1+x_2+2x_3-7x_4=0\\ 4x_1+x_2-3x_3+6x_4=0\\ x_1-2x_2+5x_3-5x_4=0\end{cases}$; (4) $\begin{cases}3x_1+4x_2-5x_3+7x_4=0\\ 2x_1-3x_2+3x_3-2x_4=0\\ 4x_1+11x_2-13x_3+16x_4=0\\ 7x_1-2x_2+x_3+3x_4=0\end{cases}$.

解 (1) 对系数矩阵$\boldsymbol{A}$施行初等行变换,有

$$\boldsymbol{A}=\begin{pmatrix}1 & 1 & 2 & -1\\ 2 & 1 & 1 & -1\\ 2 & 2 & 1 & 2\end{pmatrix}\xrightarrow[r_3-2r_1]{r_2-2r_1}\begin{pmatrix}1 & 1 & 2 & -1\\ 0 & -1 & -3 & 1\\ 0 & 0 & -3 & 4\end{pmatrix}\xrightarrow[\substack{r_2\times(-1)\\ r_3\times\left(-\frac{1}{3}\right)}]{r_1+r_2}$$

$$\begin{pmatrix}1 & 0 & -1 & 0\\ 0 & 1 & 3 & -1\\ 0 & 0 & 1 & -\frac{4}{3}\end{pmatrix}\xrightarrow[r_2-3r_3]{r_1+r_3}\begin{pmatrix}1 & 0 & 0 & -\frac{4}{3}\\ 0 & 1 & 0 & 3\\ 0 & 0 & 1 & -\frac{4}{3}\end{pmatrix}$$

同解方程组为$\begin{cases}x_1 \quad -\frac{4}{3}x_4=0\\ x_2 \quad +3x_4=0\\ x_3-\frac{4}{3}x_4=0\end{cases}$,通解为

$$\begin{cases} x_1 = \frac{4}{3}c \\ x_2 = -3c \\ x_3 = \frac{4}{3}c \\ x_4 = c \end{cases} (c \in \mathbf{R}), \quad 即 \quad \begin{pmatrix} x_1 \\ x_2 \\ x_3 \\ x_4 \end{pmatrix} = c\begin{pmatrix} \frac{4}{3} \\ -3 \\ \frac{4}{3} \\ 1 \end{pmatrix} \quad (c \in \mathbf{R})$$

(2) 对系数矩阵 $\mathbf{A}$ 施行初等行变换.

$$\mathbf{A} = \begin{pmatrix} 1 & 2 & 1 & -1 \\ 3 & 6 & -1 & -3 \\ 5 & 10 & 1 & -5 \end{pmatrix} \xrightarrow[r_3 - 5r_1]{r_2 - 3r_1} \begin{pmatrix} 1 & 2 & 1 & -1 \\ 0 & 0 & -4 & 0 \\ 0 & 0 & -4 & 0 \end{pmatrix} \xrightarrow[\substack{r_2 \times \left(-\frac{1}{4}\right) \\ r_1 - r_2}]{r_3 - r_2} \begin{pmatrix} 1 & 2 & 0 & -1 \\ 0 & 0 & 1 & 0 \\ 0 & 0 & 0 & 0 \end{pmatrix}$$

同解方程组为 $\begin{cases} x_1 + 2x_2 - x_4 = 0 \\ x_3 = 0 \end{cases}$,通解为

$$\begin{cases} x_1 = -2c_1 + c_2 \\ x_2 = c_1 \\ x_3 = 0 \\ x_4 = c_2 \end{cases} (c_1, c_2 \in \mathbf{R}), \quad 即 \quad \begin{pmatrix} x_1 \\ x_2 \\ x_3 \\ x_4 \end{pmatrix} = c_1\begin{pmatrix} -2 \\ 1 \\ 0 \\ 0 \end{pmatrix} + c_2\begin{pmatrix} 1 \\ 0 \\ 0 \\ 1 \end{pmatrix} \quad (c_1, c_2 \in \mathbf{R})$$

(3) 对系数矩阵 $\mathbf{A}$ 施行初等行变换.

$$\mathbf{A} = \begin{pmatrix} 2 & 3 & -1 & -7 \\ 3 & 1 & 2 & -7 \\ 4 & 1 & -3 & 6 \\ 1 & -2 & 5 & -5 \end{pmatrix} \xrightarrow[r_3 - 2r_1]{r_2 - r_1} \begin{pmatrix} 2 & 3 & -1 & -7 \\ 1 & -2 & 3 & 0 \\ 0 & -5 & -1 & 20 \\ 1 & -2 & 5 & -5 \end{pmatrix} \xrightarrow[r_4 - r_2]{r_1 - 2r_2} \begin{pmatrix} 0 & 7 & -7 & -7 \\ 1 & -2 & 3 & 0 \\ 0 & -5 & -1 & 20 \\ 0 & 0 & 2 & -5 \end{pmatrix} \xrightarrow[r_3 + 5r_1]{\substack{r_1 \times \frac{1}{7} \\ r_2 + 2r_1}}$$

$$\begin{pmatrix} 0 & 1 & -1 & -1 \\ 1 & 0 & 1 & -2 \\ 0 & 0 & -6 & 15 \\ 0 & 0 & 2 & -5 \end{pmatrix} \xrightarrow[\substack{r_4 \times \frac{1}{2} \\ r_1 \leftrightarrow r_2}]{r_3 + 3r_4} \begin{pmatrix} 1 & 0 & 1 & -2 \\ 0 & 1 & -1 & -1 \\ 0 & 0 & 0 & 0 \\ 0 & 0 & 1 & -\frac{5}{2} \end{pmatrix} \xrightarrow[r_3 \leftrightarrow r_4]{\substack{r_1 - r_4 \\ r_2 + r_4}} \begin{pmatrix} 1 & 0 & 0 & \frac{1}{2} \\ 0 & 1 & 0 & -\frac{7}{2} \\ 0 & 0 & 1 & -\frac{5}{2} \\ 0 & 0 & 0 & 0 \end{pmatrix}$$

同解方程组为 $\begin{cases} x_1 + \frac{1}{2}x_4 = 0 \\ x_2 - \frac{7}{2}x_4 = 0 \\ x_3 - \frac{5}{2}x_4 = 0 \end{cases}$,通解为

$$\begin{cases} x_1 = -\frac{1}{2}c \\ x_2 = \frac{7}{2}c \\ x_3 = \frac{5}{2}c \\ x_4 = c \end{cases} (c \in \mathbf{R}), \quad 即 \quad \begin{pmatrix} x_1 \\ x_2 \\ x_3 \\ x_4 \end{pmatrix} = c\begin{pmatrix} -\frac{1}{2} \\ \frac{7}{2} \\ \frac{5}{2} \\ 1 \end{pmatrix} \quad (c \in \mathbf{R})$$

(4) 对系数矩阵 $\boldsymbol{A}$ 施行初等行变换.

$$\boldsymbol{A}=\begin{pmatrix}3&4&-5&7\\2&-3&3&-2\\4&11&-13&16\\7&-2&1&3\end{pmatrix}\xrightarrow[\substack{r_3-2r_2\\r_4-3r_2}]{r_1-r_2}\begin{pmatrix}1&7&-8&9\\2&-3&3&-2\\0&17&-19&20\\1&7&-8&9\end{pmatrix}\xrightarrow[r_4-r_1]{r_2-2r_1}$$

$$\begin{pmatrix}1&7&-8&9\\0&-17&19&-20\\0&17&-19&20\\0&0&0&0\end{pmatrix}\xrightarrow[\substack{r_1+\frac{7}{17}r_2\\r_2\times\left(-\frac{1}{17}\right)}]{r_3+r_2}\begin{pmatrix}1&0&-\frac{3}{17}&\frac{13}{17}\\0&1&-\frac{19}{17}&\frac{20}{17}\\0&0&0&0\\0&0&0&0\end{pmatrix}$$

同解方程组为$\begin{cases}x_1-\frac{3}{17}x_3+\frac{13}{17}x_4=0\\x_2-\frac{19}{17}x_3+\frac{20}{17}x_4=0\end{cases}$,通解为

$$\begin{cases}x_1=\frac{3}{17}c_1-\frac{13}{17}c_2\\x_2=\frac{19}{17}c_1-\frac{20}{17}c_2\\x_3=c_1\\x_4=c_2\end{cases}\quad(c_1,c_2\in\mathbf{R}),\quad\text{即}\quad\begin{pmatrix}x_1\\x_2\\x_3\\x_4\end{pmatrix}=c_1\begin{pmatrix}\frac{3}{17}\\\frac{19}{17}\\1\\0\end{pmatrix}+c_2\begin{pmatrix}-\frac{13}{17}\\-\frac{20}{17}\\0\\1\end{pmatrix}\quad(c_1,c_2\in\mathbf{R})$$

14. 求解下列非齐次线性方程组.

(1) $\begin{cases}4x_1+2x_2-x_3=2\\3x_1-x_2+2x_3=10;\\11x_1+3x_2=8\end{cases}$ (2) $\begin{cases}2x+3y+z=4\\x-2y+4z=-5\\3x+8y-2z=13\\4x-y+9z=-6\end{cases}$;

(3) $\begin{cases}2x+y-z+w=1\\4x+2y-2z+w=2;\\2x+y-z-w=1\end{cases}$ (4) $\begin{cases}2x+y-z+w=1\\3x-2y+z-3w=4.\\x+4y-3z+5w=-2\end{cases}$

解 (1) 对增广矩阵 $\boldsymbol{B}$ 施行初等行变换.

$$\boldsymbol{B}=\left(\begin{array}{ccc:c}4&2&-1&2\\3&-1&2&10\\11&3&0&8\end{array}\right)\xrightarrow[r_3-4r_2]{r_1-r_2}\left(\begin{array}{ccc:c}1&3&-3&-8\\3&-1&2&10\\-1&7&-8&-32\end{array}\right)\xrightarrow[r_3+r_1]{r_2-3r_1}$$

$$\left(\begin{array}{ccc:c}1&3&-3&-8\\0&-10&11&34\\0&10&-11&-40\end{array}\right)\xrightarrow{r_3+r_2}\left(\begin{array}{ccc:c}1&3&-3&-8\\0&-10&11&34\\0&0&0&-6\end{array}\right)$$

$R(\boldsymbol{A})=2,R(\boldsymbol{B})=3$,方程组无解.

(2) 对增广矩阵 $\boldsymbol{B}$ 施行初等行变换,有

$$B=\left(\begin{array}{ccc:c}2&3&1&4\\1&-2&4&-5\\3&8&-2&13\\4&-1&9&-6\end{array}\right)\xrightarrow[\substack{r_3-3r_2\\r_4-4r_2}]{r_1-2r_2}\left(\begin{array}{ccc:c}0&7&-7&14\\1&-2&4&-5\\0&14&-14&28\\0&7&-7&14\end{array}\right)\xrightarrow[\substack{r_1\times\frac{1}{7}\\r_1\leftrightarrow r_2}]{\substack{r_3-2r_1\\r_4-r_1}}$$

$$\left(\begin{array}{ccc:c}1&-2&4&-5\\0&1&-1&2\\0&0&0&0\\0&0&0&0\end{array}\right)\xrightarrow{r_1+2r_2}\left(\begin{array}{ccc:c}1&0&2&-1\\0&1&-1&2\\0&0&0&0\\0&0&0&0\end{array}\right)$$

同解方程组为$\begin{cases}x+2z=-1\\y-z=2\end{cases}$,通解为

$$\begin{cases}x=-1-2c\\y=2+\quad c\\z=\qquad c\end{cases}(c\in\mathbf{R}),\quad 即\quad\begin{pmatrix}x\\y\\z\end{pmatrix}=\begin{pmatrix}-1\\2\\0\end{pmatrix}+c\begin{pmatrix}-2\\1\\1\end{pmatrix}\quad(c\in\mathbf{R})$$

(3) 对增广矩阵 $\boldsymbol{B}$ 施行初等行变换,有

$$B=\left(\begin{array}{cccc:c}2&1&-1&1&1\\4&2&-2&1&2\\2&1&-1&-1&1\end{array}\right)\xrightarrow[r_3-r_1]{r_2-2r_1}\left(\begin{array}{cccc:c}2&1&-1&1&1\\0&0&0&-1&0\\0&0&0&-2&0\end{array}\right)\xrightarrow[\substack{r_3-2r_2\\r_2\times(-1)}]{r_1+r_2}$$

$$\left(\begin{array}{cccc:c}2&1&-1&0&1\\0&0&0&1&0\\0&0&0&0&0\end{array}\right)$$

同解方程组为$\begin{cases}2x+y-z=1\\w=0\end{cases}$,通解为

$$\begin{cases}x=\qquad c_1\\y=1-2c_1+c_2\\z=\qquad\quad c_2\\w=0\end{cases}(c_1,c_2\in\mathbf{R})\quad 即\quad\begin{pmatrix}x\\y\\z\\w\end{pmatrix}=\begin{pmatrix}0\\1\\0\\0\end{pmatrix}+c_1\begin{pmatrix}1\\-2\\0\\0\end{pmatrix}+c_2\begin{pmatrix}0\\1\\1\\0\end{pmatrix}\quad(c_1,c_2\in\mathbf{R})$$

(4) 对增广矩阵 $\boldsymbol{B}$ 施行初等行变换,有

$$B=\left(\begin{array}{cccc:c}2&1&-1&1&1\\3&-2&1&-3&4\\1&4&-3&5&-2\end{array}\right)\xrightarrow[r_2-3r_3]{r_1-2r_3}\left(\begin{array}{cccc:c}0&-7&5&-9&5\\0&-14&10&-18&10\\1&4&-3&5&-2\end{array}\right)\xrightarrow[r_1\times\left(-\frac{1}{7}\right)]{\substack{r_2-2r_1\\r_3+\frac{4}{7}r_1}}$$

$$\left(\begin{array}{cccc:c}0&1&-\frac{5}{7}&\frac{9}{7}&-\frac{5}{7}\\0&0&0&0&0\\1&0&-\frac{1}{7}&-\frac{1}{7}&\frac{6}{7}\end{array}\right)\xrightarrow{\substack{r_2\leftrightarrow r_3\\r_1\leftrightarrow r_2}}\left(\begin{array}{cccc:c}1&0&-\frac{1}{7}&-\frac{1}{7}&\frac{6}{7}\\0&1&-\frac{5}{7}&\frac{9}{7}&-\frac{5}{7}\\0&0&0&0&0\end{array}\right)$$

同解方程组为$\begin{cases}x-\frac{1}{7}z-\frac{1}{7}w=\frac{6}{7}\\y-\frac{5}{7}z+\frac{9}{7}w=-\frac{5}{7}\end{cases}$,通解为

$$\begin{cases} x = \frac{6}{7}+\frac{1}{7}c_1+\frac{1}{7}c_2 \\ y=-\frac{5}{7}+\frac{5}{7}c_1-\frac{9}{7}c_2, \\ z = c_1 \\ w = c_2 \end{cases} \quad 即 \quad \begin{pmatrix} x \\ y \\ z \\ w \end{pmatrix} = \begin{pmatrix} \frac{6}{7} \\ -\frac{5}{7} \\ 0 \\ 0 \end{pmatrix} + c_1\begin{pmatrix} \frac{1}{7} \\ \frac{5}{7} \\ 1 \\ 0 \end{pmatrix} + c_2\begin{pmatrix} \frac{1}{7} \\ -\frac{9}{7} \\ 0 \\ 1 \end{pmatrix} \quad (c_1, c_2 \in \mathbf{R})$$

15. 写出一个以

$$\boldsymbol{x} = c_1\begin{pmatrix} 2 \\ -3 \\ 1 \\ 0 \end{pmatrix} + c_2\begin{pmatrix} -2 \\ 4 \\ 0 \\ 1 \end{pmatrix}$$

为通解的齐次线性方程组.

解 法1 将通解改写为

$$\begin{pmatrix} x_1 \\ x_2 \\ x_3 \\ x_4 \end{pmatrix} = \begin{pmatrix} 2c_1-2c_2 \\ -3c_1+4c_2 \\ c_1 \\ c_2 \end{pmatrix} = \begin{pmatrix} 2x_3-2x_4 \\ -3x_3+4x_4 \\ x_3 \\ x_4 \end{pmatrix}$$

由此知所求方程组有 2 个自由未知数 x_3, x_4,且对应的齐次方程组为

$$\begin{cases} x_1 = 2x_3-2x_4 \\ x_2 = -3x_3+4x_4 \end{cases} \quad 即 \quad \begin{cases} x_1 - 2x_3+2x_4 = 0 \\ x_2+3x_3-4x_4=0 \end{cases}$$

它以所给表达式为通解.

法2 设所求齐次方程组为 $\boldsymbol{Ax}=\boldsymbol{0}$,因为其基础解系含 2 个解向量,所以 $\boldsymbol{A}$ 的秩为 $4-2=2$,于是设 $\boldsymbol{A}$ 为 2×4 矩阵,则

$$\boldsymbol{A}\begin{pmatrix} 2 & -2 \\ -3 & 4 \\ 1 & 0 \\ 0 & 1 \end{pmatrix} = \boldsymbol{O}$$

取转置,得
$$\begin{pmatrix} 2 & -3 & 1 & 0 \\ -2 & 4 & 0 & 1 \end{pmatrix}\boldsymbol{A}^{\mathrm{T}} = \boldsymbol{O}$$

令 $\boldsymbol{A}^{\mathrm{T}}=(\boldsymbol{\alpha},\boldsymbol{\beta})$,则由上式知 $\boldsymbol{\alpha},\boldsymbol{\beta}$ 是 $\begin{pmatrix} 2 & -3 & 1 & 0 \\ -2 & 4 & 0 & 1 \end{pmatrix}\boldsymbol{x}=\boldsymbol{0}$ 的两个线性无关的解向量. 由

$$\begin{pmatrix} 2 & -3 & 1 & 0 \\ -2 & 4 & 0 & 1 \end{pmatrix} \xrightarrow{r_2+r_1} \begin{pmatrix} 2 & -3 & 1 & 0 \\ 0 & 1 & 1 & 1 \end{pmatrix} \xrightarrow[r_1\times\frac{1}{2}]{r_1+3r_2} \begin{pmatrix} 1 & 0 & 2 & \frac{3}{2} \\ 0 & 1 & 1 & 1 \end{pmatrix}$$

得基础解系为

$$\boldsymbol{\alpha}=(-2,-1,1,0)^{\mathrm{T}}, \quad \boldsymbol{\beta}=(-3,-2,0,2)^{\mathrm{T}}$$

故
$$\boldsymbol{A}=\begin{pmatrix} \boldsymbol{\alpha}^{\mathrm{T}} \\ \boldsymbol{\beta}^{\mathrm{T}} \end{pmatrix} = \begin{pmatrix} -2 & -1 & 1 & 0 \\ -3 & -2 & 0 & 2 \end{pmatrix}$$

于是齐次方程组 $\begin{cases} 2x_1+x_2-x_3=0 \\ 3x_1+2x_2-2x_4=0 \end{cases}$ 满足题意.

注　以所给表达式为通解的齐次方程组有无限多个，这里只给出了较简单的两个.

16. 设有线性方程组

$$\begin{pmatrix} 1 & \lambda-1 & -2 \\ 0 & \lambda-2 & \lambda+1 \\ 0 & 0 & 2\lambda+1 \end{pmatrix}\begin{pmatrix} x_1 \\ x_2 \\ x_3 \end{pmatrix}=\begin{pmatrix} 1 \\ 3 \\ 5 \end{pmatrix}$$

问 λ 为何值时(1) 有唯一解；(2) 无解；(3) 有无限多解？并在有无限多解时求其通解.

解　系数行列式为

$$|\boldsymbol{A}|=\begin{vmatrix} 1 & \lambda-1 & -2 \\ 0 & \lambda-2 & \lambda+1 \\ 0 & 0 & 2\lambda+1 \end{vmatrix}=(\lambda-2)(2\lambda+1)$$

(1) 由克拉默法则知 $\lambda\neq 2$ 且 $\lambda\neq-\dfrac{1}{2}$ 时，方程组有唯一解；

(2) 当 $\lambda=-\dfrac{1}{2}$ 时，增广矩阵 $\boldsymbol{B}$ 为

$$\boldsymbol{B}=\left(\begin{array}{ccc:c} 1 & -\dfrac{3}{2} & -2 & 1 \\ 0 & -\dfrac{5}{2} & \dfrac{1}{2} & 3 \\ 0 & 0 & 0 & 5 \end{array}\right)$$

$R(\boldsymbol{A})=2, R(\boldsymbol{B})=3$，方程组无解.

(3) 当 $\lambda=2$ 时，对增广矩阵 $\boldsymbol{B}$ 施行初等行变换，有

$$\boldsymbol{B}=\left(\begin{array}{ccc:c} 1 & 1 & -2 & 1 \\ 0 & 0 & 3 & 3 \\ 0 & 0 & 5 & 5 \end{array}\right)\xrightarrow[r_3-5r_2]{r_2\times\frac{1}{3}\ \ r_1+2r_2}\left(\begin{array}{ccc:c} 1 & 1 & 0 & 3 \\ 0 & 0 & 1 & 1 \\ 0 & 0 & 0 & 0 \end{array}\right)$$

$R(\boldsymbol{A})=R(\boldsymbol{B})=2$，方程组有无限多解，同解方程组为 $\begin{cases} x_1=3-x_2 \\ x_3=1 \end{cases}$，通解为

$$\begin{cases} x_1=3-c \\ x_2=c \\ x_3=1 \end{cases}\quad (c\in\mathbf{R}),\quad \text{即}\quad \begin{pmatrix} x_1 \\ x_2 \\ x_3 \end{pmatrix}=c\begin{pmatrix} -1 \\ 1 \\ 0 \end{pmatrix}+\begin{pmatrix} 3 \\ 0 \\ 1 \end{pmatrix}\quad (c\in\mathbf{R})$$

17. λ 取何值时，非齐次线性方程组

$$\begin{cases} \lambda x_1+x_2+x_3=1 \\ x_1+\lambda x_2+x_3=\lambda \\ x_1+x_2+\lambda x_3=\lambda^2 \end{cases}$$

(1) 有唯一解；(2) 无解；(3) 有无限多解？并在有无限多解时求其通解.

解　**法1**　对增广矩阵 $\boldsymbol{B}$ 施行初等行变换，有

$$\boldsymbol{B}=\left(\begin{array}{ccc:c} \lambda & 1 & 1 & 1 \\ 1 & \lambda & 1 & \lambda \\ 1 & 1 & \lambda & \lambda^2 \end{array}\right)\xrightarrow[r_2-r_3]{r_1-\lambda r_3}\left(\begin{array}{ccc:c} 0 & 1-\lambda & 1-\lambda^2 & 1-\lambda^3 \\ 0 & \lambda-1 & 1-\lambda & \lambda-\lambda^2 \\ 1 & 1 & \lambda & \lambda^2 \end{array}\right)\xrightarrow[r_1\leftrightarrow r_3]{r_1+r_2}$$

$$\begin{pmatrix} 1 & 1 & \lambda & \vdots & \lambda^2 \\ 0 & \lambda-1 & 1-\lambda & \vdots & \lambda-\lambda^2 \\ 0 & 0 & (2+\lambda)(1-\lambda) & \vdots & (\lambda+1)^2(1-\lambda) \end{pmatrix}$$

可见 (1) 当 $\lambda \neq -2$ 且 $\lambda \neq 1$ 时，$R(\boldsymbol{A})=R(\boldsymbol{B})=3$，方程组有唯一解；

(2) 当 $\lambda=-2$ 时，$R(\boldsymbol{A})=2$，$R(\boldsymbol{B})=3$，方程组无解；

(3) 当 $\lambda=1$ 时，$R(\boldsymbol{A})=R(\boldsymbol{B})=1$，方程组有无穷多解. 此时

$$\boldsymbol{B} \rightarrow \begin{pmatrix} 1 & 1 & 1 & \vdots & 1 \\ 0 & 0 & 0 & \vdots & 0 \\ 0 & 0 & 0 & \vdots & 0 \end{pmatrix}$$

同解方程组为 $x_1=1-x_2-x_3$，通解为

$$\begin{cases} x_1 = 1-c_1-c_2 \\ x_2 = c_1 \\ x_3 = c_2 \end{cases} (c_1, c_2 \in \mathbf{R}), \quad 即 \quad \begin{pmatrix} x_1 \\ x_2 \\ x_3 \end{pmatrix} = \begin{pmatrix} 1 \\ 0 \\ 0 \end{pmatrix} + c_1 \begin{pmatrix} -1 \\ 1 \\ 0 \end{pmatrix} + c_2 \begin{pmatrix} -1 \\ 0 \\ 1 \end{pmatrix} \quad (c_1, c_2 \in \mathbf{R})$$

法 2 先求系数行列式

$$|\boldsymbol{A}| = \begin{vmatrix} \lambda & 1 & 1 \\ 1 & \lambda & 1 \\ 1 & 1 & \lambda \end{vmatrix} = (\lambda+2)(\lambda-1)^2$$

(1) 当 $\lambda \neq -2$ 且 $\lambda \neq 1$ 时，$|\boldsymbol{A}| \neq 0$，方程组有唯一解；

(2) 当 $\lambda=-2$ 时，对增广矩阵 $\boldsymbol{B}$ 施行初等行变换，有

$$\boldsymbol{B} = \begin{pmatrix} -2 & 1 & 1 & \vdots & 1 \\ 1 & -2 & 1 & \vdots & -2 \\ 1 & 1 & -2 & \vdots & 4 \end{pmatrix} \xrightarrow[r_2-r_3]{r_1+2r_3} \begin{pmatrix} 0 & 3 & -3 & \vdots & 9 \\ 0 & -3 & 3 & \vdots & -6 \\ 1 & 1 & -2 & \vdots & 4 \end{pmatrix} \xrightarrow[r_1 \leftrightarrow r_3]{r_1+r_2} \begin{pmatrix} 1 & 1 & -2 & \vdots & 4 \\ 0 & -3 & 3 & \vdots & -6 \\ 0 & 0 & 0 & \vdots & 3 \end{pmatrix}$$

$R(\boldsymbol{A})=2$，$R(\boldsymbol{B})=3$，方程组无解；

(3) 当 $\lambda=1$ 时，对增广矩阵 $\boldsymbol{B}$ 施行初等行变换，有

$$\boldsymbol{B} = \begin{pmatrix} 1 & 1 & 1 & \vdots & 1 \\ 1 & 1 & 1 & \vdots & 1 \\ 1 & 1 & 1 & \vdots & 1 \end{pmatrix} \xrightarrow[r_3-r_1]{r_2-r_1} \begin{pmatrix} 1 & 1 & 1 & \vdots & 1 \\ 0 & 0 & 0 & \vdots & 0 \\ 0 & 0 & 0 & \vdots & 0 \end{pmatrix}$$

$R(\boldsymbol{A})=R(\boldsymbol{B})=1$，方程组有无穷多解. 通解见法 1.

18. 非齐次线性方程组

$$\begin{cases} -2x_1 + x_2 + x_3 = -2 \\ x_1 - 2x_2 + x_3 = \lambda \\ x_1 + x_2 - 2x_3 = \lambda^2 \end{cases}$$

当 λ 取何值时有解？并求出它的通解.

解 对增广矩阵 $\boldsymbol{B}$ 施行初等行变换，有

$$\boldsymbol{B} = \begin{pmatrix} -2 & 1 & 1 & \vdots & -2 \\ 1 & -2 & 1 & \vdots & \lambda \\ 1 & 1 & -2 & \vdots & \lambda^2 \end{pmatrix} \xrightarrow[r_3-r_2]{r_1+2r_2} \begin{pmatrix} 0 & -3 & 3 & \vdots & 2(\lambda-1) \\ 1 & -2 & 1 & \vdots & \lambda \\ 0 & 3 & -3 & \vdots & \lambda(\lambda-1) \end{pmatrix} \xrightarrow[r_1 \leftrightarrow r_2]{r_3+r_1}$$

$$\begin{pmatrix}1 & -2 & 1 & \vdots & \lambda \\ 0 & -3 & 3 & \vdots & 2(\lambda-1) \\ 0 & 0 & 0 & \vdots & (\lambda-1)(\lambda+2)\end{pmatrix}$$

当 $\lambda=1$ 或 $\lambda=-2$ 时，$R(\boldsymbol{A})=R(\boldsymbol{B})=2$，方程组有解；

当 $\lambda=1$ 时

$$\boldsymbol{B}\longrightarrow\begin{pmatrix}1 & -2 & 1 & \vdots & 1 \\ 0 & -3 & 3 & \vdots & 0 \\ 0 & 0 & 0 & \vdots & 0\end{pmatrix}\xrightarrow[r_1+2r_2]{r_2\times\left(-\frac{1}{3}\right)}\begin{pmatrix}1 & 0 & -1 & \vdots & 1 \\ 0 & 1 & -1 & \vdots & 0 \\ 0 & 0 & 0 & \vdots & 0\end{pmatrix}$$

同解方程组为 $\begin{cases}x_1-x_3=1 \\ x_2-x_3=0\end{cases}$，　通解为

$$\begin{cases}x_1=1+c \\ x_2=\quad c \\ x_3=\quad c\end{cases}(c\in\mathbf{R}),\quad 即\quad\begin{pmatrix}x_1 \\ x_2 \\ x_3\end{pmatrix}=\begin{pmatrix}1 \\ 0 \\ 0\end{pmatrix}+c\begin{pmatrix}1 \\ 1 \\ 1\end{pmatrix}\quad(c\in\mathbf{R})$$

当 $\lambda=-2$ 时，有

$$\boldsymbol{B}\longrightarrow\begin{pmatrix}1 & -2 & 1 & \vdots & -2 \\ 0 & -3 & 3 & \vdots & -6 \\ 0 & 0 & 0 & \vdots & 0\end{pmatrix}\xrightarrow[r_1+2r_2]{r_2\times\left(-\frac{1}{3}\right)}\begin{pmatrix}1 & 0 & -1 & \vdots & 2 \\ 0 & 1 & -1 & \vdots & 2 \\ 0 & 0 & 0 & \vdots & 0\end{pmatrix}$$

同解方程组为 $\begin{cases}x_1-x_3=2 \\ x_2-x_3=2\end{cases}$，通解为

$$\begin{cases}x_1=2+c \\ x_2=2+c \\ x_3=\quad c\end{cases}(c\in\mathbf{R}),\quad 即\quad\begin{pmatrix}x_1 \\ x_2 \\ x_3\end{pmatrix}=\begin{pmatrix}2 \\ 2 \\ 0\end{pmatrix}+c\begin{pmatrix}1 \\ 1 \\ 1\end{pmatrix}\quad(c\in\mathbf{R})$$

19. 设 $\begin{cases}(2-\lambda)x_1+2x_2-2x_3=1 \\ 2x_1+(5-\lambda)x_2-4x_3=2 \\ -2x_1-4x_2+(5-\lambda)x_3=-\lambda-1\end{cases}$

问 λ 为何值时，此方程组有唯一解、无解或有无穷多解？并在有无穷多解时求其通解.

解　先求系数行列式

$$|\boldsymbol{A}|=\begin{vmatrix}2-\lambda & 2 & -2 \\ 2 & 5-\lambda & -4 \\ -2 & -4 & 5-\lambda\end{vmatrix}\overset{r_2+r_3}{=\!=\!=}\begin{vmatrix}2-\lambda & 2 & -2 \\ 0 & 1-\lambda & 1-\lambda \\ -2 & -4 & 5-\lambda\end{vmatrix}\overset{c_3-c_2}{=\!=\!=}$$

$$\begin{vmatrix}2-\lambda & 2 & -4 \\ 0 & 1-\lambda & 0 \\ -2 & -4 & 9-\lambda\end{vmatrix}=(1-\lambda)\begin{vmatrix}2-\lambda & -4 \\ -2 & 9-\lambda\end{vmatrix}=-(\lambda-1)^2(\lambda-10)$$

(1) 当 $\lambda\neq1$ 且 $\lambda\neq10$ 时，$|\boldsymbol{A}|\neq0$，方程组有唯一解；

(2) 当 $\lambda=10$ 时，对增广矩阵 $\boldsymbol{B}$ 施行初等行变换，有

$$\boldsymbol{B}=\begin{pmatrix}-8 & 2 & -2 & \vdots & 1 \\ 2 & -5 & -4 & \vdots & 2 \\ -2 & -4 & -5 & \vdots & -11\end{pmatrix}\xrightarrow[r_2+r_3]{r_1-4r_3}\begin{pmatrix}0 & 18 & 18 & \vdots & 45 \\ 0 & -9 & -9 & \vdots & -9 \\ -2 & -4 & -5 & \vdots & -11\end{pmatrix}\xrightarrow[r_1\leftrightarrow r_3]{r_1+2r_2}$$

$$\begin{pmatrix} -2 & -4 & -5 & \vdots & -11 \\ 0 & -9 & -9 & \vdots & -9 \\ 0 & 0 & 0 & \vdots & 27 \end{pmatrix}$$

$R(\boldsymbol{A})=2, R(\boldsymbol{B})=3$，方程组无解；

(3) 当 $\lambda=1$ 时，对增广矩阵 $\boldsymbol{B}$ 施行初等行变换，有

$$\boldsymbol{B}=\begin{pmatrix} 1 & 2 & -2 & \vdots & 1 \\ 2 & 4 & -4 & \vdots & 2 \\ -2 & -4 & 4 & \vdots & -2 \end{pmatrix} \xrightarrow[r_3+2r_1]{r_2-2r_1} \begin{pmatrix} 1 & 2 & -2 & \vdots & 1 \\ 0 & 0 & 0 & \vdots & 0 \\ 0 & 0 & 0 & \vdots & 0 \end{pmatrix}$$

同解方程组为 $x_1+2x_2-2x_3=1$，通解为

$$\begin{cases} x_1=1-2c_1+2c_2 \\ x_2=\quad c_1 \\ x_3=\quad\quad c_2 \end{cases} (c_1,c_2\in\mathbf{R}), \quad 即 \quad \begin{pmatrix} x_1 \\ x_2 \\ x_3 \end{pmatrix}=\begin{pmatrix} 1 \\ 0 \\ 0 \end{pmatrix}+c_1\begin{pmatrix} -2 \\ 1 \\ 0 \end{pmatrix}+c_2\begin{pmatrix} 2 \\ 0 \\ 1 \end{pmatrix} \quad (c_1,c_2\in\mathbf{R})$$

20. 证明 $R(\boldsymbol{A})=1$ 的充分必要条件是存在非零列向量 $\boldsymbol{a}$ 及非零行向量 $\boldsymbol{b}^{\mathrm{T}}$，使 $\boldsymbol{A}=\boldsymbol{a}\boldsymbol{b}^{\mathrm{T}}$.

证 充分性. 已知 $\boldsymbol{A}=\boldsymbol{a}\boldsymbol{b}^{\mathrm{T}}$.

法 1 $R(\boldsymbol{A})=R(\boldsymbol{a}\boldsymbol{b}^{\mathrm{T}})\leqslant R(\boldsymbol{a})=1$. 又因为 $\boldsymbol{A}=\boldsymbol{a}\boldsymbol{b}^{\mathrm{T}}\neq\boldsymbol{O}$，所以 $R(\boldsymbol{A})\geqslant 1$. 故 $R(\boldsymbol{A})=1$.

法 2 设 $\boldsymbol{a}=(a_1,a_2,\cdots,a_n)^{\mathrm{T}}$，$\boldsymbol{b}^{\mathrm{T}}=(b_1,b_2,\cdots,b_n)$，且不妨设 $a_1\neq 0$，则

$$\boldsymbol{A}=\boldsymbol{a}\boldsymbol{b}^{\mathrm{T}}=\begin{pmatrix} a_1b_1 & a_1b_2 & \cdots & a_1b_n \\ a_2b_1 & a_2b_2 & \cdots & a_2b_n \\ \vdots & \vdots & & \vdots \\ a_nb_1 & a_nb_2 & \cdots & a_nb_n \end{pmatrix} \xrightarrow[\substack{r_2-a_2r_1 \\ r_3-a_3r_1 \\ \vdots \\ r_n-a_nr_1}]{r_1\times\frac{1}{a_1}} \begin{pmatrix} b_1 & b_2 & \cdots & b_n \\ 0 & 0 & \cdots & 0 \\ \vdots & \vdots & & \vdots \\ 0 & 0 & \cdots & 0 \end{pmatrix}$$

故得 $R(\boldsymbol{A})=1$.

必要性. 已知 $R(\boldsymbol{A})=1$.

法 1 设 $\boldsymbol{A}=(\boldsymbol{\alpha}_1,\boldsymbol{\alpha}_2,\cdots,\boldsymbol{\alpha}_n)$，其中 $\boldsymbol{\alpha}_i$ 是 $\boldsymbol{A}$ 的第 i 个列向量. 由 $R(\boldsymbol{A})=1$ 知，向量组 $\boldsymbol{\alpha}_1,\boldsymbol{\alpha}_2,\cdots,\boldsymbol{\alpha}_n$ 的秩为 1，不妨设 $\boldsymbol{\alpha}_1$ 是一个最大无关组，则 $\boldsymbol{\alpha}_1\neq\boldsymbol{0}$，且

$$\boldsymbol{\alpha}_i=k_i\boldsymbol{\alpha}_1 \quad (i=2,3,\cdots,n)$$

于是

$$\boldsymbol{A}=(\boldsymbol{\alpha}_1,k_2\boldsymbol{\alpha}_1,\cdots,k_n\boldsymbol{\alpha}_1)=\boldsymbol{\alpha}_1(1,k_2,\cdots,k_n)$$

令 $\boldsymbol{a}=\boldsymbol{\alpha}_1$，$\boldsymbol{b}^{\mathrm{T}}=(1,k_2,\cdots,k_n)$，则 $\boldsymbol{A}=\boldsymbol{a}\boldsymbol{b}^{\mathrm{T}}$.

法 2 由等价标准形理论知，存在 m 阶可逆阵 $\boldsymbol{P}$ 和 n 阶可逆阵 $\boldsymbol{Q}$，使

$$\boldsymbol{A}=\boldsymbol{P}\begin{pmatrix} 1 & \boldsymbol{0}^{\mathrm{T}} \\ \boldsymbol{0} & \boldsymbol{O} \end{pmatrix}\boldsymbol{Q}=\boldsymbol{P}\begin{pmatrix} 1 \\ \boldsymbol{0} \end{pmatrix}(1 \quad \boldsymbol{0}^{\mathrm{T}})\boldsymbol{Q}$$

令 $\boldsymbol{a}=\boldsymbol{P}\begin{pmatrix} 1 \\ \boldsymbol{0} \end{pmatrix}$，$\boldsymbol{b}^{\mathrm{T}}=(1 \quad \boldsymbol{0}^{\mathrm{T}})\boldsymbol{Q}$，则 $\boldsymbol{a}$ 为 m 维非零列向量，$\boldsymbol{b}^{\mathrm{T}}$ 为 n 维非零行向量，且 $\boldsymbol{A}=\boldsymbol{a}\boldsymbol{b}^{\mathrm{T}}$.

21. 设 $\boldsymbol{A}$ 为列满秩矩阵，$\boldsymbol{AB}=\boldsymbol{C}$，证明线性方程组 $\boldsymbol{Bx}=\boldsymbol{0}$ 与 $\boldsymbol{Cx}=\boldsymbol{0}$ 同解.

证 设向量 $\boldsymbol{z}$ 为 $\boldsymbol{Bx}=\boldsymbol{0}$ 的解. 则有 $\boldsymbol{Bz}=\boldsymbol{0}$，两端同时左乘 $\boldsymbol{A}$，有 $\boldsymbol{ABz}=\boldsymbol{A0}=\boldsymbol{0}$，因此 $\boldsymbol{Cz}=\boldsymbol{0}$，即 $\boldsymbol{z}$ 也为 $\boldsymbol{Cx}=\boldsymbol{0}$ 的解；反之，设向量 $\boldsymbol{z}$ 为 $\boldsymbol{Cx}=\boldsymbol{0}$ 的解，则有 $\boldsymbol{Cz}=\boldsymbol{0}$. 将 $\boldsymbol{AB}=\boldsymbol{C}$ 代入，有 $\boldsymbol{ABz}=\boldsymbol{0}$，因为 $\boldsymbol{A}$ 为列满秩矩阵，由定理 4 知齐次线性方程组 $\boldsymbol{Ax}=\boldsymbol{0}$ 只有零解，则满足 $\boldsymbol{A}(\boldsymbol{Bz})=\boldsymbol{0}$ 中的 $\boldsymbol{Bz}$ 只能为零，即 $\boldsymbol{Bz}=\boldsymbol{0}$，则 $\boldsymbol{z}$ 为 $\boldsymbol{Bx}=\boldsymbol{0}$ 的解.

22. 设 $\boldsymbol{A}$ 为 $m\times n$ 矩阵，证明：方程 $\boldsymbol{AX}=\boldsymbol{E}_m$ 有解的充分必要条件是 $R(\boldsymbol{A})=m$.

证　方程 $\boldsymbol{AX}=\boldsymbol{E}_m$ 有解 $\Leftrightarrow R(\boldsymbol{A})=R(\boldsymbol{A},\boldsymbol{E}_m)$　(定理6)

由于 $m\times(m+n)$ 矩阵 $(\boldsymbol{A},\boldsymbol{E}_m)$ 中有 m 阶子式 $|\boldsymbol{E}_m|=1$，所以 $R(\boldsymbol{A},\boldsymbol{E}_m)=m$. 故

$$\text{方程 } \boldsymbol{AX}=\boldsymbol{E}_m \text{ 有解} \Leftrightarrow R(\boldsymbol{A})=m$$

六、学习效果两级测试题及答案

测试题 A

1. 设 $\boldsymbol{A}=\begin{pmatrix}1&1&1&1\\0&1&-1&b\\2&3&a&4\\3&5&1&7\end{pmatrix}$，求 $\boldsymbol{A}$ 的秩.

2. 设 $\boldsymbol{A}$ 是 $m\times n$ 矩阵，$\boldsymbol{C}$ 与 n 阶单位矩阵等价，$\boldsymbol{B}=\boldsymbol{AC}$. 若 $R(\boldsymbol{A})=r$，$R(\boldsymbol{B})=r_1$，则有______.

(a) $r>r_1$；　(b) $r<r_1$；　(c) $r=r_1$；　(d) r 与 r_1 的关系依 $\boldsymbol{C}$ 而定.

3. 已知 $\boldsymbol{A}$ 是4阶不可逆矩阵，则 $R((\boldsymbol{A}^*)^*)=$______.

4. 设 $\boldsymbol{A}$ 为 $m\times n$ 矩阵，$\boldsymbol{B}$ 为 $n\times m$ 矩阵，且 $m>n$，试证 $|\boldsymbol{AB}|=0$.

5. 已知 $\boldsymbol{A}^*=\begin{pmatrix}0&3&3&-3\\-1&6&3&-6\\4&6&0&-3\\4&0&-3&3\end{pmatrix}$，求 $\boldsymbol{A}^{-1}$ 和 $\boldsymbol{A}$.

6. 设 $\begin{cases}x_1+3x_2+2x_3+x_4=1\\ x_2+ax_3-ax_4=-1\\ x_1+2x_2+3x_4=3\end{cases}$

问 a 为何值时，该方程组有解？并在有解时求出方程组的通解.

7. a,b 取何值时，线性方程组

$$\begin{cases}x_1+ax_2+x_3=3\\ x_1+2ax_2+x_3=4\\ x_1+x_2+bx_3=4\end{cases}$$

有唯一解、无解、无穷多解？在有无穷多解时，求通解.

8. 设 $\boldsymbol{A}$ 是秩为 m 的 $m\times n$ 矩阵，且 $m<n$，则非齐次线性方程组 $\boldsymbol{Ax}=\boldsymbol{b}$______.

(a) 有唯一解；　(b) 无解；　(c) 有无穷多解；　(d) 不能确定是否有解.

测试题 B

1. 若 $\boldsymbol{A}$ 与 $\boldsymbol{B}$ 均为 n 阶非零方阵，且 $\boldsymbol{AB}=\boldsymbol{O}$，则秩 $R(\boldsymbol{A})<n$.　(　　)

2. 设4阶方阵 $\boldsymbol{A}$ 的秩为2，则其伴随矩阵 $\boldsymbol{A}^*$ 的秩为______.

3. 设 $n(n\geqslant 3)$ 阶矩阵

$$A=\begin{pmatrix}1 & a & a & \cdots & a\\ a & 1 & a & \cdots & a\\ a & a & 1 & \cdots & a\\ \vdots & \vdots & \vdots & & \vdots\\ a & a & a & \cdots & 1\end{pmatrix}$$

若矩阵 A 的秩为 $n-1$，则 a 必为______.

(a)1； (b) $\frac{1}{1-n}$； (c) -1； (d) $\frac{1}{n-1}$.

4. 设矩阵 $A=\begin{pmatrix}k & 1 & 1 & 1\\ 1 & k & 1 & 1\\ 1 & 1 & k & 1\\ 1 & 1 & 1 & k\end{pmatrix}$，且 $R(A)=3$，则 $k=$______.

5. 设 $A=\begin{pmatrix}0 & a_1 & 0 & \cdots & 0\\ 0 & 0 & a_2 & \cdots & 0\\ \vdots & \vdots & \vdots & & \vdots\\ 0 & 0 & 0 & \cdots & a_{n-1}\\ a_n & 0 & 0 & \cdots & 0\end{pmatrix}$，其中 $a_i\neq 0(i=1,2,\cdots,n)$，则 $A^{-1}=$______.

6. 已知线性方程组为

$$\begin{cases}x_1+x_2+2x_3+3x_4=1\\ x_1+3x_2+6x_3+x_4=3\\ 3x_1-x_2-k_1x_3+15x_4=3\\ x_1-5x_2-10x_3+12x_4=k_2\end{cases}$$

问 k_1 与 k_2 各取何值时，方程组无解？有唯一解？有无穷多解？在有无穷多解时，求其一般解.

7. k 为何值时，线性方程组

$$\begin{cases}x_1+x_2+kx_3=4\\ -x_1+kx_2+x_3=k^2\\ x_1-x_2+2x_3=-4\end{cases}$$

有唯一解、无解、有无穷多解？在有解情况下，求出其全部解.

8. 设 A 是 n 阶可逆方阵，将 A 的第 i 行和第 j 行对换后得到的矩阵记作 B.

(1) 证明 B 可逆； (2) 求 AB^{-1}.

9. 设 $A=\begin{pmatrix}a_{11} & a_{12} & a_{13} & a_{14}\\ a_{21} & a_{22} & a_{23} & a_{24}\\ a_{31} & a_{32} & a_{33} & a_{34}\\ a_{41} & a_{42} & a_{43} & a_{44}\end{pmatrix}$，$B=\begin{pmatrix}a_{14} & a_{13} & a_{12} & a_{11}\\ a_{24} & a_{23} & a_{22} & a_{21}\\ a_{34} & a_{33} & a_{32} & a_{31}\\ a_{44} & a_{43} & a_{42} & a_{41}\end{pmatrix}$，$P_1=\begin{pmatrix}0 & 0 & 0 & 1\\ 0 & 1 & 0 & 0\\ 0 & 0 & 1 & 0\\ 1 & 0 & 0 & 0\end{pmatrix}$，$P_2=\begin{pmatrix}1 & 0 & 0 & 0\\ 0 & 0 & 1 & 0\\ 0 & 1 & 0 & 0\\ 0 & 0 & 0 & 1\end{pmatrix}$，其中 A 可逆，则 B^{-1} 等于______.

(a) $A^{-1}P_1P_2$； (b) $P_1A^{-1}P_2$； (c) $P_1P_2A^{-1}$； (d) $P_2A^{-1}P_1$.

测试题 A 答案或提示

1. 当 $a\neq 1$ 且 $b\neq 2$ 时，$R(A)=4$；当 $a=1$ 且 $b=2$ 时，$R(A)=2$；当 $a=1$ 且 $b\neq 2$，或 $a\neq 1$ 且 $b=2$ 时，$R(A)=3$.

2. 应选(c).（提示：由 C 与 E_n 等价知 $R(C)=n$，即 C 可逆，从而 $R(B)=R(A)$.）

3. 应填 0.（提示：由 A 不可逆知 $R(A)\leqslant 3$，于是 $R(A^*)\leqslant 1$，故 $R((A^*)^*)=0$.）

4. 提示：AB 是 m 阶方阵，只要证明 $R(AB)<m$ 即可.

5. $A^{-1}=-\dfrac{1}{3}\begin{pmatrix}0&3&3&-3\\-1&6&3&-6\\4&6&0&-3\\4&0&-3&3\end{pmatrix}$， $A=\begin{pmatrix}0&3&-3&3\\-1&-4&4&-5\\-2&0&1&-1\\-2&-4&5&-6\end{pmatrix}$.

（提示：由 $AA^*=|A|E$ 得 $|A|^3=|A^*|=-27$，所以 $|A|=-3$，于是 $A^{-1}=\dfrac{1}{|A|}A^*$；而由 $A=|A|(A^*)^{-1}$ 可求得 A.）

6. $a\neq 2$ 时，方程组有解，通解为

$$x=\left(\frac{7a-10}{a-2},\ \frac{2-2a}{a-2},\ \frac{1}{a-2},\ 0\right)^T+k(-3,\ 0,\ 1,\ 1)^T\quad(k\in\mathbf{R})$$

7. (1) $a\neq 0$ 且 $b\neq 1$ 时，有唯一解；

(2) $b=1,a=\dfrac{1}{2}$ 时，有无穷多解，通解为

$$x=(2,\ 2,\ 0)^T+k(-1,\ 0,\ 1)^T\qquad(k\in\mathbf{R})$$

(3) 其余情形，无解.

8. 应选(c).（提示：由于 $R(A)=m$，又 $B=(A,b)$ 是 $m\times(n+1)$ 矩阵，从而 $R(B)=m$，即 $Ax=b$ 有解.）

测试题 B 答案或提示

1. 对. 若 $R(A)=n$，则 A 可逆，给 $AB=O$ 两边左乘 A^{-1} 得 $B=O$，这与 $B\neq O$ 矛盾. 故 $R(A)<n$.

2. 应填 0.

3. 应选(b). 对 A 作初等变换，得

$$A\longrightarrow\begin{pmatrix}1+(n-1)a&a&a&\cdots&a\\0&1-a&0&\cdots&0\\0&0&1-a&\cdots&0\\\vdots&\vdots&\vdots&&\vdots\\0&0&0&\cdots&1-a\end{pmatrix}$$

由 $R(A)=n-1$ 知 $1+(n-1)a=0$，即 $a=\dfrac{1}{1-n}$，故选(b).

4. 应填 -3.

5. $$A^{-1}=\begin{pmatrix} 0 & 0 & \cdots & 0 & \frac{1}{a_n} \\ \frac{1}{a_1} & 0 & \cdots & 0 & 0 \\ 0 & \frac{1}{a_2} & \cdots & 0 & 0 \\ \vdots & \vdots & & \vdots & \vdots \\ 0 & 0 & \cdots & \frac{1}{a_{n-1}} & 0 \end{pmatrix}.$$

6.(1) 当 $k_1 \neq 2$ 时,有唯一解;

(2) 当 $k_1=2$ 且 $k_2 \neq 1$ 时,无解;

(3) 当 $k_1=2$ 且 $k_2=1$ 时,有无穷多解,一般解为

$$\begin{cases} x_1=-8 \\ x_2=3-2k \\ x_3=\qquad k \\ x_4=2 \end{cases} \quad 或 \quad \begin{pmatrix} x_1 \\ x_2 \\ x_3 \\ x_4 \end{pmatrix}=\begin{pmatrix} -8 \\ 3 \\ 0 \\ 2 \end{pmatrix}+k\begin{pmatrix} 0 \\ -2 \\ 1 \\ 0 \end{pmatrix} \quad (k 任意)$$

7.(1) 当 $k \neq -1$ 且 $k \neq 4$ 时,有唯一解,且唯一解为

$$x_1=\frac{k^2+2k}{k+1}, \quad x_2=\frac{k^2+2k+4}{k+1}, \quad x_3=\frac{-2k}{k+1}$$

(2) 当 $k=-1$ 时,方程组无解;

(3) 当 $k=4$ 时,有无穷多解,且通解为

$$\begin{cases} x_1=\ -3k \\ x_2=4-k \\ x_3=\qquad k \end{cases} \quad 或 \quad \begin{pmatrix} x_1 \\ x_2 \\ x_3 \end{pmatrix}=\begin{pmatrix} 0 \\ 4 \\ 0 \end{pmatrix}+k\begin{pmatrix} -3 \\ -1 \\ 1 \end{pmatrix} \quad (k 任意)$$

8. (2) $AB^{-1}=E(i,j)$.(提示:$B=E(i,j)A$,且 $E(i,j)^{-1}=E(i,j)$.)

9. 应选(c).因为 $A \xrightarrow[c_2 \leftrightarrow c_3]{c_1 \leftrightarrow c_4} B$ 或 $A \xrightarrow[c_1 \leftrightarrow c_4]{c_2 \leftrightarrow c_3} B$,所以

$$B=AE(1,4)E(2,3)=AP_1P_2 \quad 或 \quad B=AE(2,3)E(1,4)=AP_2P_1$$

故
$$B^{-1}=P_2^{-1}P_1^{-1}A^{-1}=P_2P_1A^{-1} \quad 或 \quad B^{-1}=P_1^{-1}P_2^{-1}A^{-1}=P_1P_2A^{-1}$$

故选(c).

第四章　向量组的线性相关性

向量是线性代数的重点内容之一，也是难点，对逻辑推理有较高的要求.

本章从研究向量的线性关系（线性组合、线性相关与线性无关）出发，然后讨论向量组含最多的线性无关向量的个数，即引出向量组的秩和最大无关组，进而扩展到向量空间的基、维数、坐标等. 最后，应用向量空间的理论研究线性方程组的解的结构.

无论是证明、判断还是计算，关键在于深刻理解本章的基本概念，搞清其相互间的关联. 要学会用定义来作推导论证，注意推导过程中逻辑的正确性；在计算过程中注意知识点的转化，如将求向量组的秩转化为求矩阵的秩等.

一、考点研究

1. 考试内容与考试要求

考试内容	向量的概念　向量的线性组合与线性表示　向量组的线性相关与线性无关　向量组的最大线性无关组　等价向量组　向量组的秩　向量组的秩与矩阵的秩之间的关系　向量空间以及相关概念　线性方程组解的性质和解的结构　齐次线性方程组的基础解系和通解　解空间　非齐次线性方程组的通解
考试要求	(1) 理解 n 维向量的概念、向量的线性组合与线性表示. (2) 理解向量组线性相关、线性无关的定义，了解并会用有关向量组线性相关、线性无关的有关性质及判别法. (3) 了解向量组的最大无关组和向量组的秩的概念，会求向量组的最大无关组及秩. (4) 了解向量组等价的概念，了解向量组的秩与矩阵秩的关系. (5) 了解向量空间以及相关概念. (6) 理解齐次线性方程组的基础解系、解空间的概念，掌握求基础解系的方法. (7) 理解非齐次线性方程组解的结构及通解的概念.

注　考研数学二、三、四不考向量空间等概念；对考数学一的考生要求掌握向量空间的有关内容，可参看第六章.

2. 考点分析

(1) 向量组线性相关与线性无关的判别及性质是考查的重点，并以证明题居多. 对于抽象的向量组，一般是用定义来判断是否线性相关，应注意进行变换和转化，以便能利用已知条件或已有结论. 判别向量组线性相关与线性无关的结论较多，在理解的基础上熟记这些结论，不仅有助于引导解决问题的思路，而且有些题立即可以利用某些已有的结论得到解决. 由于

$$\boldsymbol{A}\text{ 的列向量组 }\boldsymbol{\alpha}_1,\boldsymbol{\alpha}_2,\cdots,\boldsymbol{\alpha}_n\text{ 线性相关(线性无关)}\Leftrightarrow$$

$$\boldsymbol{Ax}=\boldsymbol{0}\text{ 有非零解(只有零解)}\Leftrightarrow$$
$$\mathrm{R}(\boldsymbol{A})<n\ (\mathrm{R}(\boldsymbol{A})=n)$$

可见,向量组的线性相关性与矩阵、线性方程组的有关内容互相交叉综合,所以在讨论向量问题时,要思路开阔,综合应用有关知识解决问题.

(2) 直接求向量组的秩与最大无关组的考题不多.由于向量组的秩与矩阵的秩的密切关系,在求具体向量组的秩与最大无关组时,往往将其转化为求矩阵的秩等来解决.对于求抽象向量组的秩,要利用线性无关的定义或一些结论,如等价向量组有相同的秩等.

(3) 向量空间的内容对数学二、三、四均不作要求.但应知道,齐次线性方程组的全体解向量构成向量空间,即解空间,它的基就是基础解系.齐次线性方程组的基础解系的概念与求法是重点,这也直接关系到特征向量的求法及方阵对角化的理论和计算问题.

(4) 非齐次线性方程组的通解是一个特解与对应齐次方程组通解的和.要会利用非齐次线性方程组的解的性质和结构构造出它的通解.

二、重要结论与公式

1. 线性相关性的判别

设 $\boldsymbol{\alpha}_1,\boldsymbol{\alpha}_2,\cdots,\boldsymbol{\alpha}_m$ 是一个 n 维向量组.当 $\boldsymbol{\alpha}_1,\boldsymbol{\alpha}_2,\cdots,\boldsymbol{\alpha}_m$ 是列向量组时,构造 $n\times m$ 矩阵 $\boldsymbol{A}=(\boldsymbol{\alpha}_1,\boldsymbol{\alpha}_2,\cdots,\boldsymbol{\alpha}_m)$;当 $\boldsymbol{\alpha}_1,\boldsymbol{\alpha}_2,\cdots,\boldsymbol{\alpha}_m$ 是行向量组时,构造 $m\times n$ 矩阵 $\boldsymbol{A}=\begin{pmatrix}\boldsymbol{\alpha}_1\\ \boldsymbol{\alpha}_2\\ \vdots\\ \boldsymbol{\alpha}_m\end{pmatrix}$.

线性相关	线性无关
存在 $k_1,k_2,\cdots,k_m$ 不全为 0,使 $k_1\boldsymbol{\alpha}_1+k_2\boldsymbol{\alpha}_2+\cdots+k_m\boldsymbol{\alpha}_m=\boldsymbol{0}$	仅当 $k_1=k_2=\cdots=k_m=0$ 时,才有 $k_1\boldsymbol{\alpha}_1+k_2\boldsymbol{\alpha}_2+\cdots+k_m\boldsymbol{\alpha}_m=\boldsymbol{0}$
向量组的部分向量组线性相关,则整个向量组也线性相关	线性无关向量组的任一部分向量组也线性无关
当 $m=1$ 时,$\boldsymbol{\alpha}_1=\boldsymbol{0}$	当 $m=1$ 时,$\boldsymbol{\alpha}_1\neq\boldsymbol{0}$
当 $m=2$ 时,$\boldsymbol{\alpha}_1$ 与 $\boldsymbol{\alpha}_2$ 的对应分量成比例	当 $m=2$ 时,$\boldsymbol{\alpha}_1$ 与 $\boldsymbol{\alpha}_2$ 的对应分量不成比例
$\mathrm{R}(\boldsymbol{A})<m$ 当 $m=n$ 时,$\lvert\boldsymbol{A}\rvert=0$	$\mathrm{R}(\boldsymbol{A})=m$ 当 $m=n$ 时,$\lvert\boldsymbol{A}\rvert\neq 0$
当 $m>n$ 时,$\boldsymbol{\alpha}_1,\boldsymbol{\alpha}_2,\cdots,\boldsymbol{\alpha}_m$ 必线性相关	
线性相关向量组减少对应位置的分量得到的向量组仍线性相关	线性无关向量组在对应位置上增加分量得到的向量组仍线性无关

2. 线性表示与线性相关的关系

(1) 向量组 $\boldsymbol{\alpha}_1,\boldsymbol{\alpha}_2,\cdots,\boldsymbol{\alpha}_m(m\geqslant 2)$ 线性相关的充要条件是其中至少有一个向量可由其余 $m-1$ 个向量线性表示.

(2) 如果向量组 $\boldsymbol{\alpha}_1,\boldsymbol{\alpha}_2,\cdots,\boldsymbol{\alpha}_m$ 线性无关,而向量组 $\boldsymbol{\alpha}_1,\boldsymbol{\alpha}_2,\cdots,\boldsymbol{\alpha}_m,\boldsymbol{\beta}$ 线性相关,则 $\boldsymbol{\beta}$ 可由

$\boldsymbol{\alpha}_1,\boldsymbol{\alpha}_2,\cdots,\boldsymbol{\alpha}_m$ 唯一线性表示.

3. 向量组的秩与矩阵的秩的关系

矩阵 $\boldsymbol{A}$ 的秩等于它的行向量组的秩，也等于它的列向量组的秩.

4. 等价向量组的性质

(1) 等价向量组具有反身性、对称性及传递性.

(2) 任一向量组和它的最大无关组等价.

(3) 向量组的任意两个最大无关组等价.

(4) 若向量组（Ⅰ）：$\boldsymbol{\alpha}_1,\boldsymbol{\alpha}_2,\cdots,\boldsymbol{\alpha}_s$ 线性无关，且可由向量组（Ⅱ）：$\boldsymbol{\beta}_1,\boldsymbol{\beta}_2,\cdots,\boldsymbol{\beta}_t$ 线性表示，则 $s\leqslant t$.（逆否命题：若向量组（Ⅰ）可由向量组（Ⅱ）线性表示，且 $s>t$，则向量组（Ⅰ）必线性相关.）

(5) 若向量组（Ⅰ）能由向量组（Ⅱ）线性表示，则向量组（Ⅰ）的秩不大于向量组（Ⅱ）的秩.

(6) 等价的向量组有相同的秩.

(7) 若矩阵 $\boldsymbol{A}$ 经有限次初等行（或列）变换变成矩阵 $\boldsymbol{B}$，则 $\boldsymbol{A}$ 的行（或列）向量组与 $\boldsymbol{B}$ 的行（或列）向量组等价，而 $\boldsymbol{A}$ 的任意 k 个列（或行）向量与 $\boldsymbol{B}$ 中对应的 k 个列（或行）向量有相同的线性相关性.

5. 齐次与非齐次线性方程组的有关结果

设 $\boldsymbol{A}=(a_{ij})_{m\times n}$，$\mathrm{R}(\boldsymbol{A})=r(>0)$，$\boldsymbol{x}=(x_1,x_2,\cdots,x_n)^{\mathrm{T}}$，$\boldsymbol{b}=(b_1,b_2,\cdots,b_m)^{\mathrm{T}}\neq\boldsymbol{0}$. 又设 $\boldsymbol{A}=(\boldsymbol{\alpha}_1,\boldsymbol{\alpha}_2,\cdots,\boldsymbol{\alpha}_n)$，其中 $\boldsymbol{\alpha}_j(j=1,2,\cdots,n)$ 为 $\boldsymbol{A}$ 的第 j 个列向量，$\boldsymbol{B}=(\boldsymbol{A},\boldsymbol{b})$ 为线性方程组 $\boldsymbol{Ax}=\boldsymbol{b}$ 的增广矩阵.

		齐次线性方程组 $\boldsymbol{Ax}=\boldsymbol{0}$	非齐次线性方程组 $\boldsymbol{Ax}=\boldsymbol{b}$
相容性	有解	必有解	$\Leftrightarrow\mathrm{R}(\boldsymbol{B})=\mathrm{R}(\boldsymbol{A})$ $\Leftrightarrow\boldsymbol{b}$ 可由 $\boldsymbol{\alpha}_1,\boldsymbol{\alpha}_2,\cdots,\boldsymbol{\alpha}_n$ 线性表示 $\Leftrightarrow\boldsymbol{\alpha}_1,\cdots,\boldsymbol{\alpha}_n$ 与 $\boldsymbol{\alpha}_1,\cdots,\boldsymbol{\alpha}_n,\boldsymbol{b}$ 等价 $\Leftarrow\mathrm{R}(\boldsymbol{A})=m$ $\Leftarrow$ 当 $m=n$ 时，$\lvert\boldsymbol{A}\rvert\neq 0$
	无解		$\Leftrightarrow\mathrm{R}(\boldsymbol{B})=\mathrm{R}(\boldsymbol{A})+1$ $\Leftrightarrow\boldsymbol{b}$ 不能由 $\boldsymbol{\alpha}_1,\boldsymbol{\alpha}_2,\cdots,\boldsymbol{\alpha}_n$ 线性表示
解的个数	唯一解	$\Leftrightarrow\mathrm{R}(\boldsymbol{A})=n$ $\Leftrightarrow\boldsymbol{\alpha}_1,\boldsymbol{\alpha}_2,\cdots,\boldsymbol{\alpha}_n$ 线性无关 $\Leftrightarrow\lvert\boldsymbol{A}\rvert\neq 0$（当 $m=n$ 时）	$\Leftrightarrow\mathrm{R}(\boldsymbol{B})=\mathrm{R}(\boldsymbol{A})=n$ $\Leftrightarrow\boldsymbol{\alpha}_1,\boldsymbol{\alpha}_2,\cdots,\boldsymbol{\alpha}_n$ 线性无关（当有解时） $\Leftrightarrow\lvert\boldsymbol{A}\rvert\neq 0$（当 $m=n$ 时）
	无穷多解	$\Leftrightarrow\mathrm{R}(\boldsymbol{A})<n$ $\Leftrightarrow\boldsymbol{\alpha}_1,\boldsymbol{\alpha}_2,\cdots,\boldsymbol{\alpha}_n$ 线性相关 $\Leftrightarrow\lvert\boldsymbol{A}\rvert=0$（当 $m=n$ 时） $\Leftarrow m<n$	$\Leftrightarrow\mathrm{R}(\boldsymbol{B})=\mathrm{R}(\boldsymbol{A})<n$ $\Leftrightarrow\boldsymbol{\alpha}_1,\boldsymbol{\alpha}_2,\cdots,\boldsymbol{\alpha}_n$ 线性相关（当有解时） $\Leftrightarrow\lvert\boldsymbol{A}\rvert=0$（$m=n$，且有解时）

续 表

	齐次线性方程组 $\boldsymbol{A}\boldsymbol{x}=\boldsymbol{0}$	非齐次线性方程组 $\boldsymbol{A}\boldsymbol{x}=\boldsymbol{b}$
解向量性质	构成向量空间，其维数为 $n-\mathrm{R}(\boldsymbol{A})$	不构成向量空间 (1) 若 $\boldsymbol{\eta}_1,\boldsymbol{\eta}_2$ 是 $\boldsymbol{A}\boldsymbol{x}=\boldsymbol{b}$ 的解，则 $\boldsymbol{\eta}_1-\boldsymbol{\eta}_2$ 是 $\boldsymbol{A}\boldsymbol{x}=\boldsymbol{0}$ 的解 (2) 若 $\boldsymbol{\eta}$ 是 $\boldsymbol{A}\boldsymbol{x}=\boldsymbol{b}$ 的解，$\boldsymbol{\xi}$ 是 $\boldsymbol{A}\boldsymbol{x}=\boldsymbol{0}$ 的解，则 $\boldsymbol{\eta}+\boldsymbol{\xi}$ 是 $\boldsymbol{A}\boldsymbol{x}=\boldsymbol{b}$ 的解
解的结构	通解为 $\boldsymbol{x}=k_1\boldsymbol{\xi}_1+k_2\boldsymbol{\xi}_2+\cdots+k_{n-r}\boldsymbol{\xi}_{n-r}$ $(k_1,k_2,\cdots,k_{n-r}\in\mathbf{R})$ 其中 $\boldsymbol{\xi}_1,\boldsymbol{\xi}_2,\cdots,\boldsymbol{\xi}_{n-r}$ 是 $\boldsymbol{A}\boldsymbol{x}=\boldsymbol{0}$ 的基础解系	通解为 $\boldsymbol{x}=\boldsymbol{\eta}^*+k_1\boldsymbol{\xi}_1+\cdots+k_{n-r}\boldsymbol{\xi}_{n-r}\quad(k_1,\cdots,k_{n-r}\in\mathbf{R})$ 其中 $\boldsymbol{\xi}_1,\cdots,\boldsymbol{\xi}_{n-r}$ 是 $\boldsymbol{A}\boldsymbol{x}=\boldsymbol{0}$ 的基础解系，$\boldsymbol{\eta}^*$ 是 $\boldsymbol{A}\boldsymbol{x}=\boldsymbol{b}$ 的特解

6. 向量空间的有关结果

参阅第六章之二、1.

三、主要方法

1. 判断向量能否由某一向量组线性表示

为判断一个向量 $\boldsymbol{\beta}$ 能否由向量组 $\boldsymbol{\alpha}_1,\boldsymbol{\alpha}_2,\cdots,\boldsymbol{\alpha}_m$ 线性表示，先令

$$\boldsymbol{\beta}=x_1\boldsymbol{\alpha}_1+x_2\boldsymbol{\alpha}_2+\cdots+x_m\boldsymbol{\alpha}_m$$

由向量相等即对应分量相等得到以 $x_1,x_2,\cdots,x_m$ 为未知数的非齐次线性方程组，然后判断此方程组是否有解或求解此方程组；如果方程组无解，则 $\boldsymbol{\beta}$ 不能由 $\boldsymbol{\alpha}_1,\boldsymbol{\alpha}_2,\cdots,\boldsymbol{\alpha}_m$ 线性表示；如果方程组有解，则 $\boldsymbol{\beta}$ 可由 $\boldsymbol{\alpha}_1,\boldsymbol{\alpha}_2,\cdots,\boldsymbol{\alpha}_m$ 线性表示，且当解唯一时，其表达式唯一. 又由方程组的解得到具体的表达式系数.

对于抽象向量组 $\boldsymbol{\alpha}_1,\boldsymbol{\alpha}_2,\cdots,\boldsymbol{\alpha}_m,\boldsymbol{\beta}$，为证 $\boldsymbol{\beta}$ 可以由 $\boldsymbol{\alpha}_1,\boldsymbol{\alpha}_2,\cdots,\boldsymbol{\alpha}_m$ 线性表示，可证线性表示式

$$k_1\boldsymbol{\alpha}_1+k_2\boldsymbol{\alpha}_2+\cdots+k_m\boldsymbol{\alpha}_m+k\boldsymbol{\beta}=\boldsymbol{0}\qquad(*)$$

中 $k\neq 0$；也可利用唯一表示定理，即若 $\boldsymbol{\alpha}_1,\boldsymbol{\alpha}_2,\cdots,\boldsymbol{\alpha}_m$ 线性无关，而 $\boldsymbol{\alpha}_1,\boldsymbol{\alpha}_2,\cdots,\boldsymbol{\alpha}_m,\boldsymbol{\beta}$ 线性相关，则 $\boldsymbol{\beta}$ 可由 $\boldsymbol{\alpha}_1,\boldsymbol{\alpha}_2,\cdots,\boldsymbol{\alpha}_m$ 唯一线性表示. 为证 $\boldsymbol{\beta}$ 不能由 $\boldsymbol{\alpha}_1,\boldsymbol{\alpha}_2,\cdots,\boldsymbol{\alpha}_m$ 线性表示，可证式($*$)只有当 $k=0$ 时才成立，或证 $\boldsymbol{\alpha}_1,\boldsymbol{\alpha}_2,\cdots,\boldsymbol{\alpha}_m,\boldsymbol{\beta}$ 线性无关，或证向量组 $\boldsymbol{\alpha}_1,\boldsymbol{\alpha}_2,\cdots,\boldsymbol{\alpha}_m$ 的秩不等于向量组 $\boldsymbol{\alpha}_1,\boldsymbol{\alpha}_2,\cdots,\boldsymbol{\alpha}_m,\boldsymbol{\beta}$ 的秩.

2. 判断向量组的线性相关性

对于具体给出的向量组 $\boldsymbol{\alpha}_1,\boldsymbol{\alpha}_2,\cdots,\boldsymbol{\alpha}_m$，判断其线性相关与线性无关常采用以下方法：

方法一　定义法　先根据定义设

$$k_1\boldsymbol{\alpha}_1+k_2\boldsymbol{\alpha}_2+\cdots+k_m\boldsymbol{\alpha}_m=\boldsymbol{0}$$

再根据其分量写出相应的齐次线性方程组. 若该方程组有非零解(即无穷多解)，则向量组 $\boldsymbol{\alpha}_1$，

$\boldsymbol{\alpha}_2,\cdots,\boldsymbol{\alpha}_m$ 线性相关；若该方程组只有零解，则向量组 $\boldsymbol{\alpha}_1,\boldsymbol{\alpha}_2,\cdots,\boldsymbol{\alpha}_m$ 线性无关.

方法二　求秩法　将向量 $\boldsymbol{\alpha}_1,\boldsymbol{\alpha}_2,\cdots,\boldsymbol{\alpha}_m$ 排成矩阵 $\boldsymbol{A}$(若 $\boldsymbol{\alpha}_i$ 是行(列)向量时，将其按行(列)排成矩阵 $\boldsymbol{A}$)，再求 $\boldsymbol{A}$ 的秩. 若 $\mathrm{R}(\boldsymbol{A})<m$，则向量组线性相关；若 $\mathrm{R}(\boldsymbol{A})=m$，则向量组线性无关.

方法三　行列式法　对于 n 个 n 维向量 $\boldsymbol{\alpha}_1,\boldsymbol{\alpha}_2,\cdots,\boldsymbol{\alpha}_n$，将其排成 n 阶方阵 $\boldsymbol{A}$. 若 $|\boldsymbol{A}|=0$，则向量组线性相关；若 $|\boldsymbol{A}|\neq 0$，则向量组线性无关.

方法四　利用有关结论，如"部分相关，则整体相关""$n+1$ 个 n 维向量必线性相关"等来判定.

对于抽象给出的向量组，常采用定义来判断其线性相关性，即先设

$$k_1\boldsymbol{\alpha}_1+k_2\boldsymbol{\alpha}_2+\cdots+k_m\boldsymbol{\alpha}_m=\boldsymbol{0}$$

然后对其作恒等变形，如用某个矩阵同乘该式两边，或对该式拆项重新组合等，究竟用什么方法应当从已知条件去寻找信息. 通过一次或多次恒等变形来分析 $k_1,k_2,\cdots,k_m$ 能够不全为零还是必须全为零，从而得知 $\boldsymbol{\alpha}_1,\boldsymbol{\alpha}_2,\cdots,\boldsymbol{\alpha}_m$ 是线性相关还是线性无关. 也可以采用反证法找出矛盾，从而证明向量组的线性相关性.

3. 求向量组的秩与最大无关组

方法一　设 $\boldsymbol{\alpha}_1,\boldsymbol{\alpha}_2,\cdots,\boldsymbol{\alpha}_n$ 是 m 维向量组，将其排成矩阵

$$\boldsymbol{A}=(\boldsymbol{\alpha}_1,\boldsymbol{\alpha}_2,\cdots,\boldsymbol{\alpha}_n)\quad(\text{当 }\boldsymbol{\alpha}_1,\boldsymbol{\alpha}_2,\cdots,\boldsymbol{\alpha}_n\text{ 均是列向量时})$$

或

$$\boldsymbol{A}=\begin{pmatrix}\boldsymbol{\alpha}_1\\\boldsymbol{\alpha}_2\\\vdots\\\boldsymbol{\alpha}_n\end{pmatrix}\quad(\text{当 }\boldsymbol{\alpha}_1,\boldsymbol{\alpha}_2,\cdots,\boldsymbol{\alpha}_n\text{ 均是行向量时})$$

则 $\mathrm{R}(\boldsymbol{A})$ 即是该向量组的秩. 在 $\boldsymbol{A}$ 中找非零的 r 阶子式 D_r，则包含 D_r 的 r 个列(或行)向量即是该向量组的一个最大无关组.

方法二　设 $\boldsymbol{\alpha}_1,\boldsymbol{\alpha}_2,\cdots,\boldsymbol{\alpha}_n$ 是 m 维列向量组，将其排成 $m\times n$ 矩阵 $\boldsymbol{A}=(\boldsymbol{\alpha}_1,\boldsymbol{\alpha}_2,\cdots,\boldsymbol{\alpha}_n)$，并用初等行变换化为行阶梯形矩阵 $\boldsymbol{J}$ 或行最简形矩阵 $\boldsymbol{H}$(见第三章)，则 $\boldsymbol{J}$ 或 $\boldsymbol{H}$ 中非零行的行数即为该向量组的秩；由于 $\boldsymbol{J}$ 或 $\boldsymbol{H}$ 的 $i_1,i_2,\cdots,i_r$ 列(各非零行的第 1 个非零元素所在的列)构成的列向量组线性无关，所以 $\boldsymbol{\alpha}_{i_1},\boldsymbol{\alpha}_{i_2},\cdots,\boldsymbol{\alpha}_{i_r}$ 是向量组 $\boldsymbol{\alpha}_1,\boldsymbol{\alpha}_2,\cdots,\boldsymbol{\alpha}_n$ 的一个最大无关组.

注　若 $\boldsymbol{\alpha}_1,\boldsymbol{\alpha}_2,\cdots,\boldsymbol{\alpha}_n$ 是 m 维行向量组，则排成 $n\times m$ 矩阵 $\boldsymbol{A}$，并用初等列变换化成列阶梯形矩阵或列最简形矩阵，从而求得向量组的秩和一个最大无关组.

4. 齐次线性方程组基础解系的求法

设 $\boldsymbol{A}$ 是秩为 r 的 $m\times n$ 矩阵，且 $r<n$. 用初等行变换化 $\boldsymbol{A}$ 为行最简形矩阵，不妨设

$$\boldsymbol{A}\xrightarrow{\text{初等行变换}}\begin{pmatrix}1&0&\cdots&0&c_{1,r+1}&\cdots&c_{1n}\\0&1&\cdots&0&c_{2,r+1}&\cdots&c_{2n}\\\vdots&\vdots&&\vdots&\vdots&&\vdots\\0&0&\cdots&1&c_{r,r+1}&\cdots&c_{rn}\\0&0&\cdots&0&0&\cdots&0\\\vdots&\vdots&&\vdots&\vdots&&\vdots\\0&0&\cdots&0&0&\cdots&0\end{pmatrix}$$

则得与齐次线性方程组 $\boldsymbol{A}\boldsymbol{x}=\boldsymbol{0}$ 同解的方程组,有

$$\begin{cases} x_1 = -c_{1,r+1}x_{r+1} - \cdots - c_{1n}x_n \\ x_2 = -c_{2,r+1}x_{r+1} - \cdots - c_{2n}x_n \\ \cdots\cdots \\ x_r = -c_{r,r+1}x_{r+1} - \cdots - c_{rn}x_n \end{cases} \qquad (*)$$

方法一 依次取

$$\begin{pmatrix} x_{r+1} \\ x_{r+2} \\ \vdots \\ x_n \end{pmatrix} = \begin{pmatrix} 1 \\ 0 \\ \vdots \\ 0 \end{pmatrix}, \begin{pmatrix} 0 \\ 1 \\ \vdots \\ 0 \end{pmatrix}, \cdots, \begin{pmatrix} 0 \\ 0 \\ \vdots \\ 1 \end{pmatrix}$$

由式$(*)$分别求得

$$\begin{pmatrix} x_1 \\ x_2 \\ \vdots \\ x_r \end{pmatrix} = \begin{pmatrix} -c_{1,r+1} \\ -c_{2,r+1} \\ \vdots \\ -c_{r,r+1} \end{pmatrix}, \begin{pmatrix} -c_{1,r+2} \\ -c_{2,r+2} \\ \vdots \\ -c_{r,r+2} \end{pmatrix}, \cdots, \begin{pmatrix} -c_{1n} \\ -c_{2n} \\ \vdots \\ -c_{rn} \end{pmatrix}$$

从而 $\boldsymbol{A}\boldsymbol{x}=\boldsymbol{0}$ 的基础解系为

$$\boldsymbol{\xi}_1 = \begin{pmatrix} -c_{1,r+1} \\ -c_{2,r+1} \\ \vdots \\ -c_{r,r+1} \\ 1 \\ 0 \\ \vdots \\ 0 \end{pmatrix}, \boldsymbol{\xi}_2 = \begin{pmatrix} -c_{1,r+2} \\ -c_{2,r+2} \\ \vdots \\ -c_{r,r+2} \\ 0 \\ 1 \\ \vdots \\ 0 \end{pmatrix}, \cdots, \boldsymbol{\xi}_{n-r} = \begin{pmatrix} -c_{1n} \\ -c_{2n} \\ \vdots \\ -c_{rn} \\ 0 \\ 0 \\ \vdots \\ 1 \end{pmatrix} \qquad (**)$$

方法二 由式$(*)$直接得到通解的向量形式为

$$\begin{pmatrix} x_1 \\ x_2 \\ \vdots \\ x_r \\ x_{r+1} \\ x_{r+2} \\ \vdots \\ x_n \end{pmatrix} = t_1 \begin{pmatrix} -c_{1,r+1} \\ -c_{2,r+1} \\ \vdots \\ -c_{r,r+1} \\ 1 \\ 0 \\ \vdots \\ 0 \end{pmatrix} + t_2 \begin{pmatrix} -c_{1,r+2} \\ -c_{2,r+2} \\ \vdots \\ -c_{r,r+2} \\ 0 \\ 1 \\ \vdots \\ 0 \end{pmatrix} + \cdots + t_{n-r} \begin{pmatrix} -c_{1n} \\ -c_{2n} \\ \vdots \\ -c_{rn} \\ 0 \\ 0 \\ \vdots \\ 1 \end{pmatrix} \quad (t_1, t_2, \cdots, t_{n-r} \in \mathbf{R})$$

抽出右端的 $n-r$ 个列向量即得 $\boldsymbol{A}\boldsymbol{x}=\boldsymbol{0}$ 的基础解系式$(**)$.

5. 求向量空间的基与维数

参阅第六章之三、1.

四、常考题型及考研典型题精解

例 4－1　已知 $\boldsymbol{\alpha}_1=(1,4,0,2)^{\mathrm{T}},\boldsymbol{\alpha}_2=(2,7,1,3)^{\mathrm{T}},\boldsymbol{\alpha}_3=(0,1,-1,a)^{\mathrm{T}},\boldsymbol{\beta}=(3,10,b,4)^{\mathrm{T}}$,问

(1) a,b 取何值时,$\boldsymbol{\beta}$ 不能由 $\boldsymbol{\alpha}_1,\boldsymbol{\alpha}_2,\boldsymbol{\alpha}_3$ 线性表示?

(2) a,b 取何值时,$\boldsymbol{\beta}$ 可由 $\boldsymbol{\alpha}_1,\boldsymbol{\alpha}_2,\boldsymbol{\alpha}_3$ 线性表示?并写出此表示式.

分析　根据定义写出 $x_1\boldsymbol{\alpha}_1+x_2\boldsymbol{\alpha}_2+x_3\boldsymbol{\alpha}_3=\boldsymbol{\beta}$,则问题转化为线性方程组是否有解的问题.

解　设 $x_1\boldsymbol{\alpha}_1+x_2\boldsymbol{\alpha}_2+x_3\boldsymbol{\alpha}_3=\boldsymbol{\beta}$,即

$$\begin{cases} x_1+2x_2 = 3 \\ 4x_1+7x_2+x_3=10 \\ x_2-x_3=b \\ 2x_1+3x_2+ax_3=4 \end{cases}$$

这是含 3 个未知数 4 个方程的线性方程组,只能用消元法求解.因为

$$\boldsymbol{B}=\left(\begin{array}{ccc:c} 1 & 2 & 0 & 3 \\ 4 & 7 & 1 & 10 \\ 0 & 1 & -1 & b \\ 2 & 3 & a & 4 \end{array}\right) \xrightarrow[r_4-2r_1]{r_2-4r_1} \left(\begin{array}{ccc:c} 1 & 2 & 0 & 3 \\ 0 & -1 & 1 & -2 \\ 0 & 1 & -1 & b \\ 0 & -1 & a & -2 \end{array}\right) \xrightarrow[\substack{r_4-r_2 \\ r_2\times(-1)}]{\substack{r_1+2r_2 \\ r_3+r_2}}$$

$$\left(\begin{array}{ccc:c} 1 & 0 & 2 & -1 \\ 0 & 1 & -1 & 2 \\ 0 & 0 & 0 & b-2 \\ 0 & 0 & a-1 & 0 \end{array}\right) \xrightarrow{r_3\leftrightarrow r_4} \left(\begin{array}{ccc:c} 1 & 0 & 2 & -1 \\ 0 & 1 & -1 & 2 \\ 0 & 0 & a-1 & 0 \\ 0 & 0 & 0 & b-2 \end{array}\right)$$

(1) 当 $b\neq 2$ 时:若 $a=1$,则 $\mathrm{R}(\boldsymbol{B})=3,\mathrm{R}(\boldsymbol{A})=2$;若 $a\neq 1$,则 $\mathrm{R}(\boldsymbol{B})=4,\mathrm{R}(\boldsymbol{A})=3$. 方程组无解.此时 $\boldsymbol{\beta}$ 不能由 $\boldsymbol{\alpha}_1,\boldsymbol{\alpha}_2,\boldsymbol{\alpha}_3$ 线性表示.

(2) 当 $b=2$ 时:若 $a\neq 1$,则 $\mathrm{R}(\boldsymbol{B})=\mathrm{R}(\boldsymbol{A})=3$,方程组有唯一解.此时

$$\boldsymbol{B}\longrightarrow \left(\begin{array}{ccc:c} 1 & 0 & 2 & -1 \\ 0 & 1 & -1 & 2 \\ 0 & 0 & a-1 & 0 \\ 0 & 0 & 0 & 0 \end{array}\right) \xrightarrow[\substack{r_1-2r_3 \\ r_2+r_3}]{r_3\times\frac{1}{a-1}} \left(\begin{array}{ccc:c} 1 & 0 & 0 & -1 \\ 0 & 1 & 0 & 2 \\ 0 & 0 & 1 & 0 \\ 0 & 0 & 0 & 0 \end{array}\right)$$

解之得 $x_1=-1,x_2=2,x_3=0$. 于是 $\boldsymbol{\beta}$ 可唯一线性表示为

$$\boldsymbol{\beta}=-\boldsymbol{\alpha}_1+2\boldsymbol{\alpha}_2$$

若 $a=1$,则 $\mathrm{R}(\boldsymbol{B})=\mathrm{R}(\boldsymbol{A})=2<3$,方程组有无穷多解,此时

$$B \longrightarrow \begin{pmatrix} 1 & 0 & 2 & \vdots & -1 \\ 0 & 1 & -1 & \vdots & 2 \\ 0 & 0 & 0 & \vdots & 0 \\ 0 & 0 & 0 & \vdots & 0 \end{pmatrix}$$

同解方程组为
$$\begin{cases} x_1 = -1 - 2x_3 \\ x_2 = \quad 2 + x_3 \end{cases}$$

通解为
$$\begin{cases} x_1 = -1 - 2k \\ x_2 = \quad 2 + k \\ x_3 = \quad k \end{cases} \quad (k \in \mathbf{R})$$

故 $\boldsymbol{\beta}$ 可由 $\boldsymbol{\alpha}_1,\boldsymbol{\alpha}_2,\boldsymbol{\alpha}_3$ 线性表示为
$$\boldsymbol{\beta} = -(2k+1)\boldsymbol{\alpha}_1 + (k+2)\boldsymbol{\alpha}_2 + k\boldsymbol{\alpha}_3 \qquad (k \in \mathbf{R})$$

例 4-2 设 $\boldsymbol{\beta}$ 可由 $\boldsymbol{\alpha}_1,\boldsymbol{\alpha}_2,\cdots,\boldsymbol{\alpha}_m$ 线性表示，但不能由 $\boldsymbol{\alpha}_1,\boldsymbol{\alpha}_2,\cdots,\boldsymbol{\alpha}_{m-1}$ 线性表示，证明 $\boldsymbol{\alpha}_m$ 可由 $\boldsymbol{\alpha}_1,\boldsymbol{\alpha}_2,\cdots,\boldsymbol{\alpha}_{m-1},\boldsymbol{\beta}$ 线性表示.

证 因为 $\boldsymbol{\beta}$ 可由 $\boldsymbol{\alpha}_1,\boldsymbol{\alpha}_2,\cdots,\boldsymbol{\alpha}_m$ 线性表示，故可设
$$\boldsymbol{\beta} = k_1\boldsymbol{\alpha}_1 + k_2\boldsymbol{\alpha}_2 + \cdots + k_m\boldsymbol{\alpha}_m$$
为证 $\boldsymbol{\alpha}_m$ 可由 $\boldsymbol{\alpha}_1,\boldsymbol{\alpha}_2,\cdots,\boldsymbol{\alpha}_{m-1},\boldsymbol{\beta}$ 线性表示，只须证明上式中 $k_m \neq 0$. 用反证法证之. 若 $k_m = 0$，则有 $\boldsymbol{\beta} = k_1\boldsymbol{\alpha}_1 + k_2\boldsymbol{\alpha}_2 + \cdots + k_{m-1}\boldsymbol{\alpha}_{m-1}$，即 $\boldsymbol{\beta}$ 可由 $\boldsymbol{\alpha}_1,\boldsymbol{\alpha}_2,\cdots,\boldsymbol{\alpha}_{m-1}$ 线性表示，这与题设矛盾，故 $k_m \neq 0$，从而
$$\boldsymbol{\alpha}_m = \frac{1}{k_m}\boldsymbol{\beta} - \frac{k_1}{k_m}\boldsymbol{\alpha}_1 - \cdots - \frac{k_{m-1}}{k_m}\boldsymbol{\alpha}_{m-1}$$
即 $\boldsymbol{\alpha}_m$ 可由 $\boldsymbol{\alpha}_1,\boldsymbol{\alpha}_2,\cdots,\boldsymbol{\alpha}_{m-1},\boldsymbol{\beta}$ 线性表示.

例 4-3 设向量组 $\boldsymbol{\alpha}_1,\boldsymbol{\alpha}_2,\cdots,\boldsymbol{\alpha}_n$ 中前 $n-1$ 个向量线性相关，后 $n-1$ 个向量线性无关. 试问：

(1) $\boldsymbol{\alpha}_1$ 能否由 $\boldsymbol{\alpha}_2,\boldsymbol{\alpha}_3,\cdots,\boldsymbol{\alpha}_{n-1}$ 线性表示？说明理由；

(2) $\boldsymbol{\alpha}_n$ 能否由 $\boldsymbol{\alpha}_1,\boldsymbol{\alpha}_2,\cdots,\boldsymbol{\alpha}_{n-1}$ 线性表示？说明理由.

解 (1) 因为 $\boldsymbol{\alpha}_2,\boldsymbol{\alpha}_3,\cdots,\boldsymbol{\alpha}_n$ 线性无关，所以 $\boldsymbol{\alpha}_2,\boldsymbol{\alpha}_3,\cdots,\boldsymbol{\alpha}_{n-1}$ 线性无关，而 $\boldsymbol{\alpha}_1,\boldsymbol{\alpha}_2,\cdots,\boldsymbol{\alpha}_{n-1}$ 线性相关，故由唯一表示定理知 $\boldsymbol{\alpha}_1$ 可由 $\boldsymbol{\alpha}_2,\boldsymbol{\alpha}_3,\cdots,\boldsymbol{\alpha}_{n-1}$ 线性表示.

(2) 用反证法. 如果 $\boldsymbol{\alpha}_n$ 可由 $\boldsymbol{\alpha}_1,\boldsymbol{\alpha}_2,\cdots,\boldsymbol{\alpha}_{n-1}$ 线性表示，由(1) 知 $\boldsymbol{\alpha}_1$ 可由 $\boldsymbol{\alpha}_2,\boldsymbol{\alpha}_3,\cdots,\boldsymbol{\alpha}_{n-1}$ 线性表示，从而 $\boldsymbol{\alpha}_n$ 可由 $\boldsymbol{\alpha}_2,\boldsymbol{\alpha}_3,\cdots,\boldsymbol{\alpha}_{n-1}$ 线性表示. 这与后 $n-1$ 个向量线性无关矛盾. 故 $\boldsymbol{\alpha}_n$ 不能由 $\boldsymbol{\alpha}_1,\boldsymbol{\alpha}_2,\cdots,\boldsymbol{\alpha}_{n-1}$ 线性表示.

例 4-4 已知 $\boldsymbol{\alpha}_1 = (1, 4, 3)^{\mathrm{T}}$, $\boldsymbol{\alpha}_2 = (2, t, -1)^{\mathrm{T}}$, $\boldsymbol{\alpha}_3 = (-2, 3, 1)^{\mathrm{T}}$ 线性相关，则 $t =$ $\underline{\quad -3 \quad}$.

分析 3 个 3 维向量线性相关，较简便的方法可用行列式来判定. 由于
$$\begin{vmatrix} 1 & 2 & -2 \\ 4 & t & 3 \\ 3 & -1 & 1 \end{vmatrix} \xlongequal{c_2 + c_3} \begin{vmatrix} 1 & 0 & -2 \\ 4 & t+3 & 3 \\ 3 & 0 & 1 \end{vmatrix} = (t+3)\begin{vmatrix} 1 & -2 \\ 3 & 1 \end{vmatrix} = 7(t+3)$$
可见 $|(\boldsymbol{\alpha}_1,\boldsymbol{\alpha}_2,\boldsymbol{\alpha}_3)| = 0 \Leftrightarrow t = -3$. 更一般地，也可排成矩阵，利用矩阵的秩来判定. 因为
$$\boldsymbol{A} = (\boldsymbol{\alpha}_1,\boldsymbol{\alpha}_2,\boldsymbol{\alpha}_3) = \begin{pmatrix} 1 & 2 & -2 \\ 4 & t & 3 \\ 3 & -1 & 1 \end{pmatrix} \xrightarrow[r_3 - 3r_1]{r_2 - 4r_1} \begin{pmatrix} 1 & 2 & -2 \\ 0 & t-8 & 11 \\ 0 & -7 & 7 \end{pmatrix} \xrightarrow[r_2 \leftrightarrow r_3]{r_3 \times \left(-\frac{1}{7}\right) \atop r_2 - (t-8) r_3} \begin{pmatrix} 1 & 2 & -2 \\ 0 & 1 & -1 \\ 0 & 0 & t+3 \end{pmatrix}$$

所以当 $R(\boldsymbol{A})=2$，即 $t=-3$ 时，$\boldsymbol{\alpha}_1,\boldsymbol{\alpha}_2,\boldsymbol{\alpha}_3$ 线性相关.

例 4－5　已知向量组 $\boldsymbol{\alpha}_1,\boldsymbol{\alpha}_2,\cdots,\boldsymbol{\alpha}_m$ 线性无关，令

$$\boldsymbol{\beta}_1=\boldsymbol{\alpha}_1+\boldsymbol{\alpha}_2,\quad \boldsymbol{\beta}_2=\boldsymbol{\alpha}_2+\boldsymbol{\alpha}_3,\cdots,\boldsymbol{\beta}_{m-1}=\boldsymbol{\alpha}_{m-1}+\boldsymbol{\alpha}_m,\boldsymbol{\beta}_m=\boldsymbol{\alpha}_m+\boldsymbol{\alpha}_1$$

讨论向量组 $\boldsymbol{\beta}_1,\boldsymbol{\beta}_2,\cdots,\boldsymbol{\beta}_m$ 的线性相关性.

解　设有一组数 $k_1,k_2,\cdots,k_m$，使得

$$k_1\boldsymbol{\beta}_1+k_2\boldsymbol{\beta}_2+\cdots+k_m\boldsymbol{\beta}_m=\boldsymbol{0}$$

即

$$k_1(\boldsymbol{\alpha}_1+\boldsymbol{\alpha}_2)+k_2(\boldsymbol{\alpha}_2+\boldsymbol{\alpha}_3)+\cdots+k_{m-1}(\boldsymbol{\alpha}_{m-1}+\boldsymbol{\alpha}_m)+k_m(\boldsymbol{\alpha}_m+\boldsymbol{\alpha}_1)=\boldsymbol{0}$$

整理得

$$(k_1+k_m)\boldsymbol{\alpha}_1+(k_1+k_2)\boldsymbol{\alpha}_2+\cdots+(k_{m-1}+k_m)\boldsymbol{\alpha}_m=\boldsymbol{0}$$

由 $\boldsymbol{\alpha}_1,\boldsymbol{\alpha}_2,\cdots,\boldsymbol{\alpha}_m$ 线性无关，得

$$k_1+k_m=0,\ k_1+k_2=0,\ \cdots,\ k_{m-1}+k_m=0$$

该方程组的系数行列式为

$$D_m=\begin{vmatrix}1 & & & & 1\\ 1 & 1 & & & \\ & 1 & 1 & & \\ & & \ddots & \ddots & \\ & & & 1 & 1\end{vmatrix}=1+(-1)^{m+1}=\begin{cases}0, & m\text{ 为偶数}\\ 2, & m\text{ 为奇数}\end{cases}$$

于是当 m 为偶数时，$D_m=0$，齐次方程组有非零解，故 $\boldsymbol{\beta}_1,\boldsymbol{\beta}_2,\cdots,\boldsymbol{\beta}_m$ 线性相关；当 m 为奇数时，$D_m\neq 0$，齐次方程组只有零解 $k_1=k_2=\cdots=k_m=0$，故 $\boldsymbol{\beta}_1,\boldsymbol{\beta}_2,\cdots,\boldsymbol{\beta}_m$ 线性无关.

例 4－6　设 $\boldsymbol{A}$ 是 $n\times m$ 矩阵，$\boldsymbol{B}$ 是 $m\times n$ 矩阵，其中 $n<m$，$\boldsymbol{E}$ 是 n 阶单位矩阵. 若 $\boldsymbol{AB}=\boldsymbol{E}$，证明 $\boldsymbol{B}$ 的列向量组线性无关.

分析　为证 $\boldsymbol{B}$ 的列向量组线性无关，只要证明 $R(\boldsymbol{B})=n$ 即可. 或设出 $\boldsymbol{B}$ 的列向量组，利用线性无关的定义来证明.

证　**法 1**　由于 $\boldsymbol{B}$ 是 $m\times n$ 矩阵，所以 $R(\boldsymbol{B})\leqslant n$. 又由于

$$n=R(\boldsymbol{E})=R(\boldsymbol{AB})\leqslant R(\boldsymbol{B})$$

从而 $R(\boldsymbol{B})=n$. 故 $\boldsymbol{B}$ 的列向量组线性无关.

法 2　设 $\boldsymbol{B}=(\boldsymbol{\beta}_1,\boldsymbol{\beta}_2,\cdots,\boldsymbol{\beta}_n)$，其中 $\boldsymbol{\beta}_i(i=1,2,\cdots,n)$ 是 $\boldsymbol{B}$ 的列向量. 又设一组数 $k_1,k_2,\cdots,k_n$ 使得

$$k_1\boldsymbol{\beta}_1+k_2\boldsymbol{\beta}_2+\cdots+k_n\boldsymbol{\beta}_n=\boldsymbol{0},\quad\text{即}\quad(\boldsymbol{\beta}_1,\boldsymbol{\beta}_2,\cdots,\boldsymbol{\beta}_n)\begin{pmatrix}k_1\\k_2\\\vdots\\k_n\end{pmatrix}=\boldsymbol{0}$$

两边左乘 $\boldsymbol{A}$，并利用 $\boldsymbol{AB}=\boldsymbol{E}$ 得

$$\boldsymbol{E}\begin{pmatrix}k_1\\k_2\\\vdots\\k_n\end{pmatrix}=\boldsymbol{0}$$

即有 $k_1=k_2=\cdots=k_n=0$. 故 $\boldsymbol{\beta}_1,\boldsymbol{\beta}_2,\cdots,\boldsymbol{\beta}_n$ 线性无关.

例 4-7 设 $\boldsymbol{A}$ 是 n 阶方阵,若存在正整数 m,使线性方程组 $\boldsymbol{A}^m\boldsymbol{x}=\boldsymbol{0}$ 有解向量 $\boldsymbol{\alpha}$,且 $\boldsymbol{A}^{m-1}\boldsymbol{\alpha}\neq\boldsymbol{0}$. 证明:向量组 $\boldsymbol{\alpha},\boldsymbol{A\alpha},\cdots,\boldsymbol{A}^{m-1}\boldsymbol{\alpha}$ 是线性无关的.

证 设有一组数 $k_1,k_2,\cdots,k_m$,使得

$$k_1\boldsymbol{\alpha}+k_2\boldsymbol{A\alpha}+\cdots+k_m\boldsymbol{A}^{m-1}\boldsymbol{\alpha}=\boldsymbol{0}$$

两端左乘 $\boldsymbol{A}^{m-1}$,得

$$k_1\boldsymbol{A}^{m-1}\boldsymbol{\alpha}+k_2\boldsymbol{A}^m\boldsymbol{\alpha}+\cdots+k_m\boldsymbol{A}^{2m-2}\boldsymbol{\alpha}=\boldsymbol{0}$$

由于 $\boldsymbol{A}^m\boldsymbol{\alpha}=\boldsymbol{0}$,从而 $\boldsymbol{A}^{m+l}\boldsymbol{\alpha}=\boldsymbol{0}(l=1,2,\cdots,m-2)$,由上式得 $k_1\boldsymbol{A}^{m-1}\boldsymbol{\alpha}=\boldsymbol{0}$,但 $\boldsymbol{A}^{m-1}\boldsymbol{\alpha}\neq\boldsymbol{0}$,所以 $k_1=0$. 类似可证得 $k_2=k_3=\cdots=k_m=0$,因此向量组 $\boldsymbol{\alpha},\boldsymbol{A\alpha},\cdots,\boldsymbol{A}^{m-1}\boldsymbol{\alpha}$ 线性无关.

例 4-8 求向量组

$$\boldsymbol{\alpha}_1=\begin{pmatrix}1\\1\\c\end{pmatrix},\boldsymbol{\alpha}_2=\begin{pmatrix}b\\2b\\1\end{pmatrix},\boldsymbol{\alpha}_3=\begin{pmatrix}1\\1\\1\end{pmatrix},\boldsymbol{\alpha}_4=\begin{pmatrix}3\\4\\4\end{pmatrix}$$

的秩和一个最大无关组.

解 $\boldsymbol{A}=(\boldsymbol{\alpha}_1,\boldsymbol{\alpha}_2,\boldsymbol{\alpha}_3,\boldsymbol{\alpha}_4)=\begin{pmatrix}1&b&1&3\\1&2b&1&4\\c&1&1&4\end{pmatrix}\xrightarrow{\text{初等行变换}}\begin{pmatrix}1&0&1&2\\0&1&1-c&4-2c\\0&0&-b(1-c)&1-b(4-2c)\end{pmatrix}$

(1) 当 $b\neq0$ 且 $c\neq1$ 时,$\mathrm{R}(\boldsymbol{A})=3$,故向量组的秩为 3,且 $\boldsymbol{\alpha}_1,\boldsymbol{\alpha}_2,\boldsymbol{\alpha}_3$ 是一个最大无关组;

(2) 当 $b=0$ 时,$\mathrm{R}(\boldsymbol{A})=3$,故向量组的秩为 3,且 $\boldsymbol{\alpha}_1,\boldsymbol{\alpha}_2,\boldsymbol{\alpha}_4$ 是一个最大无关组;

(3) 当 $c=1$ 时,若 $b=\dfrac{1}{2}$,则 $\mathrm{R}(\boldsymbol{A})=2$,此时向量组的秩为 2,且 $\boldsymbol{\alpha}_1,\boldsymbol{\alpha}_2$ 是一个最大无关组;若 $b\neq\dfrac{1}{2}$,则 $\mathrm{R}(\boldsymbol{A})=3$,此时向量组的秩为 3,且 $\boldsymbol{\alpha}_1,\boldsymbol{\alpha}_2,\boldsymbol{\alpha}_4$ 是一个最大无关组.

例 4-9 已知向量组(Ⅰ):$\boldsymbol{\alpha}_1,\boldsymbol{\alpha}_2,\boldsymbol{\alpha}_3$ 的秩为 3,向量组(Ⅱ):$\boldsymbol{\alpha}_1,\boldsymbol{\alpha}_2,\boldsymbol{\alpha}_3,\boldsymbol{\alpha}_4$ 的秩为 3,向量组(Ⅲ):$\boldsymbol{\alpha}_1,\boldsymbol{\alpha}_2,\boldsymbol{\alpha}_3,\boldsymbol{\alpha}_5$ 的秩为 4. 证明向量组 $\boldsymbol{\alpha}_1,\boldsymbol{\alpha}_2,\boldsymbol{\alpha}_3,\boldsymbol{\alpha}_5-\boldsymbol{\alpha}_4$ 的秩为 4.

分析 只要证明向量组 $\boldsymbol{\alpha}_1,\boldsymbol{\alpha}_2,\boldsymbol{\alpha}_3,\boldsymbol{\alpha}_5-\boldsymbol{\alpha}_4$ 线性无关.

证 由于向量组(Ⅰ)线性无关,向量组(Ⅱ)线性相关,从而 $\boldsymbol{\alpha}_4$ 可由 $\boldsymbol{\alpha}_1,\boldsymbol{\alpha}_2,\boldsymbol{\alpha}_3$ 线性表出,即 $\boldsymbol{\alpha}_4=l_1\boldsymbol{\alpha}_1+l_2\boldsymbol{\alpha}_2+l_3\boldsymbol{\alpha}_3$. 设有一组数 k_1,k_2,k_3,k_4,使

$$k_1\boldsymbol{\alpha}_1+k_2\boldsymbol{\alpha}_2+k_3\boldsymbol{\alpha}_3+k_4(\boldsymbol{\alpha}_5-\boldsymbol{\alpha}_4)=\boldsymbol{0}$$

将 $\boldsymbol{\alpha}_4=l_1\boldsymbol{\alpha}_1+l_2\boldsymbol{\alpha}_2+l_3\boldsymbol{\alpha}_3$ 代入上式并整理得

$$(k_1-l_1k_4)\boldsymbol{\alpha}_1+(k_2-l_2k_4)\boldsymbol{\alpha}_2+(k_3-l_3k_4)\boldsymbol{\alpha}_3+k_4\boldsymbol{\alpha}_5=\boldsymbol{0}$$

由于 $\boldsymbol{\alpha}_1,\boldsymbol{\alpha}_2,\boldsymbol{\alpha}_3,\boldsymbol{\alpha}_5$ 线性无关,所以

$$k_1-l_1k_4=0,\ k_2-l_2k_4=0,\ k_3-l_3k_4=0,\quad k_4=0$$

由此得 $k_1=k_2=k_3=k_4=0$. 故 $\boldsymbol{\alpha}_1,\boldsymbol{\alpha}_2,\boldsymbol{\alpha}_3,\boldsymbol{\alpha}_5-\boldsymbol{\alpha}_4$ 线性无关,即它的秩为 4.

例 4-10 下列集合是否构成向量空间?为什么?若是向量空间,试求它的维数和基:

(1) $V_1=\{(x_1,x_2,\cdots,x_n)\mid x_1+x_2+x_3=0,x_i\in\mathbf{R}\}$;

(2) $V_2=\{(x_1,x_2,\cdots,x_n)\mid x_1+x_2+x_3=-1,x_i\in\mathbf{R}\}$.

分析 为证明集合 V 是向量空间,先指出它非空,然后验证它对向量的加法和数乘运算封闭. 求向量空间 V 的基时,先通过观察找出 V 中的一组向量,然后证明它们线性无关,最后证

明 V 中任一向量可由它们线性表示，则这组向量即为 V 的一个基.

解　(1) V_1 是向量空间. 由 $(0,0,\cdots,0)\in V_1$ 知 V_1 非空. 设 $\boldsymbol{\alpha}=(x_1,x_2,\cdots,x_n)$，$\boldsymbol{\beta}=(y_1,y_2,\cdots,y_n)\in V_1$，则有

$$x_1+x_2+x_3=0,\quad y_1+y_2+y_3=0$$

而向量 $\boldsymbol{\alpha}+\boldsymbol{\beta}=(x_1+y_1,x_2+y_2,\cdots,x_n+y_n)$ 满足

$$(x_1+y_1)+(x_2+y_2)+(x_3+y_3)=(x_1+x_2+x_3)+(y_1+y_2+y_3)=0$$

所以 $\boldsymbol{\alpha}+\boldsymbol{\beta}\in V_1$. 又对 $k\in\mathbf{R}$ 有 $k\boldsymbol{\alpha}=(kx_1,kx_2,\cdots,kx_n)$，且

$$kx_1+kx_2+kx_3=k(x_1+x_2+x_3)=0$$

从而 $k\boldsymbol{\alpha}\in V_1$，故 V_1 是向量空间.

取 V_1 中一组向量(不唯一)

$$\boldsymbol{\alpha}_1=(-1,1,0,\cdots,0),\quad \boldsymbol{\alpha}_2=(-1,0,1,0,\cdots,0),$$
$$\boldsymbol{\alpha}_3=(0,0,0,1,0,\cdots,0)=\boldsymbol{e}_4,\ \cdots,\ \boldsymbol{\alpha}_{n-1}=(0,\cdots,0,1)=\boldsymbol{e}_n$$

令
$$\boldsymbol{A}=\begin{pmatrix}\boldsymbol{\alpha}_1\\ \boldsymbol{\alpha}_2\\ \boldsymbol{\alpha}_3\\ \vdots\\ \boldsymbol{\alpha}_{n-1}\end{pmatrix}=\begin{pmatrix}-1 & 1 & 0 & 0 & \cdots & 0\\ -1 & 0 & 1 & 0 & \cdots & 0\\ 0 & 0 & 0 & 1 & \cdots & 0\\ \vdots & \vdots & \vdots & \vdots & & \vdots\\ 0 & 0 & 0 & 0 & \cdots & 1\end{pmatrix}$$

则易知 $\mathrm{R}(\boldsymbol{A})=n-1$　($\boldsymbol{A}$ 有不为 0 的 $n-1$ 阶子式)，所以 $\boldsymbol{\alpha}_1,\boldsymbol{\alpha}_2,\cdots,\boldsymbol{\alpha}_{n-1}$ 线性无关. 任取

$$\boldsymbol{\alpha}=(x_1,x_2,\cdots,x_n)\in V_1$$

则有 $x_1+x_2+x_3=0$，以 $\boldsymbol{\alpha}_1,\boldsymbol{\alpha}_2,\cdots,\boldsymbol{\alpha}_{n-1},\boldsymbol{\alpha}$ 为行构成的 n 阶行列式为

$$\begin{vmatrix}-1 & 1 & 0 & 0 & \cdots & 0\\ -1 & 0 & 1 & 0 & \cdots & 0\\ 0 & 0 & 0 & 1 & \cdots & 0\\ \vdots & \vdots & \vdots & \vdots & & \vdots\\ 0 & 0 & 0 & 0 & \cdots & 1\\ x_1 & x_2 & x_3 & x_4 & \cdots & x_n\end{vmatrix}\xlongequal[c_1+c_3]{c_1+c_2}\begin{vmatrix}0 & 1 & 0 & 0 & \cdots & 0\\ 0 & 0 & 1 & 0 & \cdots & 0\\ 0 & 0 & 0 & 1 & \cdots & 0\\ \vdots & \vdots & \vdots & \vdots & & \vdots\\ 0 & 0 & 0 & 0 & \cdots & 1\\ x_1+x_2+x_3 & x_2 & x_3 & x_4 & \cdots & x_n\end{vmatrix}=$$
$$(-1)^{n+1}(x_1+x_2+x_3)=0$$

得 $\boldsymbol{\alpha}_1,\boldsymbol{\alpha}_2,\cdots,\boldsymbol{\alpha}_{n-1},\boldsymbol{\alpha}$ 线性相关，从而 $\boldsymbol{\alpha}$ 可由 $\boldsymbol{\alpha}_1,\boldsymbol{\alpha}_2,\cdots,\boldsymbol{\alpha}_{n-1}$ 线性表示(也可设 $\boldsymbol{\alpha}=k_1\boldsymbol{\alpha}_1+k_2\boldsymbol{\alpha}_2+\cdots+k_{n-1}\boldsymbol{\alpha}_{n-1}$，解得 $k_1=x_2,k_2=x_3,\cdots,k_{n-1}=x_n$，从而 $\boldsymbol{\alpha}$ 可由 $\boldsymbol{\alpha}_1,\boldsymbol{\alpha}_2,\cdots,\boldsymbol{\alpha}_{n-1}$ 线性表示)，故 V_1 是 $n-1$ 维向量空间，且 $\boldsymbol{\alpha}_1,\boldsymbol{\alpha}_2,\cdots,\boldsymbol{\alpha}_{n-1}$ 是 V_1 的一个基.

(2) V_2 不是向量空间. 因为取 $\boldsymbol{\alpha}=(x_1,x_2,\cdots,x_n)\in V_2$，有 $x_1+x_2+x_3=-1$，但 $2x_1+2x_2+2x_3=2(x_1+x_2+x_3)=-2$，所以 $2\boldsymbol{\alpha}=(2x_1,2x_2,\cdots,2x_n)\overline{\in} V_2$，即 V_2 对数乘运算不封闭，从而不是向量空间.

注　求向量空间的基与维数的方法参见第六章之三、1.

例 4－11　设 $\boldsymbol{A}$ 是 $m\times n$ 矩阵，$m<n$，且 $\boldsymbol{A}$ 的行向量线性无关，$\boldsymbol{B}$ 是 $n\times(n-m)$ 矩阵，$\boldsymbol{B}$ 的列向量线性无关，且 $\boldsymbol{AB}=\boldsymbol{O}$. 证明：若 $\boldsymbol{\xi}$ 是齐次方程组 $\boldsymbol{Ax}=\boldsymbol{0}$ 的解，则 $\boldsymbol{Bx}=\boldsymbol{\xi}$ 有唯一解.

分析　由 $\boldsymbol{AB}=\boldsymbol{O}$ 知 $\boldsymbol{B}$ 的列向量是 $\boldsymbol{Ax}=\boldsymbol{0}$ 的解向量. 为证 $\boldsymbol{Bx}=\boldsymbol{\xi}$ 有唯一解，可转化为证明 $\boldsymbol{\xi}$ 可由 $\boldsymbol{B}$ 的列向量唯一地线性表示.

证　由 $\boldsymbol{A}$ 的行向量线性无关和 $\boldsymbol{B}$ 的列向量线性无关知 $\mathrm{R}(\boldsymbol{A})=m$，$\mathrm{R}(\boldsymbol{B})=n-m$. 因为

$AB=O$，所以 $B=(\beta_1,\beta_2,\cdots,\beta_{n-m})$ 的列向量 $\beta_1,\beta_2,\cdots,\beta_{n-m}$ 都是齐次方程组 $Ax=0$ 的解．又因为 $Ax=0$ 的解空间维数是 $n-\mathrm{R}(A)=n-m$，而 $\beta_1,\beta_2,\cdots,\beta_{n-m}$ 是 $Ax=0$ 的 $n-m$ 个线性无关的解向量，从而 $\beta_1,\beta_2,\cdots,\beta_{n-m}$ 是 $Ax=0$ 的一个基础解系．故 $Ax=0$ 的解 ξ 可由它们唯一线性表示，设

$$\xi=c_1\beta_1+c_2\beta_2+\cdots+c_{n-m}\beta_{n-m}=(\beta_1,\beta_2,\cdots,\beta_{n-m})\begin{pmatrix}c_1\\c_2\\\vdots\\c_{n-m}\end{pmatrix}=B\begin{pmatrix}c_1\\c_2\\\vdots\\c_{n-m}\end{pmatrix}$$

即 $Bx=\xi$ 有唯一解 $(c_1,c_2,\cdots,c_{n-m})^{\mathrm{T}}$．

例 4-12 已知齐次线性方程组（Ⅰ）的基础解系为

$$\alpha_1=(1,2,5,7)^{\mathrm{T}},\ \alpha_2=(3,-1,1,7)^{\mathrm{T}},\ \alpha_3=(2,3,4,20)^{\mathrm{T}}$$

齐次线性方程组（Ⅱ）的基础解系为

$$\beta_1=(1,4,7,1)^{\mathrm{T}},\quad \beta_2=(1,-3,-4,2)^{\mathrm{T}}$$

求方程组（Ⅰ）与（Ⅱ）的公共解．

分析 关于公共解，可以有以下几种处理方法：

(1) 如果方程组（Ⅰ）与（Ⅱ）均已知，则可以将它们联立求解；

(2) 如果知道方程组（Ⅰ）与（Ⅱ）的通解，令其相等求得公共解；

(3) 若知道方程组（Ⅰ），又知道方程组（Ⅱ）的通解，将（Ⅱ）的通解代入（Ⅰ）中，确定通解中参数所满足的关系式而求出公共解．

本题即为情形(2)．

解 由于 $k_1\alpha_1+k_2\alpha_2+k_3\alpha_3$ 和 $l_1\beta_1+l_2\beta_2$ 分别是（Ⅰ）与（Ⅱ）的通解．令其相等

$$k_1\alpha_1+k_2\alpha_2+k_3\alpha_3=l_1\beta_1+l_2\beta_2$$

即

$$k_1\alpha_1+k_2\alpha_2+k_3\alpha_3-l_1\beta_1-l_2\beta_2=0$$

于是有

$$\begin{cases}k_1+3k_2+2k_3-l_1-l_2=0\\2k_1-k_2+3k_3-4l_1+3l_2=0\\5k_1+k_2+4k_3-7l_1+4l_2=0\\7k_1+7k_2+20k_3-l_1-2l_2=0\end{cases}$$

可求得其通解为

$$k_1=-\frac{3}{14}t,\quad k_2=\frac{4}{7}t,\quad k_3=0,\quad l_1=\frac{1}{2}t,\quad l_2=t\quad (t\in\mathbf{R})$$

故公共解为

$$\frac{1}{2}t\beta_1+t\beta_2=\frac{t}{2}(3,-2,-1,5)\quad (t\in\mathbf{R})$$

例 4-13 已知 4 阶方阵 $A=(\alpha_1,\alpha_2,\alpha_3,\alpha_4)$，$\alpha_1,\alpha_2,\alpha_3,\alpha_4$ 均为 4 维列向量，其中 $\alpha_2,\alpha_3,\alpha_4$ 线性无关，$\alpha_1=2\alpha_2-\alpha_3$．如果 $\beta=\alpha_1+\alpha_2+\alpha_3+\alpha_4$，求线性方程组 $Ax=\beta$ 的通解．

分析 需根据所给条件确定 A 的秩，求 $Ax=0$ 的基础解系，找出 $Ax=\beta$ 的一个特解，从而得到 $Ax=\beta$ 的通解．

解 由 $\alpha_2,\alpha_3,\alpha_4$ 线性无关和 $\alpha_1=2\alpha_2-\alpha_3+0\alpha_4$ 知，$\mathrm{R}(A)=3$，从而 $Ax=0$ 的基础解系含 $4-\mathrm{R}(A)=4-3=1$ 个解向量．由 $\alpha_1-2\alpha_2+\alpha_3+0\alpha_4=0$ 知 $(1,-2,1,0)^{\mathrm{T}}$ 是 $Ax=0$ 的

非零解,故可作为 $Ax=0$ 的一个基础解系. 又由

$$\beta=\alpha_1+\alpha_2+\alpha_3+\alpha_4=(\alpha_1,\alpha_2,\alpha_3,\alpha_4)\begin{pmatrix}1\\1\\1\\1\end{pmatrix}=A\begin{pmatrix}1\\1\\1\\1\end{pmatrix}$$

知 $(1,1,1,1)^{T}$ 是 $Ax=\beta$ 的一个特解,故 $Ax=\beta$ 的通解为

$$x=(1,1,1,1)^{T}+k(1,-2,1,0)^{T}\quad(k\text{ 为任意常数})$$

例 4-14　设 $A=(\alpha_1,\alpha_2,\alpha_3,\alpha_4)$ 为 4 阶矩阵,A^* 为 A 的伴随矩阵,若 $(1,0,1,0)^{T}$ 是方程组 $Ax=0$ 的基础解系,则 $A^*x=0$ 的基础解系可为(d).

(a) α_2,α_3;　　(b) α_1,α_3;　　(c) $\alpha_1,\alpha_2,\alpha_3$;　　(d) $\alpha_2,\alpha_3,\alpha_4$.

解　首先确定 $A^*x=0$ 的基础解系有几个向量. 由题知 $Ax=0$ 的基础解系有一个向量,即 $n-R(A)=1$,则 $R(A)=3$. 由例 3-2 知 $R(A^*)=1$,因此 $A^*x=0$ 的基础解系有 3 个向量. 由此可排除选项(a) 和(b). 由于 $(1,0,1,0)^{T}$ 是 $Ax=0$ 的解,则有

$$A\begin{pmatrix}1\\0\\1\\0\end{pmatrix}=0,\quad\text{即}\quad(\alpha_1,\alpha_2,\alpha_3,\alpha_4)\begin{pmatrix}1\\0\\1\\0\end{pmatrix}=0$$

故

$$\alpha_1+\alpha_3=0$$

由此知 α_1,α_3 线性相关,所以 $\alpha_1,\alpha_2,\alpha_3$ 线性相关,构不成基础解系,故选(d).

例 4-15　设 $\alpha_1=\begin{pmatrix}a_1\\a_2\\a_3\end{pmatrix},\alpha_2=\begin{pmatrix}b_1\\b_2\\b_3\end{pmatrix},\alpha_3=\begin{pmatrix}c_1\\c_2\\c_3\end{pmatrix}$. 则 3 条直线:

$$\begin{cases}a_1x+b_1y+c_1=0\\a_2x+b_2y+c_2=0\\a_3x+b_3y+c_3=0\end{cases}\quad(\text{其中 } a_i^2+b_i^2\neq 0,i=1,2,3)$$

交于一点的充要条件是(d).

(a) $\alpha_1,\alpha_2,\alpha_3$ 线性相关;　　(b) $\alpha_1,\alpha_2,\alpha_3$ 线性无关;

(c) 秩 $(\alpha_1,\alpha_2,\alpha_3)=$ 秩 (α_1,α_2);　　(d) $\alpha_1,\alpha_2,\alpha_3$ 线性相关,α_1,α_2 线性无关.

分析　3 条直线交于一点相当于线性方程组

$$\begin{cases}a_1x+b_1y=-c_1\\a_2x+b_2y=-c_2\\a_3x+b_3y=-c_3\end{cases}$$

有唯一解,即 $R(A)=R(B)=2$,其中

$$A=\begin{pmatrix}a_1&b_1\\a_2&b_2\\a_3&b_3\end{pmatrix},\qquad B=\begin{pmatrix}a_1&b_1&-c_1\\a_2&b_2&-c_2\\a_3&b_3&-c_3\end{pmatrix}$$

从而 α_1,α_2 线性无关,$\alpha_1,\alpha_2,\alpha_3$ 线性相关, 故选(d). (c) 只保证方程组有解, 但此时可能 $R(A)=1$,即 3 条直线重合,不符合交于一点的条件.

例 4-16 设矩阵 $\begin{pmatrix} a_1 & b_1 & c_1 \\ a_2 & b_2 & c_2 \\ a_3 & b_3 & c_3 \end{pmatrix}$ 是满秩的，则直线 $\dfrac{x-a_3}{a_1-a_2}=\dfrac{y-b_3}{b_1-b_2}=\dfrac{z-c_3}{c_1-c_2}$ 与直线 $\dfrac{x-a_1}{a_2-a_3}=\dfrac{y-b_1}{b_2-b_3}=\dfrac{z-c_1}{c_2-c_3}$ 的位置是__(a)__.

(a) 相交于一点；　(b) 重合；　(c) 平行但不重合；　(d) 异面.

分析　由于

$$\begin{pmatrix} a_1 & b_1 & c_1 \\ a_2 & b_2 & c_2 \\ a_3 & b_3 & c_3 \end{pmatrix} \xrightarrow[r_2-r_3]{r_1-r_2} \begin{pmatrix} a_1-a_2 & b_1-b_2 & c_1-c_2 \\ a_2-a_3 & b_2-b_3 & c_2-c_3 \\ a_3 & b_3 & c_3 \end{pmatrix}$$

根据初等变换不改变矩阵的秩知后一矩阵仍满秩，所以其行向量线性无关，从而两条直线的方向向量

$$\boldsymbol{v}_1=(a_1-a_2,\ b_1-b_2,\ c_1-c_2),\qquad \boldsymbol{v}_2=(a_2-a_3,\ b_2-b_3,\ c_2-c_3)$$

不共线，这就排除了(b) 与(c). 又因这两条直线分别过点 $P_1(a_3,b_3,c_3)$ 和 $P_2(a_1,b_1,c_1)$. 构造向量

$$\overrightarrow{P_1P_2}=(a_1-a_3,\ b_1-b_3,\ c_1-c_3)$$

由于 $\overrightarrow{P_1P_2}=\boldsymbol{v}_1+\boldsymbol{v}_2$（或混合积 $\boldsymbol{v}_1\times\boldsymbol{v}_2\cdot\overrightarrow{P_1P_2}=\begin{vmatrix} a_1-a_2 & b_1-b_2 & c_1-c_2 \\ a_2-a_3 & b_2-b_3 & c_2-c_3 \\ a_1-a_3 & b_1-b_3 & c_1-c_3 \end{vmatrix}=0$），所以三向量 $\overrightarrow{P_1P_2},\boldsymbol{v}_1,\boldsymbol{v}_2$ 共面，即两条直线共面，故它们相交于一点，故选(a).

五、课后习题全解(习题四)

1. 已知向量组

$$A:\ \boldsymbol{a}_1=\begin{pmatrix}0\\1\\2\\3\end{pmatrix},\ \boldsymbol{a}_2=\begin{pmatrix}3\\0\\1\\2\end{pmatrix},\ \boldsymbol{a}_3=\begin{pmatrix}2\\3\\0\\1\end{pmatrix};\qquad B:\ \boldsymbol{b}_1=\begin{pmatrix}2\\1\\1\\2\end{pmatrix},\ \boldsymbol{b}_2=\begin{pmatrix}0\\-2\\1\\1\end{pmatrix},\ \boldsymbol{b}_3=\begin{pmatrix}4\\4\\1\\3\end{pmatrix}$$

证明向量组 B 能由向量组 A 线性表示，但向量组 A 不能由向量组 B 线性表示.

证　为证 B 组能由 A 组线性表示，要证存在数 k_{1j},k_{2j},k_{3j}，使

$$k_{1j}\boldsymbol{a}_1+k_{2j}\boldsymbol{a}_2+k_{3j}\boldsymbol{a}_3=\boldsymbol{b}_j\quad (j=1,2,3)$$

即要证以 $\boldsymbol{A}=(\boldsymbol{a}_1,\boldsymbol{a}_2,\boldsymbol{a}_3)$ 为系数矩阵而右端向量分别为 $\boldsymbol{b}_1,\boldsymbol{b}_2,\boldsymbol{b}_3$ 的线性方程组 $\boldsymbol{Ax}=\boldsymbol{b}_j(j=1,2,3)$ 有解. 因为

$$(\boldsymbol{A},\boldsymbol{b}_1,\boldsymbol{b}_2,\boldsymbol{b}_3)=\left(\begin{array}{ccc:ccc} 0&3&2&2&0&4\\ 1&0&3&1&-2&4\\ 2&1&0&1&1&1\\ 3&2&1&2&1&3 \end{array}\right) \xrightarrow[r_4-3r_2]{r_3-2r_2} \left(\begin{array}{ccc:ccc} 0&3&2&2&0&4\\ 1&0&3&1&-2&4\\ 0&1&-6&-1&5&-7\\ 0&2&-8&-1&7&-9 \end{array}\right) \xrightarrow[r_4-2r_3]{r_1-3r_3}$$

$$\left(\begin{array}{ccc:ccc}0&0&20&5&-15&25\\1&0&3&1&-2&4\\0&1&-6&-1&5&-7\\0&0&4&1&-3&5\end{array}\right)\xrightarrow[\substack{r_2\leftrightarrow r_3\\r_3\leftrightarrow r_4}]{\substack{r_1-5r_4\\r_1\leftrightarrow r_2}}\left(\begin{array}{ccc:ccc}1&0&3&1&-2&4\\0&1&-6&-1&5&-7\\0&0&4&1&-3&5\\0&0&0&0&0&0\end{array}\right)$$

可见 $R(\boldsymbol{A},\boldsymbol{b}_j)=R(\boldsymbol{A})=3$,故 B 组能由 A 组线性表示.

为证 A 组不能由 B 组线性表示,要证对某个 j,不存在数 l_{1j},l_{2j},l_{3j},使得

$$l_{1j}\boldsymbol{b}_1+l_{2j}\boldsymbol{b}_2+l_{3j}\boldsymbol{b}_3=\boldsymbol{a}_j\quad(j=1,2,3)$$

即要证以 $\boldsymbol{B}=(\boldsymbol{b}_1,\boldsymbol{b}_2,\boldsymbol{b}_3)$ 为系数矩阵的线性方程组 $\boldsymbol{Bx}=\boldsymbol{a}_j(j=1,2,3)$ 对某个 j 无解. 因为

$$(\boldsymbol{B},\boldsymbol{a}_1,\boldsymbol{a}_2,\boldsymbol{a}_3)=\left(\begin{array}{ccc:ccc}2&0&4&0&3&2\\1&-2&4&1&0&3\\1&1&1&2&1&0\\2&1&3&3&2&1\end{array}\right)\xrightarrow[r_4-2r_2]{\substack{r_1-2r_2\\r_3-r_2}}\left(\begin{array}{ccc:ccc}0&4&-4&-2&3&-4\\1&-2&4&1&0&3\\0&3&-3&1&1&-3\\0&5&-5&1&2&-5\end{array}\right)\xrightarrow[\substack{r_4-\frac{5}{4}r_1\\r_1\leftrightarrow r_2}]{r_3-\frac{3}{4}r_1}$$

$$\left(\begin{array}{ccc:ccc}1&-2&4&1&0&3\\0&4&-4&-2&3&-4\\0&0&0&\frac{5}{2}&-\frac{5}{4}&0\\0&0&0&\frac{7}{2}&-\frac{7}{4}&0\end{array}\right)$$

可见方程组 $\boldsymbol{Bx}=\boldsymbol{a}_1$ 和 $\boldsymbol{Bx}=\boldsymbol{a}_2$ 无解,故 A 组不能由 B 组线性表示.

2. 已知向量组

$$A:\ \boldsymbol{a}_1=\begin{pmatrix}0\\1\\1\end{pmatrix},\boldsymbol{a}_2=\begin{pmatrix}1\\1\\0\end{pmatrix};\qquad B:\ \boldsymbol{b}_1=\begin{pmatrix}-1\\0\\1\end{pmatrix},\boldsymbol{b}_2=\begin{pmatrix}1\\2\\1\end{pmatrix},\boldsymbol{b}_3=\begin{pmatrix}3\\2\\-1\end{pmatrix}$$

证明向量组 A 与向量组 B 等价.

证　记矩阵 $\boldsymbol{A}=(\boldsymbol{a}_1,\boldsymbol{a}_2)$, $\boldsymbol{B}=(\boldsymbol{b}_1,\boldsymbol{b}_2,\boldsymbol{b}_3)$. 为证 A 组与 B 组等价,只要证明线性方程组 $\boldsymbol{Ax}=\boldsymbol{b}_j(j=1,2,3)$ 有解和 $\boldsymbol{By}=\boldsymbol{a}_i(i=1,2)$ 有解. 因为

$$(\boldsymbol{A},\boldsymbol{B})=\left(\begin{array}{cc:ccc}0&1&-1&1&3\\1&1&0&2&2\\1&0&1&1&-1\end{array}\right)\xrightarrow{\substack{r_2-r_1\\r_2-r_3}}\left(\begin{array}{cc:ccc}0&1&-1&1&3\\0&0&0&0&0\\1&0&1&1&-1\end{array}\right)\xrightarrow[r_1\leftrightarrow r_2]{r_2\leftrightarrow r_3}$$

$$\left(\begin{array}{cc:ccc}1&0&1&1&-1\\0&1&-1&1&3\\0&0&0&0&0\end{array}\right)$$

可见 $R(\boldsymbol{A},\boldsymbol{b}_j)=R(\boldsymbol{A})=2$,即 $\boldsymbol{Ax}=\boldsymbol{b}_j(j=1,2,3)$ 有解. 又有

$$(\boldsymbol{B},\boldsymbol{A})=\left(\begin{array}{ccc:cc}-1&1&3&0&1\\0&2&2&1&1\\1&1&-1&1&0\end{array}\right)\xrightarrow{r_3+r_1}\left(\begin{array}{ccc:cc}-1&1&3&0&1\\0&2&2&1&1\\0&2&2&1&1\end{array}\right)\xrightarrow{r_3-r_2}\left(\begin{array}{ccc:cc}-1&1&3&0&1\\0&2&2&1&1\\0&0&0&0&0\end{array}\right)$$

可见 $R(\boldsymbol{B},\boldsymbol{a}_i)=R(\boldsymbol{B})=2$,即 $\boldsymbol{By}=\boldsymbol{a}_i(i=1,2)$ 有解,故 A 组与 B 组等价.

3. 判定下列向量组是线性相关还是线性无关.

(1) $\begin{pmatrix}-1\\3\\1\end{pmatrix}$，$\begin{pmatrix}2\\1\\0\end{pmatrix}$，$\begin{pmatrix}1\\4\\1\end{pmatrix}$；　　(2) $\begin{pmatrix}2\\3\\0\end{pmatrix}$，$\begin{pmatrix}-1\\4\\0\end{pmatrix}$，$\begin{pmatrix}0\\0\\2\end{pmatrix}$.

解　(1) 构成矩阵并求秩，有

$$\boldsymbol{A}=\begin{pmatrix}-1&2&1\\3&1&4\\1&0&1\end{pmatrix}\xrightarrow[r_2-3r_3]{r_1+r_3}\begin{pmatrix}0&2&2\\0&1&1\\1&0&1\end{pmatrix}\xrightarrow[r_1\leftrightarrow r_3]{r_1-2r_2}\begin{pmatrix}1&0&1\\0&1&1\\0&0&0\end{pmatrix}$$

$R(\boldsymbol{A})=2$，因此该向量组线性相关.（或求得 $|\boldsymbol{A}|=0$，从而$R(\boldsymbol{A})<3$.）

(2) 构成矩阵并求行列式，有

$$|\boldsymbol{B}|=\begin{vmatrix}2&-1&0\\3&4&0\\0&0&2\end{vmatrix}=2\begin{vmatrix}2&-1\\3&4\end{vmatrix}=22$$

$R(\boldsymbol{B})=3$，因此该向量组线性无关.

4. 问 a 取什么值时下列向量组线性相关？

$$\boldsymbol{a}_1=\begin{pmatrix}a\\1\\1\end{pmatrix},\quad \boldsymbol{a}_2=\begin{pmatrix}1\\a\\-1\end{pmatrix},\quad \boldsymbol{a}_3=\begin{pmatrix}1\\-1\\a\end{pmatrix}$$

解　构成矩阵并求秩，有

$$\boldsymbol{A}=\begin{pmatrix}a&1&1\\1&a&-1\\1&-1&a\end{pmatrix}\xrightarrow[r_2-r_3]{r_1-ar_3}\begin{pmatrix}0&a+1&1-a^2\\0&a+1&-a-1\\1&-1&a\end{pmatrix}\xrightarrow[r_1\leftrightarrow r_3]{r_1-r_2}\begin{pmatrix}1&-1&a\\0&a+1&-a-1\\0&0&(2-a)(a+1)\end{pmatrix}$$

当 $a=2$ 时 $R(\boldsymbol{A})=2$；当 $a=-1$ 时 $R(\boldsymbol{A})=1$；其余情形 $R(\boldsymbol{A})=3$. 故当 $a=2$ 或 $a=-1$ 时，向量组线性相关.

5. 设矩阵 $\boldsymbol{A}=\boldsymbol{a}\boldsymbol{a}^{\mathrm{T}}+\boldsymbol{b}\boldsymbol{b}^{\mathrm{T}}$，这里 $\boldsymbol{a},\boldsymbol{b}$ 为 n 维列向量. 证明：

(1) $R(\boldsymbol{A})\leqslant 2$；

(2) 当 $\boldsymbol{a},\boldsymbol{b}$ 线性相关时，$R(\boldsymbol{A})\leqslant 1$.

证　(1) 记 $\boldsymbol{H}=(\boldsymbol{a}\quad\boldsymbol{b})$，则 $\boldsymbol{H}$ 为 $n\times 2$ 矩阵，且

$$\boldsymbol{A}=\boldsymbol{a}\boldsymbol{a}^{\mathrm{T}}+\boldsymbol{b}\boldsymbol{b}^{\mathrm{T}}=(\boldsymbol{a}\quad\boldsymbol{b})\begin{pmatrix}\boldsymbol{a}^{\mathrm{T}}\\\boldsymbol{b}^{\mathrm{T}}\end{pmatrix}=\boldsymbol{H}\boldsymbol{H}^{\mathrm{T}}$$

故

$$R(\boldsymbol{A})=R(\boldsymbol{H}\boldsymbol{H}^{\mathrm{T}})\leqslant R(\boldsymbol{H})\leqslant 2$$

(2) 当 $\boldsymbol{a},\boldsymbol{b}$ 线性相关时，$\boldsymbol{a},\boldsymbol{b}$ 的对应分量成比例，不妨设 $\boldsymbol{b}=k\boldsymbol{a}$. 则有

$$\boldsymbol{A}=\boldsymbol{a}\boldsymbol{a}^{\mathrm{T}}+\boldsymbol{b}\boldsymbol{b}^{\mathrm{T}}=\boldsymbol{a}\boldsymbol{a}^{\mathrm{T}}+k^2\boldsymbol{a}\boldsymbol{a}^{\mathrm{T}}=(1+k^2)\boldsymbol{a}\boldsymbol{a}^{\mathrm{T}}$$

所以

$$R(\boldsymbol{A})=R[(1+k^2)\boldsymbol{a}\boldsymbol{a}^{\mathrm{T}}]\leqslant R(\boldsymbol{a})\leqslant 1$$

6. 设 $\boldsymbol{a}_1,\boldsymbol{a}_2$ 线性无关，$\boldsymbol{a}_1+\boldsymbol{b}$，$\boldsymbol{a}_2+\boldsymbol{b}$ 线性相关，求向量 $\boldsymbol{b}$ 用 $\boldsymbol{a}_1,\boldsymbol{a}_2$ 线性表示的表示式.

解　因为 $\boldsymbol{a}_1+\boldsymbol{b}$，$\boldsymbol{a}_2+\boldsymbol{b}$ 线性相关，所以存在不全为零的数 k_1,k_2，使得

$$k_1(\boldsymbol{a}_1+\boldsymbol{b})+k_2(\boldsymbol{a}_2+\boldsymbol{b})=\boldsymbol{0}$$

整理得

$$k_1\boldsymbol{a}_1+k_2\boldsymbol{a}_2+(k_1+k_2)\boldsymbol{b}=\boldsymbol{0}$$

由 $\boldsymbol{a}_1,\boldsymbol{a}_2$ 线性无关知 $k_1+k_2\neq 0$（否则，若 $k_1+k_2=0$，由上式得 $k_1\boldsymbol{a}_1+k_2\boldsymbol{a}_2=\boldsymbol{0}$，从而$k_1=k_2=0$，

矛盾.）于是

$$b=-\frac{k_1}{k_1+k_2}a_1-\frac{k_2}{k_1+k_2}a_2$$

7. 设 a_1,a_2 线性相关，b_1,b_2 也线性相关，问 a_1+b_1,a_2+b_2 是否一定线性相关？试举例说明之.

解　取 $a_1=\begin{pmatrix}1\\0\end{pmatrix}$，$a_2=\begin{pmatrix}0\\0\end{pmatrix}$；$b_1=\begin{pmatrix}0\\0\end{pmatrix}$，$b_2=\begin{pmatrix}0\\1\end{pmatrix}$，则 a_1,a_2 线性相关，b_1,b_2 也线性相关；但 $a_1+b_1=\begin{pmatrix}1\\0\end{pmatrix}$，$a_2+b_2=\begin{pmatrix}0\\1\end{pmatrix}$ 线性无关. 可见 a_1+b_1，a_2+b_2 不一定线性相关.

8. 举例说明下列各命题是错误的.

（1）若向量组 $a_1,a_2,\cdots,a_m$ 是线性相关的，则 a_1 可由 $a_2,\cdots,a_m$ 线性表示.

（2）若有不全为 0 的数 $\lambda_1,\lambda_2,\cdots,\lambda_m$，使

$$\lambda_1a_1+\cdots+\lambda_ma_m+\lambda_1b_1+\cdots+\lambda_mb_m=\mathbf{0}$$

成立，则 $a_1,\cdots,a_m$ 线性相关，$b_1,\cdots,b_m$ 亦线性相关.

（3）若只有当 $\lambda_1,\cdots,\lambda_m$ 全为 0 时，等式

$$\lambda_1a_1+\cdots+\lambda_ma_m+\lambda_1b_1+\cdots+\lambda_mb_m=\mathbf{0}$$

才能成立，则 $a_1,\cdots,a_m$ 线性无关，$b_1,\cdots,b_m$ 亦线性无关.

（4）若 $a_1,\cdots,a_m$ 线性相关，$b_1,\cdots,b_m$ 亦线性相关，则有不全为 0 的数 $\lambda_1,\cdots,\lambda_m$，使

$$\lambda_1a_1+\cdots+\lambda_ma_m=\mathbf{0},\quad \lambda_1b_1+\cdots+\lambda_mb_m=\mathbf{0}$$

同时成立.

解　（1）取 $a_1\neq\mathbf{0},a_2=\cdots=a_m=\mathbf{0}$，则 a_1 不能由 $a_2,\cdots,a_m$ 线性表示，否则有 $a_1=\mathbf{0}$，矛盾.

（2）取 $a_1,\cdots,a_m$ 线性无关，又取 $b_i=-a_i(i=1,2,\cdots,m)$，则 $b_1,\cdots,b_m$ 也线性无关. 但对任意一组不全为 0 的数 $\lambda_1,\cdots,\lambda_m$，都有

$$\lambda_1a_1+\cdots+\lambda_ma_m+\lambda_1b_1+\cdots+\lambda_mb_m=\mathbf{0}$$

（3）取 $a_1,\cdots,a_m$ 线性无关，$b_1=\cdots=b_m=\mathbf{0}$，则 $b_1,\cdots,b_m$ 线性相关. 但只有当 $\lambda_1,\cdots,\lambda_m$ 全为 0 时，等式

$$\lambda_1a_1+\cdots+\lambda_ma_m+\lambda_1b_1+\cdots+\lambda_mb_m=\mathbf{0}$$

才成立.

（4）取 $a_1\neq\mathbf{0},a_2=\mathbf{0}$，又取 $b_1=\mathbf{0},b_2\neq\mathbf{0}$，则这两组向量都线性相关. 但使得 $\lambda_1a_1+\lambda_2a_2=\mathbf{0}$ 成立必须 $\lambda_1=0$，而使得 $\lambda_1b_1+\lambda_2b_2=\mathbf{0}$ 成立必须 $\lambda_2=0$，故不能找到不全为 0 的数 λ_1,λ_2，使上两式同时成立.

9. 设 $b_1=a_1+a_2,b_2=a_2+a_3,b_3=a_3+a_4,b_4=a_4+a_1$，证明向量组 b_1,b_2,b_3,b_4 线性相关.

证　**法 1**　因为 $b_1-b_2+b_3-b_4=\mathbf{0}$，所以 b_1,b_2,b_3,b_4 线性相关.

法 2　设 $\lambda_1b_1+\lambda_2b_2+\lambda_3b_3+\lambda_4b_4=\mathbf{0}$，即有

$$(\lambda_1+\lambda_4)a_1+(\lambda_1+\lambda_2)a_2+(\lambda_2+\lambda_3)a_3+(\lambda_3+\lambda_4)a_4=\mathbf{0}$$

令 $\begin{cases}\lambda_1+\lambda_4=0\\\lambda_1+\lambda_2=0\\\lambda_2+\lambda_3=0\\\lambda_3+\lambda_4=0\end{cases}$，由于系数行列式 $\begin{vmatrix}1&0&0&1\\1&1&0&0\\0&1&1&0\\0&0&1&1\end{vmatrix}=0$，故该方程组有非零解，从而 b_1,b_2,b_3,b_4

线性相关.

10. 设 $b_1=a_1, b_2=a_1+a_2, \cdots, b_r=a_1+a_2+\cdots+a_r$，且向量组 $a_1, a_2, \cdots, a_r$ 线性无关，证明向量组 $b_1, b_2, \cdots, b_r$ 线性无关.

证 设 $\lambda_1 b_1+\lambda_2 b_2+\cdots+\lambda_r b_r=\mathbf{0}$，即有

$$(\lambda_1+\lambda_2+\cdots+\lambda_r)a_1+(\lambda_2+\cdots+\lambda_r)a_2+\cdots+\lambda_r a_r=\mathbf{0}$$

由于 $a_1, a_2, \cdots, a_r$ 线性无关，所以上式成立必须其系数为零，即

$$\begin{cases}\lambda_1+\lambda_2+\cdots+\lambda_r=0\\ \quad\lambda_2+\cdots+\lambda_r=0\\ \quad\quad\cdots\cdots\\ \quad\quad\quad\lambda_r=0\end{cases}$$

该方程组的系数行列式为1，故只有零解 $\lambda_1=\lambda_2=\cdots=\lambda_r=0$，从而 $b_1, b_2, \cdots, b_r$ 线性无关.

11. 设向量组 a_1, a_2, a_3 线性无关，判断向量组 b_1, b_2, b_3 的线性相关性.

(1) $b_1=a_1+a_2, b_2=2a_2+3a_3, b_3=5a_1+3a_2$；

(2) $b_1=a_1+2a_2+3a_3, b_2=2a_1+2a_2+4a_3, b_3=3a_1+a_2+3a_3$；

(3) $b_1=a_1-a_2, b_2=2a_2+a_3, b_3=a_1+a_2+a_3$.

解 (1) 设 $\lambda_1 b_1+\lambda_2 b_2+\lambda_3 b_3=\mathbf{0}$. 代入即有

$$(\lambda_1+5\lambda_3)a_1+(\lambda_1+2\lambda_2)a_2+(3\lambda_2+3\lambda_3)a_3=\mathbf{0}$$

由 a_1, a_2, a_3 的线性无关性，有

$$\begin{cases}\lambda_1 \quad\quad +5\lambda_3=0\\ \lambda_1+2\lambda_2 \quad\quad =0,\\ \quad 3\lambda_2+3\lambda_3=0\end{cases}\quad \text{系数行列式}\quad \begin{vmatrix}1 & 0 & 5\\ 1 & 2 & 0\\ 0 & 3 & 3\end{vmatrix}=21\neq 0$$

故方程组只有零解. 即 $\lambda_1, \lambda_2, \lambda_3$ 只能为零. 所以 b_1, b_2, b_3 线性无关.

(2) 设 $\lambda_1 b_1+\lambda_2 b_2+\lambda_3 b_3=\mathbf{0}$，代入即有

$$(\lambda_1+2\lambda_2+3\lambda_3)a_1+(2\lambda_1+2\lambda_2+\lambda_3)a_2+(3\lambda_1+4\lambda_2+3\lambda_3)a_3=\mathbf{0}$$

由 a_1, a_2, a_3 的线性无关性，有

$$\begin{cases}\lambda_1+2\lambda_2+3\lambda_3=0\\ 2\lambda_1+2\lambda_2+\lambda_3=0,\\ 3\lambda_1+4\lambda_2+3\lambda_3=0\end{cases}\quad \text{系数行列式}\quad \begin{vmatrix}1 & 2 & 3\\ 2 & 2 & 1\\ 3 & 4 & 3\end{vmatrix}=2\neq 0$$

故方程组只有零解，即 $\lambda_1, \lambda_2, \lambda_3$ 只能为零.

(3) **法一** 通过观察可得 $b_1+b_2-b_3=\mathbf{0}$，则 b_1, b_2, b_3 线性相关.

法二 设 $\lambda_1 b_1+\lambda_2 b_2+\lambda_3 b_3=\mathbf{0}$，代入即有

$$(\lambda_1+\lambda_3)a_1+(-\lambda_1+2\lambda_2+\lambda_3)a_2+(\lambda_2+\lambda_3)a_3=\mathbf{0}$$

由 a_1, a_2, a_3 的线性无关性，有

$$\begin{cases}\lambda_1 \quad\quad +\lambda_3=0\\ -\lambda_1+2\lambda_2+\lambda_3=0,\\ \quad\quad \lambda_2+\lambda_3=0\end{cases}\quad \text{系数行列式}\quad \begin{vmatrix}1 & 0 & 1\\ -1 & 2 & 1\\ 0 & 1 & 1\end{vmatrix}=0$$

故方程组有非零解，b_1, b_2, b_3 线性相关.

12. 设向量组 $B: b_1, \cdots, b_r$ 能由向量组 $A: a_1, \cdots, a_s$ 线性表示为

$$(\boldsymbol{b}_1,\cdots,\boldsymbol{b}_r)=(\boldsymbol{a}_1,\cdots,\boldsymbol{a}_s)\boldsymbol{K}$$

其中$\boldsymbol{K}$为$s\times r$矩阵，且A组线性无关. 证明向量组B线性无关的充分必要条件是矩阵$\boldsymbol{K}$的秩$\mathrm{R}(\boldsymbol{K})=r$.

证　必要性. 已知B组线性无关，则$\mathrm{R}(\boldsymbol{b}_1,\cdots,\boldsymbol{b}_r)=r$，于是有

$$r=\mathrm{R}(\boldsymbol{b}_1,\cdots,\boldsymbol{b}_r)=\mathrm{R}((\boldsymbol{a}_1,\cdots,\boldsymbol{a}_s)\boldsymbol{K})\leqslant \mathrm{R}(\boldsymbol{K})$$

但$\boldsymbol{K}$为$s\times r$矩阵，即有$\mathrm{R}(\boldsymbol{K})\leqslant r$，故$\mathrm{R}(\boldsymbol{K})=r$.

充分性. 已知$\mathrm{R}(\boldsymbol{K})=r$. 设有一组数$\lambda_1,\lambda_2,\cdots,\lambda_r$，使得

$$\boldsymbol{0}=\lambda_1\boldsymbol{b}_1+\cdots+\lambda_r\boldsymbol{b}_r=(\boldsymbol{b}_1,\ \cdots,\ \boldsymbol{b}_r)\begin{pmatrix}\lambda_1\\ \vdots\\ \lambda_r\end{pmatrix}=(\boldsymbol{a}_1,\ \cdots,\ \boldsymbol{a}_s)\boldsymbol{K}\begin{pmatrix}\lambda_1\\ \vdots\\ \lambda_r\end{pmatrix}$$

由于A组线性无关，所以上式成立只有

$$\boldsymbol{K}\begin{pmatrix}\lambda_1\\ \vdots\\ \lambda_r\end{pmatrix}=\boldsymbol{0}$$

但$\mathrm{R}(\boldsymbol{K})=r$，所以上述齐次线性方程组只有零解，即$\lambda_1=\cdots=\lambda_r=0$，故$B$组线性无关.

13. 求下列向量组的秩，并求一个最大无关组.

(1) $\boldsymbol{a}_1=\begin{pmatrix}1\\2\\-1\\4\end{pmatrix}$，　$\boldsymbol{a}_2=\begin{pmatrix}9\\100\\10\\4\end{pmatrix}$，　$\boldsymbol{a}_3=\begin{pmatrix}-2\\-4\\2\\-8\end{pmatrix}$；

(2) $\boldsymbol{a}_1^{\mathrm{T}}=(1,\ 2,\ 1,\ 3)$，$\boldsymbol{a}_2^{\mathrm{T}}=(4,\ -1,\ -5,\ -6)$，$\boldsymbol{a}_3^{\mathrm{T}}=(1,\ -3,\ -4,\ -7)$.

解　(1) $\boldsymbol{A}=(\boldsymbol{a}_1,\ \boldsymbol{a}_2,\ \boldsymbol{a}_3)=\begin{pmatrix}1&9&-2\\2&100&-4\\-1&10&2\\4&4&-8\end{pmatrix}\xrightarrow[\substack{r_3+r_1\\ r_4-4r_1\\ r_3\times\frac{1}{19}}]{r_2-2r_1}$

$$\begin{pmatrix}1&9&-2\\0&82&0\\0&1&0\\0&-32&0\end{pmatrix}\xrightarrow[r_2\leftrightarrow r_3]{\substack{r_2-82r_3\\ r_4+32r_3}}\begin{pmatrix}1&9&-2\\0&1&0\\0&0&0\\0&0&0\end{pmatrix}=\boldsymbol{B}$$

可见$\mathrm{R}(\boldsymbol{A})=2$，因此向量组的秩为2；又$\boldsymbol{B}$的第1,2列线性无关，因此$\boldsymbol{a}_1,\boldsymbol{a}_2$是向量组的一个最大无关组.

(2) $\boldsymbol{A}=\begin{pmatrix}\boldsymbol{a}_1^{\mathrm{T}}\\ \boldsymbol{a}_2^{\mathrm{T}}\\ \boldsymbol{a}_3^{\mathrm{T}}\end{pmatrix}=\begin{pmatrix}1&2&1&3\\4&-1&-5&-6\\1&-3&-4&-7\end{pmatrix}\xrightarrow[c_4-3c_1]{\substack{c_2-2c_1\\ c_3-c_1}}\begin{pmatrix}1&0&0&0\\4&-9&-9&-18\\1&-5&-5&-10\end{pmatrix}\xrightarrow[c_4-2c_2]{c_3-c_2}$

$$\begin{pmatrix}1&0&0&0\\4&-9&0&0\\1&-5&0&0\end{pmatrix}=\boldsymbol{B}$$

可见 R($\boldsymbol{A}$)=2,因此向量组的秩为 2;又 $\boldsymbol{B}$ 的第 1,2 行线性无关,故 $\boldsymbol{a}_1^{\mathrm{T}}$,$\boldsymbol{a}_2^{\mathrm{T}}$ 是向量组的一个最大无关组.

14. 利用初等行变换求下列矩阵的列向量组的一个最大无关组,并把其余列向量用最大无关组线性表示:

(1) $\begin{pmatrix} 25 & 31 & 17 & 43 \\ 75 & 94 & 53 & 132 \\ 75 & 94 & 54 & 134 \\ 25 & 32 & 20 & 48 \end{pmatrix}$; (2) $\begin{pmatrix} 1 & 1 & 2 & 2 & 1 \\ 0 & 2 & 1 & 5 & -1 \\ 2 & 0 & 3 & -1 & 3 \\ 1 & 1 & 0 & 4 & -1 \end{pmatrix}$.

解 (1) $$\boldsymbol{A} \xrightarrow[r_4-r_1]{\substack{r_2-3r_1\\ r_3-3r_1}} \begin{pmatrix} 25 & 31 & 17 & 43 \\ 0 & 1 & 2 & 3 \\ 0 & 1 & 3 & 5 \\ 0 & 1 & 3 & 5 \end{pmatrix} \xrightarrow[r_3-r_2]{r_4-r_3} \begin{pmatrix} 25 & 31 & 17 & 43 \\ 0 & 1 & 2 & 3 \\ 0 & 0 & 1 & 2 \\ 0 & 0 & 0 & 0 \end{pmatrix} = \boldsymbol{B}$$

可见 R($\boldsymbol{A}$)=3,从而 $\boldsymbol{A}$ 的列向量组的秩为 3;又 $\boldsymbol{B}$ 的第 1,2,3 列线性无关,从而 $\boldsymbol{A}$ 的第 1,2,3 列,即 $\boldsymbol{a}_1=(25, 75, 75, 25)^{\mathrm{T}}$,$\boldsymbol{a}_2=(31, 94, 94, 32)^{\mathrm{T}}$,$\boldsymbol{a}_3=(17, 53, 54, 20)^{\mathrm{T}}$ 是 $\boldsymbol{A}$ 的列向量组的一个最大无关组.

设 $\boldsymbol{a}_4=(43,132,134,48)^{\mathrm{T}}=k_1\boldsymbol{a}_1+k_2\boldsymbol{a}_2+k_3\boldsymbol{a}_3$,则由以上对矩阵 $\boldsymbol{A}$ 作初等行变换的最后结果 $\boldsymbol{B}$ 得

$$\begin{cases} 25k_1+31k_2+17k_3=43 \\ k_2+2k_3=3 \\ k_3=2 \end{cases}$$

解之得 $k_1=\dfrac{8}{5}$, $k_2=-1$, $k_3=2$. 于是有

$$\boldsymbol{a}_4=\frac{8}{5}\boldsymbol{a}_1-\boldsymbol{a}_2+2\boldsymbol{a}_3$$

(2) $$\boldsymbol{A} \xrightarrow[r_4-r_1]{r_3-2r_1} \begin{pmatrix} 1 & 1 & 2 & 2 & 1 \\ 0 & 2 & 1 & 5 & -1 \\ 0 & -2 & -1 & -5 & 1 \\ 0 & 0 & -2 & 2 & -2 \end{pmatrix} \xrightarrow[r_3\leftrightarrow r_4]{r_3+r_2} \begin{pmatrix} 1 & 1 & 2 & 2 & 1 \\ 0 & 2 & 1 & 5 & -1 \\ 0 & 0 & -2 & 2 & -2 \\ 0 & 0 & 0 & 0 & 0 \end{pmatrix} = \boldsymbol{B}$$

可见 R($\boldsymbol{A}$)=3,又 $\boldsymbol{B}$ 的第 1,2,3 列线性无关,从而 $\boldsymbol{A}$ 的第 1,2,3 列,即 $\boldsymbol{a}_1=(1, 0, 2, 1)^{\mathrm{T}}$,$\boldsymbol{a}_2=(1, 2, 0, 1)^{\mathrm{T}}$,$\boldsymbol{a}_3=(2, 1, 3, 0)^{\mathrm{T}}$ 为 $\boldsymbol{A}$ 的列向量组的一个最大无关组.

设
$$\boldsymbol{a}_4=(2,5,-1,4)^{\mathrm{T}}=k_1\boldsymbol{a}_1+k_2\boldsymbol{a}_2+k_3\boldsymbol{a}_3$$
$$\boldsymbol{a}_5=(1,-1,3,-1)^{\mathrm{T}}=l_1\boldsymbol{a}_1+l_2\boldsymbol{a}_2+l_3\boldsymbol{a}_3$$

则由以上对矩阵 $\boldsymbol{A}$ 作初等行变换的最后结果 $\boldsymbol{B}$ 得

$$\begin{cases} k_1+k_2+2k_3=2 \\ 2k_2+k_3=5, \\ -2k_3=2 \end{cases} \quad \begin{cases} l_1+l_2+2l_3=1 \\ 2l_2+l_3=-1 \\ -2l_3=-2 \end{cases}$$

解之得 $k_1=1$, $k_2=3$, $k_3=-1$; $l_1=0$, $l_2=-1$, $l_3=1$. 于是有

$$\boldsymbol{a}_4=\boldsymbol{a}_1+3\boldsymbol{a}_2-\boldsymbol{a}_3, \quad \boldsymbol{a}_5=-\boldsymbol{a}_2+\boldsymbol{a}_3$$

15. 设向量组

$$\begin{pmatrix}a\\3\\1\end{pmatrix},\quad\begin{pmatrix}2\\b\\3\end{pmatrix},\quad\begin{pmatrix}1\\2\\1\end{pmatrix},\quad\begin{pmatrix}2\\3\\1\end{pmatrix}$$

的秩为 2，求 a,b.

解　构成矩阵并求秩：

$$\boldsymbol{A}=\begin{pmatrix}a&2&1&2\\3&b&2&3\\1&3&1&1\end{pmatrix}\xrightarrow[c_2\leftrightarrow c_4]{c_1\leftrightarrow c_3}\begin{pmatrix}1&2&a&2\\2&3&3&b\\1&1&1&3\end{pmatrix}\xrightarrow[r_3-r_1]{r_2-2r_1}\begin{pmatrix}1&2&a&2\\0&-1&3-2a&b-4\\0&-1&1-a&1\end{pmatrix}\xrightarrow{r_3-r_2}$$

$$\begin{pmatrix}1&2&a&2\\0&-1&3-2a&b-4\\0&0&a-2&5-b\end{pmatrix}$$

可见，当 $a=2$ 且 $b=5$ 时，$\mathrm{R}(\boldsymbol{A})=2$，此时该向量组的秩为 2.

16. 设向量组 $A:\boldsymbol{a}_1,\boldsymbol{a}_2$；向量组 $B:\boldsymbol{a}_1,\boldsymbol{a}_2,\boldsymbol{a}_3$；向量组 $C:\boldsymbol{a}_1,\boldsymbol{a}_2,\boldsymbol{a}_4$ 的秩为 $\mathrm{R}_A=\mathrm{R}_B=2,\mathrm{R}_C=3$，求向量组 $D:\boldsymbol{a}_1,\boldsymbol{a}_2,2\boldsymbol{a}_3-3\boldsymbol{a}_4$ 的秩.

解　由组 A 的秩 $\mathrm{R}_A=2$，知 $\boldsymbol{a}_1,\boldsymbol{a}_2$ 线性无关. 由组 B 的秩 $\mathrm{R}_B=2$，知 $\boldsymbol{a}_1,\boldsymbol{a}_2,\boldsymbol{a}_3$ 线性相关. 可得 $\boldsymbol{a}_3$ 可由 $\boldsymbol{a}_1,\boldsymbol{a}_2$ 线性表示，不妨设 $\boldsymbol{a}_3=l_1\boldsymbol{a}_1+l_2\boldsymbol{a}_2$. 对组 D：设

$$\lambda_1\boldsymbol{a}_1+\lambda_2\boldsymbol{a}_2+\lambda_3(2\boldsymbol{a}_3-3\boldsymbol{a}_4)=\boldsymbol{0}$$

将 $\boldsymbol{a}_3$ 代入　$$\lambda_1\boldsymbol{a}_1+\lambda_2\boldsymbol{a}_2+\lambda_3(2l_1\boldsymbol{a}_1+2l_2\boldsymbol{a}_2-3\boldsymbol{a}_4)=\boldsymbol{0}$$

整理得　$$(\lambda_1+2l_1\lambda_3)\boldsymbol{a}_1+(\lambda_2+2l_2\lambda_3)\boldsymbol{a}_2-3\lambda_3\boldsymbol{a}_4=\boldsymbol{0}\qquad(*)$$

由组 C 的秩 $\mathrm{R}_C=3$，知 $\boldsymbol{a}_1,\boldsymbol{a}_2,\boldsymbol{a}_4$ 线性无关，则式（$*$）成立必须其系数全为零，即

$$\lambda_1+2l_1\lambda_3=0,\quad \lambda_2+2l_2\lambda_3=0,\quad -3\lambda_3=0$$

则 $\lambda_1=\lambda_2=\lambda_3=0$，即 $\boldsymbol{a}_1,\boldsymbol{a}_2,2\boldsymbol{a}_3-3\boldsymbol{a}_4$ 线性无关，故向量组 D 的秩 $\mathrm{R}_D=3$.

17. 设 $\boldsymbol{a}_1,\boldsymbol{a}_2,\cdots,\boldsymbol{a}_n$ 是一组 n 维向量，证明它们线性无关的充分必要条件是，任一 n 维向量都可由它们线性表示.

证　必要性. 已知 $\boldsymbol{a}_1,\boldsymbol{a}_2,\cdots,\boldsymbol{a}_n$ 线性无关. 设 $\boldsymbol{a}$ 是任一 n 维向量，由于 $n+1$ 个 n 维向量 $\boldsymbol{a}_1,\boldsymbol{a}_2,\cdots,\boldsymbol{a}_n,\boldsymbol{a}$ 线性相关，由定理 5(3) 知，$\boldsymbol{a}$ 可由 $\boldsymbol{a}_1,\boldsymbol{a}_2,\cdots,\boldsymbol{a}_n$ 线性表示.

充分性. 由于任一 n 维向量都可由 $\boldsymbol{a}_1,\boldsymbol{a}_2,\cdots,\boldsymbol{a}_n$ 线性表示，特别地，$\boldsymbol{e}_1,\boldsymbol{e}_2,\cdots,\boldsymbol{e}_n$ 可由 $\boldsymbol{a}_1,\boldsymbol{a}_2,\cdots,\boldsymbol{a}_n$ 线性表示，而 $\boldsymbol{a}_1,\boldsymbol{a}_2,\cdots,\boldsymbol{a}_n$ 都可由 $\boldsymbol{e}_1,\boldsymbol{e}_2,\cdots,\boldsymbol{e}_n$ 线性表示，从而这两个向量组等价. 由于 $\boldsymbol{e}_1,\boldsymbol{e}_2,\cdots,\boldsymbol{e}_n$ 的秩为 n，所以 $\boldsymbol{a}_1,\boldsymbol{a}_2,\cdots,\boldsymbol{a}_n$ 的秩也是 n，故 $\boldsymbol{a}_1,\boldsymbol{a}_2,\cdots,\boldsymbol{a}_n$ 线性无关.

18. 设向量组 $\boldsymbol{a}_1,\boldsymbol{a}_2,\cdots,\boldsymbol{a}_m$ 线性相关，且 $\boldsymbol{a}_1\neq\boldsymbol{0}$，证明存在某个向量 $\boldsymbol{a}_k(2\leqslant k\leqslant m)$，使 $\boldsymbol{a}_k$ 能由 $\boldsymbol{a}_1,\cdots,\boldsymbol{a}_{k-1}$ 线性表示.

证　用反证法. 假设不存在满足题中所要求的向量，即 $\boldsymbol{a}_i(i=2,\cdots,m)$ 不能由 $(\boldsymbol{a}_1,\boldsymbol{a}_2,\cdots,\boldsymbol{a}_{i-1})$ 线性表出. 下面证明 $\boldsymbol{a}_1,\boldsymbol{a}_2,\cdots,\boldsymbol{a}_m$ 线性无关.

设有一组数 $k_1,k_2,\cdots,k_m$，使得

$$k_1\boldsymbol{a}_1+k_2\boldsymbol{a}_2+\cdots+k_m\boldsymbol{a}_m=\boldsymbol{0}$$

若 $k_m\neq0$，则 $\boldsymbol{a}_m=-\dfrac{k_1}{k_m}\boldsymbol{a}_1-\cdots-\dfrac{k_{m-1}}{k_m}\boldsymbol{a}_{m-1}$，这与 $\boldsymbol{a}_m$ 不能由 $\boldsymbol{a}_1,\cdots,\boldsymbol{a}_{m-1}$ 线性表出矛盾，所以 $k_m=0$，于是 $k_1\boldsymbol{a}_1+\cdots+k_{m-1}\boldsymbol{a}_{m-1}=\boldsymbol{0}$. 同理可证 $k_{m-1}=0,\cdots,k_2=0$，因此得 $k_1\boldsymbol{a}_1=\boldsymbol{0}$，而由 $\boldsymbol{a}_1\neq\boldsymbol{0}$ 得 $k_1=0$. 故 $\boldsymbol{a}_1,\boldsymbol{a}_2,\cdots,\boldsymbol{a}_m$ 线性无关，与已知矛盾. 从而假设不成立，即存在某个向量

$\boldsymbol{\alpha}_k(2\leqslant k\leqslant m)$，使 $\boldsymbol{\alpha}_k$ 能由 $\boldsymbol{\alpha}_1,\cdots,\boldsymbol{\alpha}_{k-1}$ 线性表示.

19. 设
$$\begin{cases}\boldsymbol{\beta}_1=\boldsymbol{\alpha}_2+\boldsymbol{\alpha}_3+\cdots+\boldsymbol{\alpha}_n\\ \boldsymbol{\beta}_2=\boldsymbol{\alpha}_1+\boldsymbol{\alpha}_3+\cdots+\boldsymbol{\alpha}_n\\ \quad\cdots\cdots\\ \boldsymbol{\beta}_n=\boldsymbol{\alpha}_1+\boldsymbol{\alpha}_2+\cdots+\boldsymbol{\alpha}_{n-1}\end{cases}$$
证明向量组 $\boldsymbol{\alpha}_1,\boldsymbol{\alpha}_2,\cdots,\boldsymbol{\alpha}_n$ 与向量组 $\boldsymbol{\beta}_1,\boldsymbol{\beta}_2,\cdots,\boldsymbol{\beta}_n$ 等价.

证 **法1** 由于
$$\boldsymbol{\beta}_1+\boldsymbol{\beta}_2+\cdots+\boldsymbol{\beta}_n=(n-1)(\boldsymbol{\alpha}_1+\boldsymbol{\alpha}_2+\cdots+\boldsymbol{\alpha}_n)$$
所以
$$\boldsymbol{\alpha}_1+\boldsymbol{\alpha}_2+\cdots+\boldsymbol{\alpha}_n=\frac{1}{n-1}(\boldsymbol{\beta}_1+\boldsymbol{\beta}_2+\cdots+\boldsymbol{\beta}_n)$$
从而
$$\boldsymbol{\alpha}_i=(\boldsymbol{\alpha}_1+\boldsymbol{\alpha}_2+\cdots+\boldsymbol{\alpha}_n)-\boldsymbol{\beta}_i=\frac{1}{n-1}(\boldsymbol{\beta}_1+\boldsymbol{\beta}_2+\cdots+\boldsymbol{\beta}_n)-\boldsymbol{\beta}_i$$
即 $\boldsymbol{\alpha}_i$ 可由 $\boldsymbol{\beta}_1,\boldsymbol{\beta}_2,\cdots,\boldsymbol{\beta}_n$ 线性表示. 故向量组 $\boldsymbol{\alpha}_1,\boldsymbol{\alpha}_2,\cdots,\boldsymbol{\alpha}_n$ 与 $\boldsymbol{\beta}_1,\boldsymbol{\beta}_2,\cdots,\boldsymbol{\beta}_n$ 等价.

法2 不妨设 $\boldsymbol{\alpha}_i$ 与 $\boldsymbol{\beta}_j$ 均是列向量组，将 $\boldsymbol{\alpha}_1,\boldsymbol{\alpha}_2,\cdots,\boldsymbol{\alpha}_n$ 与 $\boldsymbol{\beta}_1,\boldsymbol{\beta}_2,\cdots,\boldsymbol{\beta}_n$ 依次构成矩阵 $\boldsymbol{A}$ 和 $\boldsymbol{B}$，则有
$$\boldsymbol{B}=\boldsymbol{AK}$$
其中
$$\boldsymbol{K}=\begin{pmatrix}0&1&\cdots&1\\1&0&\cdots&1\\\vdots&\vdots&&\vdots\\1&1&\cdots&0\end{pmatrix}_{n\times n}$$
可求得 $|\boldsymbol{K}|=(-1)^{n-1}(n-1)\neq0$，即 $\boldsymbol{K}$ 可逆，从而 $\boldsymbol{A}=\boldsymbol{BK}^{-1}$，这表明 $\boldsymbol{\alpha}_1,\boldsymbol{\alpha}_2,\cdots,\boldsymbol{\alpha}_n$ 能由 $\boldsymbol{\beta}_1,\boldsymbol{\beta}_2,\cdots,\boldsymbol{\beta}_n$ 线性表示，从而它们等价.

20. 已知3阶矩阵 $\boldsymbol{A}$ 与3维列向量 $\boldsymbol{x}$ 满足 $\boldsymbol{A}^3\boldsymbol{x}=3\boldsymbol{Ax}-\boldsymbol{A}^2\boldsymbol{x}$，且向量组 $\boldsymbol{x}, \boldsymbol{Ax}, \boldsymbol{A}^2\boldsymbol{x}$ 线性无关.

(1) 记 $\boldsymbol{y}=\boldsymbol{Ax}, \boldsymbol{z}=\boldsymbol{Ay}, \boldsymbol{P}=(\boldsymbol{x},\boldsymbol{y},\boldsymbol{z})$，求3阶矩阵 $\boldsymbol{B}$，使 $\boldsymbol{AP}=\boldsymbol{PB}$；

(2) 求 $|\boldsymbol{A}|$.

解 (1) 由于 $\boldsymbol{y}=\boldsymbol{Ax}$， $\boldsymbol{z}=\boldsymbol{Ay}=\boldsymbol{A}^2\boldsymbol{x}$，故
$$\boldsymbol{AP}=\boldsymbol{A}(\boldsymbol{x}, \boldsymbol{Ax}, \boldsymbol{A}^2\boldsymbol{x})=(\boldsymbol{Ax}, \boldsymbol{A}^2\boldsymbol{x}, \boldsymbol{A}^3\boldsymbol{x})=(\boldsymbol{Ax}, \boldsymbol{A}^2\boldsymbol{x}, 3\boldsymbol{Ax}-\boldsymbol{A}^2\boldsymbol{x})=$$
$$(\boldsymbol{x}, \boldsymbol{Ax}, \boldsymbol{A}^2\boldsymbol{x})\begin{pmatrix}0&0&0\\1&0&3\\0&1&-1\end{pmatrix}=\boldsymbol{PB}$$
其中
$$\boldsymbol{B}=\begin{pmatrix}0&0&0\\1&0&3\\0&1&-1\end{pmatrix}$$

(2) 由 $\boldsymbol{x}, \boldsymbol{Ax}, \boldsymbol{A}^2\boldsymbol{x}$ 线性无关知，矩阵 $\boldsymbol{P}$ 可逆，于是
$$|\boldsymbol{A}|=|\boldsymbol{PBP}^{-1}|=|\boldsymbol{P}||\boldsymbol{B}||\boldsymbol{P}^{-1}|=|\boldsymbol{B}|=0$$

21. 求下列齐次线性方程组的基础解系.

(1) $\begin{cases}x_1-8x_2+10x_3+2x_4=0\\2x_1+4x_2+5x_3-x_4=0\\3x_1+8x_2+6x_3-2x_4=0\end{cases}$； (2) $\begin{cases}2x_1-3x_2-2x_3+x_4=0\\3x_1+5x_2+4x_3-2x_4=0\\8x_1+7x_2+6x_3-3x_4=0\end{cases}$；

(3) $nx_1+(n-1)x_2+\cdots+2x_{n-1}+x_n=0$.

解　(1) 对系数矩阵 $\boldsymbol{A}$ 施行初等行变换

$$\boldsymbol{A}=\begin{pmatrix}1&-8&10&2\\2&4&5&-1\\3&8&6&-2\end{pmatrix}\xrightarrow[r_3-3r_1]{r_2-2r_1}\begin{pmatrix}1&-8&10&2\\0&20&-15&-5\\0&32&-24&-8\end{pmatrix}\xrightarrow[\substack{r_3-\frac{8}{5}r_2\\ r_2\times\left(\frac{1}{20}\right)}]{r_1+\frac{2}{5}r_2}\begin{pmatrix}1&0&4&0\\0&1&-\frac{3}{4}&-\frac{1}{4}\\0&0&0&0\end{pmatrix}$$

同解方程组为

$$\begin{cases}x_1=-4x_3\\x_2=\frac{3}{4}x_3+\frac{1}{4}x_4\end{cases}$$

令 $\begin{pmatrix}x_3\\x_4\end{pmatrix}=\begin{pmatrix}1\\0\end{pmatrix}$ 及 $\begin{pmatrix}0\\1\end{pmatrix}$，则对应有 $\begin{pmatrix}x_1\\x_2\end{pmatrix}=\begin{pmatrix}-4\\\frac{3}{4}\end{pmatrix}$ 及 $\begin{pmatrix}0\\\frac{1}{4}\end{pmatrix}$，故基础解系为

$$\boldsymbol{\xi}_1=\begin{pmatrix}-4\\\frac{3}{4}\\1\\0\end{pmatrix},\quad\boldsymbol{\xi}_2=\begin{pmatrix}0\\\frac{1}{4}\\0\\1\end{pmatrix}$$

(2) 对系数矩阵 $\boldsymbol{A}$ 施行初等行变换

$$\boldsymbol{A}=\begin{pmatrix}2&-3&-2&1\\3&5&4&-2\\8&7&6&-3\end{pmatrix}\xrightarrow[r_3-4r_1]{r_2-r_1}\begin{pmatrix}2&-3&-2&1\\1&8&6&-3\\0&19&14&-7\end{pmatrix}\xrightarrow{r_1-2r_2}$$

$$\begin{pmatrix}0&-19&-14&7\\1&8&6&-3\\0&19&14&-7\end{pmatrix}\xrightarrow[r_2+\frac{8}{19}r_1]{r_3+r_1}\begin{pmatrix}0&-19&-14&7\\1&0&\frac{2}{19}&-\frac{1}{19}\\0&0&0&0\end{pmatrix}\xrightarrow[r_1\leftrightarrow r_2]{r_1\times\left(-\frac{1}{19}\right)}$$

$$\begin{pmatrix}1&0&\frac{2}{19}&-\frac{1}{19}\\0&1&\frac{14}{19}&-\frac{7}{19}\\0&0&0&0\end{pmatrix}$$

同解方程组为

$$\begin{cases}x_1=-\frac{2}{19}x_3+\frac{1}{19}x_4\\x_2=-\frac{14}{19}x_3+\frac{7}{19}x_4\end{cases}$$

令 $\begin{pmatrix}x_3\\x_4\end{pmatrix}=\begin{pmatrix}1\\0\end{pmatrix}$ 及 $\begin{pmatrix}0\\1\end{pmatrix}$，则对应有 $\begin{pmatrix}x_1\\x_2\end{pmatrix}=\begin{pmatrix}-\frac{2}{19}\\-\frac{14}{19}\end{pmatrix}$ 及 $\begin{pmatrix}\frac{1}{19}\\\frac{7}{19}\end{pmatrix}$，故基础解系为

$$\boldsymbol{\xi}_1=\begin{pmatrix}-\frac{2}{19}\\-\frac{14}{19}\\1\\0\end{pmatrix},\quad \boldsymbol{\xi}_2=\begin{pmatrix}\frac{1}{19}\\\frac{7}{19}\\0\\1\end{pmatrix}$$

（3）同解方程组为

$$x_n=-nx_1-(n-1)x_2-\cdots-2x_{n-1}$$

令 $\begin{pmatrix}x_1\\x_2\\\vdots\\x_{n-1}\end{pmatrix}=\begin{pmatrix}1\\0\\\vdots\\0\end{pmatrix},\begin{pmatrix}0\\1\\\vdots\\0\end{pmatrix},\cdots,\begin{pmatrix}0\\0\\\vdots\\1\end{pmatrix}$，则对应有

$$x_n=-n,\quad -(n-1),\quad \cdots,\quad -2$$

故得基础解系为

$$\boldsymbol{\xi}_1=\begin{pmatrix}1\\0\\\vdots\\0\\-n\end{pmatrix},\ \boldsymbol{\xi}_2=\begin{pmatrix}0\\1\\\vdots\\0\\-(n-1)\end{pmatrix},\ \cdots,\ \boldsymbol{\xi}_{n-1}=\begin{pmatrix}0\\0\\\vdots\\1\\-2\end{pmatrix}$$

22. 设 $\boldsymbol{A}=\begin{pmatrix}2&-2&1&3\\9&-5&2&8\end{pmatrix}$，求一个 4×2 矩阵 $\boldsymbol{B}$，使 $\boldsymbol{AB}=\boldsymbol{O}$，且 $R(\boldsymbol{B})=2$.

解 因为 $\boldsymbol{A}\xrightarrow{r_2-4r_1}\begin{pmatrix}2&-2&1&3\\1&3&-2&-4\end{pmatrix}\xrightarrow[r_1\leftrightarrow r_2]{r_1-2r_2}\begin{pmatrix}1&3&-2&-4\\0&-8&5&11\end{pmatrix}\xrightarrow[r_2\times\left(-\frac{1}{8}\right)]{r_1+\frac{3}{8}r_2}$

$$\begin{pmatrix}1&0&-\frac{1}{8}&\frac{1}{8}\\0&1&-\frac{5}{8}&-\frac{11}{8}\end{pmatrix}$$

同解方程组为
$$\begin{cases}x_1=\frac{1}{8}x_3-\frac{1}{8}x_4\\x_2=\frac{5}{8}x_3+\frac{11}{8}x_4\end{cases}$$

令 $\begin{pmatrix}x_3\\x_4\end{pmatrix}=\begin{pmatrix}8\\0\end{pmatrix}$ 及 $\begin{pmatrix}0\\8\end{pmatrix}$，则对应有 $\begin{pmatrix}x_1\\x_2\end{pmatrix}=\begin{pmatrix}1\\5\end{pmatrix}$ 及 $\begin{pmatrix}-1\\11\end{pmatrix}$，故 $\boldsymbol{Ax}=\boldsymbol{0}$ 的基础解系为

$$\boldsymbol{\xi}_1=(1,5,8,0)^{\mathrm{T}},\quad \boldsymbol{\xi}_2=(-1,11,0,8)^{\mathrm{T}}$$

令 $\boldsymbol{B}=\begin{pmatrix}1&-1\\5&11\\8&0\\0&8\end{pmatrix}$，则有 $\boldsymbol{AB}=\boldsymbol{O}$，且 $R(\boldsymbol{B})=2$.

23. 求一个齐次线性方程组，使它的基础解系为

$$\boldsymbol{\xi}_1=(0,1,2,3)^{\mathrm{T}},\quad \boldsymbol{\xi}_2=(3,2,1,0)^{\mathrm{T}}$$

解　设所求齐次线性方程组的系数矩阵为 $\boldsymbol{A}$，又设 $\boldsymbol{B}=(\boldsymbol{\xi}_1,\boldsymbol{\xi}_2)$，则有 $\boldsymbol{AB}=\boldsymbol{O}$，即 $\boldsymbol{B}^{\mathrm{T}}\boldsymbol{A}^{\mathrm{T}}=\boldsymbol{O}$，可见 $\boldsymbol{A}^{\mathrm{T}}$ 的列向量应是 $\boldsymbol{B}^{\mathrm{T}}\boldsymbol{x}=\boldsymbol{0}$ 的解向量. 因为

$$\boldsymbol{B}^{\mathrm{T}}=\begin{pmatrix}0&1&2&3\\3&2&1&0\end{pmatrix}\xrightarrow{r_2-2r_1}\begin{pmatrix}0&1&2&3\\3&0&-3&-6\end{pmatrix}\xrightarrow[r_1\leftrightarrow r_2]{r_2\times\frac{1}{3}}\begin{pmatrix}1&0&-1&-2\\0&1&2&3\end{pmatrix}$$

同解方程组为

$$\begin{cases}x_1=x_3+2x_4\\x_2=-2x_3-3x_4\end{cases}$$

令 $\begin{pmatrix}x_3\\x_4\end{pmatrix}=\begin{pmatrix}1\\0\end{pmatrix}$ 及 $\begin{pmatrix}0\\1\end{pmatrix}$，则对应有 $\begin{pmatrix}x_1\\x_2\end{pmatrix}=\begin{pmatrix}1\\-2\end{pmatrix}$ 及 $\begin{pmatrix}2\\-3\end{pmatrix}$，故基础解系为

$$(1,-2,1,0)^{\mathrm{T}},\quad (2,-3,0,1)^{\mathrm{T}}$$

可见 $\boldsymbol{A}=\begin{pmatrix}1&-2&1&0\\2&-3&0&1\end{pmatrix}$，所求的齐次线性方程组为

$$\begin{cases}x_1-2x_2+x_3=0\\2x_1-3x_2+x_4=0\end{cases}$$

24. 设四元齐次线性方程组

$$\text{Ⅰ}:\begin{cases}x_1+x_2=0\\x_2-x_4=0\end{cases};\qquad \text{Ⅱ}:\begin{cases}x_1-x_2+x_3=0\\x_2-x_3+x_4=0\end{cases}$$

求：(1) 方程组 Ⅰ 与 Ⅱ 的基础解系；(2) Ⅰ 与 Ⅱ 的公共解.

解　(1) 对方程组 Ⅰ 的系数矩阵进行初等行变换，有

$$\begin{pmatrix}1&1&0&0\\0&1&0&-1\end{pmatrix}\xrightarrow{r_1-r_2}\begin{pmatrix}1&0&0&1\\0&1&0&-1\end{pmatrix}$$

同解方程组为 $\begin{cases}x_1=0x_3-x_4\\x_2=0x_3+x_4\end{cases}$，于是方程组 Ⅰ 的基础解系为

$$\boldsymbol{\xi}_1=(0,0,1,0)^{\mathrm{T}},\quad \boldsymbol{\xi}_2=(-1,1,0,1)^{\mathrm{T}}$$

对方程组 Ⅱ 的系数矩阵进行初等行变换，有

$$\begin{pmatrix}1&-1&1&0\\0&1&-1&1\end{pmatrix}\xrightarrow{r_1+r_2}\begin{pmatrix}1&0&0&1\\0&1&-1&1\end{pmatrix}$$

同解方程组为 $\begin{cases}x_1=\quad -x_4\\x_2=x_3-x_4\end{cases}$，于是方程组 Ⅱ 的基础解系为

$$\boldsymbol{\eta}_1=(0,1,1,0)^{\mathrm{T}},\quad \boldsymbol{\eta}_2=(-1,-1,0,1)^{\mathrm{T}}$$

(2) **法 1**　方程组 Ⅰ 与 Ⅱ 的公共解是如下方程组的解：

$$\begin{cases}x_1+x_2\qquad\qquad=0\\\qquad x_2-\qquad x_4=0\\x_1-x_2+x_3\qquad=0\\\qquad x_2-x_3+x_4=0\end{cases}$$

对其系数矩阵作初等行变换，有

$$\begin{pmatrix}1&1&0&0\\0&1&0&-1\\1&-1&1&0\\0&1&-1&1\end{pmatrix}\xrightarrow[r_1-r_2]{\substack{r_3-r_1\\r_4-r_2}}\begin{pmatrix}1&0&0&1\\0&1&0&-1\\0&-2&1&0\\0&0&-1&2\end{pmatrix}\xrightarrow[r_4+r_3]{r_3+2r_2}\begin{pmatrix}1&0&0&1\\0&1&0&-1\\0&0&1&-2\\0&0&0&0\end{pmatrix}$$

取其基础解系为$(-1,1,2,1)^{\mathrm T}$,故方程组 Ⅰ 与 Ⅱ 的公共解为

$$k(-1,1,2,1)^{\mathrm T}\quad (k\text{ 任意})$$

法 2 Ⅰ 与 Ⅱ 的公共解 $\boldsymbol{x}$ 一定可由 Ⅰ 与 Ⅱ 的基础解系线性表示,即存在 k_1,k_2 和 l_1,l_2,使得

$$\boldsymbol{x}=k_1\boldsymbol{\xi}_1+k_2\boldsymbol{\xi}_2=l_1\boldsymbol{\eta}_1+l_2\boldsymbol{\eta}_2$$

即 $k_1\boldsymbol{\xi}_1+k_2\boldsymbol{\xi}_2-l_1\boldsymbol{\eta}_1-l_2\boldsymbol{\eta}_2=\mathbf{0}$. 比较分量得

$$\begin{cases}-k_2+l_2=0\\k_2-l_1+l_2=0\\k_1-l_1=0\\k_2-l_2=0\end{cases}$$

对其系数矩阵作初等行变换,有

$$\begin{pmatrix}0&-1&0&1\\0&1&-1&1\\1&0&-1&0\\0&1&0&-1\end{pmatrix}\xrightarrow{\substack{r_1+r_4\\r_4-r_2}}\begin{pmatrix}0&0&0&0\\0&1&-1&1\\1&0&-1&0\\0&0&1&-2\end{pmatrix}\xrightarrow[\substack{r_1\leftrightarrow r_3\\r_3\leftrightarrow r_4}]{\substack{r_2+r_4\\r_3+r_4}}\begin{pmatrix}1&0&0&-2\\0&1&0&-1\\0&0&1&-2\\0&0&0&0\end{pmatrix}$$

同解方程组为$\begin{cases}k_1=2l_2\\k_2=l_2\\l_1=2l_2\end{cases}$,通解为 $k_1=2t,\ k_2=t,\ l_1=2t,\ l_2=t$ (t 任意). 故方程组 Ⅰ 与 Ⅱ 的公共解为

$$\boldsymbol{x}=2t\boldsymbol{\xi}_1+t\boldsymbol{\xi}_2=t(-1,1,2,1)^{\mathrm T}\quad (t\text{ 任意})$$

25. 设 n 阶矩阵 $\boldsymbol{A}$ 满足 $\boldsymbol{A}^2=\boldsymbol{A}$,$\boldsymbol{E}$ 为 n 阶单位矩阵,证明

$$\mathrm{R}(\boldsymbol{A})+\mathrm{R}(\boldsymbol{A}-\boldsymbol{E})=n$$

提示 利用矩阵秩的性质 6 和 8.

证 由 $\boldsymbol{A}^2=\boldsymbol{A}$ 得 $\boldsymbol{A}(\boldsymbol{A}-\boldsymbol{E})=\boldsymbol{O}$,故由矩阵的秩的性质 8,得

$$\mathrm{R}(\boldsymbol{A})+\mathrm{R}(\boldsymbol{A}-\boldsymbol{E})\leqslant n$$

又因为 $\boldsymbol{E}=\boldsymbol{A}+(\boldsymbol{E}-\boldsymbol{A})$,由矩阵的秩的性质 6 得

$$n=\mathrm{R}(\boldsymbol{E})=\mathrm{R}[\boldsymbol{A}+(\boldsymbol{E}-\boldsymbol{A})]\leqslant\mathrm{R}(\boldsymbol{A})+\mathrm{R}(\boldsymbol{E}-\boldsymbol{A})=\mathrm{R}(\boldsymbol{A})+\mathrm{R}(\boldsymbol{A}-\boldsymbol{E})$$

故

$$\mathrm{R}(\boldsymbol{A})+\mathrm{R}(\boldsymbol{A}-\boldsymbol{E})=n$$

26. 设 $\boldsymbol{A}$ 为 n 阶矩阵($n\geqslant 2$),$\boldsymbol{A}^*$ 为 $\boldsymbol{A}$ 的伴随阵,证明

$$\mathrm{R}(\boldsymbol{A}^*)=\begin{cases}n, & \text{当 }\mathrm{R}(\boldsymbol{A})=n\\1, & \text{当 }\mathrm{R}(\boldsymbol{A})=n-1\\0, & \text{当 }\mathrm{R}(\boldsymbol{A})\leqslant n-2\end{cases}$$

证 当 $\mathrm{R}(\boldsymbol{A})=n$ 时,$|\boldsymbol{A}|\neq 0$,由 $\boldsymbol{A}\boldsymbol{A}^*=|\boldsymbol{A}|\boldsymbol{E}$ 得$|\boldsymbol{A}||\boldsymbol{A}^*|=|\boldsymbol{A}|^n$,于是

$$|\boldsymbol{A}^*|=|\boldsymbol{A}|^{n-1}\neq 0$$

即 $\mathrm{R}(\boldsymbol{A}^*)=n$.

当 $R(\boldsymbol{A})<n-1$ 时，由矩阵的秩的定义知，$\boldsymbol{A}$ 的所有 $n-1$ 阶子式均为零，于是 a_{ij} 的代数余子式 A_{ij} 均为零．从而 $\boldsymbol{A}^*=\boldsymbol{O}$，即 $R(\boldsymbol{A}^*)=0$.

当 $R(\boldsymbol{A})=n-1$ 时，由矩阵的秩的定义知，$\boldsymbol{A}$ 中至少有一个 $n-1$ 阶子式不为零，也即 $\boldsymbol{A}^*$ 中至少有一元素不为零，故 $R(\boldsymbol{A}^*)\geqslant 1$. 又因为 $|\boldsymbol{A}|=0$，从而 $\boldsymbol{A}\boldsymbol{A}^*=\boldsymbol{O}$，于是 $R(\boldsymbol{A})+R(\boldsymbol{A}^*)\leqslant n$. 将 $R(\boldsymbol{A})=n-1$ 代入得 $R(\boldsymbol{A}^*)\leqslant 1$，综合关于 $R(\boldsymbol{A}^*)$ 的不等式得 $R(\boldsymbol{A}^*)=1$.

27. 求下列非齐次线性方程组的一个解及对应的齐次线性方程组的基础解系.

(1) $\begin{cases} x_1+x_2=5 \\ 2x_1+x_2+x_3+2x_4=1 \\ 5x_1+3x_2+2x_3+2x_4=3 \end{cases}$；　　(2) $\begin{cases} x_1-5x_2+2x_3-3x_4=11 \\ 5x_1+3x_2+6x_3-x_4=-1 \\ 2x_1+4x_2+2x_3+x_4=-6 \end{cases}$.

解　(1) 对增广矩阵 $\boldsymbol{B}$ 施行初等行变换，有

$$\boldsymbol{B}=\left(\begin{array}{cccc:c} 1 & 1 & 0 & 0 & 5 \\ 2 & 1 & 1 & 2 & 1 \\ 5 & 3 & 2 & 2 & 3 \end{array}\right) \xrightarrow[r_3-5r_1]{r_2-2r_1} \left(\begin{array}{cccc:c} 1 & 1 & 0 & 0 & 5 \\ 0 & -1 & 1 & 2 & -9 \\ 0 & -2 & 2 & 2 & -22 \end{array}\right) \xrightarrow[\substack{r_3-2r_2 \\ r_2\times(-1)}]{r_1+r_2}$$

$$\left(\begin{array}{cccc:c} 1 & 0 & 1 & 2 & -4 \\ 0 & 1 & -1 & -2 & 9 \\ 0 & 0 & 0 & -2 & -4 \end{array}\right) \xrightarrow[\substack{r_2-r_3 \\ r_3\times\left(-\frac{1}{2}\right)}]{r_1+r_3} \left(\begin{array}{cccc:c} 1 & 0 & 1 & 0 & -8 \\ 0 & 1 & -1 & 0 & 13 \\ 0 & 0 & 0 & 1 & 2 \end{array}\right)$$

同解方程组为
$$\begin{cases} x_1=-8-x_3 \\ x_2=13+x_3 \\ x_4=2 \end{cases}$$

取 $x_3=0$，得 $x_1=-8, x_2=13, x_4=2$，即得非齐次线性方程组的一个解为

$$\boldsymbol{\eta}=(-8,\ 13,\ 0,\ 2)^{\mathrm{T}}$$

在对应的齐次线性方程组 $\begin{cases} x_1=-x_3 \\ x_2=x_3 \\ x_4=0 \end{cases}$ 中，取 $x_3=1$，得 $x_1=-1, x_2=1, x_4=0$，即得对应的齐次线性方程组的基础解系为

$$\boldsymbol{\xi}=(-1,\ 1,\ 1,\ 0)^{\mathrm{T}}$$

(2) 对增广矩阵 $\boldsymbol{B}$ 施行初等行变换，有

$$\boldsymbol{B}=\left(\begin{array}{cccc:c} 1 & -5 & 2 & -3 & 11 \\ 5 & 3 & 6 & -1 & -1 \\ 2 & 4 & 2 & 1 & -6 \end{array}\right) \xrightarrow[r_3-2r_1]{r_2-5r_1} \left(\begin{array}{cccc:c} 1 & -5 & 2 & -3 & 11 \\ 0 & 28 & -4 & 14 & -56 \\ 0 & 14 & -2 & 7 & -28 \end{array}\right) \xrightarrow[r_1+\frac{5}{14}r_3]{r_2-2r_3}$$

$$\left(\begin{array}{cccc:c} 1 & 0 & \frac{9}{7} & -\frac{1}{2} & 1 \\ 0 & 0 & 0 & 0 & 0 \\ 0 & 14 & -2 & 7 & -28 \end{array}\right) \xrightarrow[r_2\leftrightarrow r_3]{r_3\times\frac{1}{14}} \left(\begin{array}{cccc:c} 1 & 0 & \frac{9}{7} & -\frac{1}{2} & 1 \\ 0 & 1 & -\frac{1}{7} & \frac{1}{2} & -2 \\ 0 & 0 & 0 & 0 & 0 \end{array}\right)$$

同解方程组为
$$\begin{cases} x_1=1-\frac{9}{7}x_3+\frac{1}{2}x_4 \\ x_2=-2+\frac{1}{7}x_3-\frac{1}{2}x_4 \end{cases}$$

31. 设矩阵 $\boldsymbol{A}=(\boldsymbol{a}_1,\boldsymbol{a}_2,\boldsymbol{a}_3,\boldsymbol{a}_4)$，其中 $\boldsymbol{a}_2,\boldsymbol{a}_3,\boldsymbol{a}_4$ 线性无关，$\boldsymbol{a}_1=2\boldsymbol{a}_2-\boldsymbol{a}_3$，向量 $\boldsymbol{b}=\boldsymbol{a}_1+\boldsymbol{a}_2+\boldsymbol{a}_3+\boldsymbol{a}_4$，求方程 $\boldsymbol{Ax}=\boldsymbol{b}$ 的通解.

解 因为 $\boldsymbol{a}_2,\boldsymbol{a}_3,\boldsymbol{a}_4$ 线性无关，且 $\boldsymbol{a}_1=2\boldsymbol{a}_2-\boldsymbol{a}_3$，所以 $\mathrm{R}(\boldsymbol{A})=3$，从而 $\boldsymbol{Ax}=\boldsymbol{0}$ 的基础解系含 $4-3=1$ 个解向量. 又由 $\boldsymbol{a}_1-2\boldsymbol{a}_2+\boldsymbol{a}_3=\boldsymbol{0}$，得

$$(\boldsymbol{a}_1,\boldsymbol{a}_2,\boldsymbol{a}_3,\boldsymbol{a}_4)\begin{pmatrix}1\\-2\\1\\0\end{pmatrix}=\boldsymbol{0},\quad 即\quad \boldsymbol{A}\begin{pmatrix}1\\-2\\1\\0\end{pmatrix}=\boldsymbol{0}$$

故 $(1,-2,1,0)^{\mathrm{T}}$ 是 $\boldsymbol{Ax}=\boldsymbol{0}$ 的一个基础解系.

又由 $\boldsymbol{b}=\boldsymbol{a}_1+\boldsymbol{a}_2+\boldsymbol{a}_3+\boldsymbol{a}_4$，得

$$(\boldsymbol{a}_1,\boldsymbol{a}_2,\boldsymbol{a}_3,\boldsymbol{a}_4)\begin{pmatrix}1\\1\\1\\1\end{pmatrix}=\boldsymbol{b},\quad 即\quad \boldsymbol{A}\begin{pmatrix}1\\1\\1\\1\end{pmatrix}=\boldsymbol{b}$$

可见 $(1,1,1,1)^{\mathrm{T}}$ 是 $\boldsymbol{Ax}=\boldsymbol{b}$ 的一个特解，故 $\boldsymbol{Ax}=\boldsymbol{b}$ 的通解为

$$\boldsymbol{x}=(1,1,1,1)^{\mathrm{T}}+k(1,-2,1,0)^{\mathrm{T}}\quad (k\ 任意)$$

32. 设 $\boldsymbol{\eta}^*$ 是非齐次线性方程组 $\boldsymbol{Ax}=\boldsymbol{b}$ 的一个解，$\boldsymbol{\xi}_1,\cdots,\boldsymbol{\xi}_{n-r}$ 是对应的齐次线性方程组的一个基础解系，证明

(1) $\boldsymbol{\eta}^*,\boldsymbol{\xi}_1,\cdots,\boldsymbol{\xi}_{n-r}$ 线性无关；

(2) $\boldsymbol{\eta}^*,\boldsymbol{\eta}^*+\boldsymbol{\xi}_1,\cdots,\boldsymbol{\eta}^*+\boldsymbol{\xi}_{n-r}$ 线性无关.

证 (1) **法 1** 反证. 若 $\boldsymbol{\eta}^*,\boldsymbol{\xi}_1,\cdots,\boldsymbol{\xi}_{n-r}$ 线性相关，则由定理 5(3) 知 $\boldsymbol{\eta}^*$ 可由 $\boldsymbol{\xi}_1,\cdots,\boldsymbol{\xi}_{n-r}$ 线性表示，即 $\boldsymbol{\eta}^*=k_1\boldsymbol{\xi}_1+\cdots+k_{n-r}\boldsymbol{\xi}_{n-r}$，于是

$$\boldsymbol{A\eta}^*=k_1\boldsymbol{A\xi}_1+\cdots+k_{n-r}\boldsymbol{A\xi}_{n-r}=\boldsymbol{0}$$

矛盾，故 $\boldsymbol{\eta}^*,\boldsymbol{\xi}_1,\cdots,\boldsymbol{\xi}_{n-r}$ 线性无关.

法 2 设有 $x_0,x_1,\cdots,x_{n-r}$，使

$$x_0\boldsymbol{\eta}^*+x_1\boldsymbol{\xi}_1+\cdots+x_{n-r}\boldsymbol{\xi}_{n-r}=\boldsymbol{0}\qquad (*)$$

左乘 $\boldsymbol{A}$ 得

$$x_0\boldsymbol{A\eta}^*+x_1\boldsymbol{A\xi}_1+\cdots+x_{n-r}\boldsymbol{A\xi}_{n-r}=\boldsymbol{0}$$

即 $x_0\boldsymbol{b}=\boldsymbol{0}$. 由 $\boldsymbol{b}\neq\boldsymbol{0}$ 知 $x_0=0$，代入式(*)得

$$x_1\boldsymbol{\xi}_1+\cdots+x_{n-r}\boldsymbol{\xi}_{n-r}=\boldsymbol{0}$$

由于 $\boldsymbol{\xi}_1,\cdots,\boldsymbol{\xi}_{n-r}$ 是基础解系，故有 $x_1=\cdots=x_{n-r}=0$，从而 $\boldsymbol{\eta}^*,\boldsymbol{\xi}_1,\cdots,\boldsymbol{\xi}_{n-r}$ 线性无关.

(2) 设有 $x_0,x_1,\cdots,x_{n-r}$，使

$$x_0\boldsymbol{\eta}^*+x_1(\boldsymbol{\eta}^*+\boldsymbol{\xi}_1)+\cdots+x_{n-r}(\boldsymbol{\eta}^*+\boldsymbol{\xi}_{n-r})=\boldsymbol{0}$$

即

$$(x_0+x_1+\cdots+x_{n-r})\boldsymbol{\eta}^*+x_1\boldsymbol{\xi}_1+\cdots+x_{n-r}\boldsymbol{\xi}_{n-r}=\boldsymbol{0}$$

由(1) 知 $\boldsymbol{\eta}^*,\boldsymbol{\xi}_1,\cdots,\boldsymbol{\xi}_{n-r}$ 线性无关，得

$$\begin{cases}x_0+x_1+\cdots+x_{n-r}=0\\ x_1=0\\ \ddots\quad =0\\ x_{n-r}=0\end{cases}$$

此方程组的系数行列式 $\begin{vmatrix} 1 & 1 & \cdots & 1 \\ & 1 & & \\ & & \ddots & \\ & & & 1 \end{vmatrix}=1\neq 0$，故方程组只有零解 $x_0=x_1=\cdots=x_{n-r}=0$，从而 $\boldsymbol{\eta}^*,\boldsymbol{\eta}^*+\boldsymbol{\xi}_1,\cdots,\boldsymbol{\eta}^*+\boldsymbol{\xi}_{n-r}$ 线性无关.

33. 设 $\boldsymbol{\eta}_1,\cdots,\boldsymbol{\eta}_s$ 是非齐次线性方程组 $\boldsymbol{Ax}=\boldsymbol{b}$ 的 s 个解，$k_1,\cdots,k_s$ 为实数，满足 $k_1+k_2+\cdots+k_s=1$. 证明

$$\boldsymbol{x}=k_1\boldsymbol{\eta}_1+k_2\boldsymbol{\eta}_2+\cdots+k_s\boldsymbol{\eta}_s$$

也是它的解.

证 因为 $\boldsymbol{A\eta}_j=\boldsymbol{b}(j=1,2,\cdots,s)$，所以

$$\boldsymbol{A}(k_1\boldsymbol{\eta}_1+k_2\boldsymbol{\eta}_2+\cdots+k_s\boldsymbol{\eta}_s)=k_1\boldsymbol{A\eta}_1+k_2\boldsymbol{A\eta}_2+\cdots+k_s\boldsymbol{A\eta}_s=(k_1+k_2+\cdots+k_s)\boldsymbol{b}=\boldsymbol{b}$$

故 $\boldsymbol{x}=k_1\boldsymbol{\eta}_1+k_2\boldsymbol{\eta}_2+\cdots+k_s\boldsymbol{\eta}_s$ 是 $\boldsymbol{Ax}=\boldsymbol{b}$ 的解.

34. 设非齐次线性方程组 $\boldsymbol{Ax}=\boldsymbol{b}$ 的系数矩阵的秩为 r，$\boldsymbol{\eta}_1,\cdots,\boldsymbol{\eta}_{n-r+1}$ 是它的 $n-r+1$ 个线性无关的解(由题 32 知它确有 $n-r+1$ 个线性无关的解). 试证它的任一解可表示为

$$\boldsymbol{x}=k_1\boldsymbol{\eta}_1+\cdots+k_{n-r+1}\boldsymbol{\eta}_{n-r+1}\quad(其中\ k_1+\cdots+k_{n-r+1}=1)$$

证 令 $\boldsymbol{\xi}_j=\boldsymbol{\eta}_{j+1}-\boldsymbol{\eta}_1\quad(j=1,\cdots,n-r)$，则有

$$\boldsymbol{A\xi}_j=\boldsymbol{A\eta}_{j+1}-\boldsymbol{A\eta}_1=\boldsymbol{b}-\boldsymbol{b}=\boldsymbol{0}$$

即 $\boldsymbol{\xi}_1,\boldsymbol{\xi}_2,\cdots,\boldsymbol{\xi}_{n-r}$ 是 $\boldsymbol{Ax}=\boldsymbol{0}$ 的解. 设有 $x_1,x_2,\cdots,x_{n-r}$，使

$$x_1\boldsymbol{\xi}_1+x_2\boldsymbol{\xi}_2+\cdots+x_{n-r}\boldsymbol{\xi}_{n-r}=\boldsymbol{0}$$

即

$$-(x_1+x_2+\cdots+x_{n-r})\boldsymbol{\eta}_1+x_1\boldsymbol{\eta}_2+\cdots+x_{n-r}\boldsymbol{\eta}_{n-r+1}=\boldsymbol{0}$$

由于 $\boldsymbol{\eta}_1,\cdots,\boldsymbol{\eta}_{n-r+1}$ 线性无关，所以方程组

$$\begin{cases} -x_1-x_2-\cdots-x_{n-r}=0 \\ x_1=0 \\ \quad\ddots \\ x_{n-r}=0 \end{cases}$$

只有零解 $x_1=x_2=\cdots=x_{n-r}=0$，从而 $\boldsymbol{\xi}_1,\cdots,\boldsymbol{\xi}_{n-r}$ 线性无关.

又由 $\mathrm{R}(\boldsymbol{A})=r$ 知，$\boldsymbol{\xi}_1,\cdots,\boldsymbol{\xi}_{n-r}$ 是 $\boldsymbol{Ax}=\boldsymbol{0}$ 的基础解系，于是$\boldsymbol{Ax}=\boldsymbol{b}$ 的任一解可表示为

$$\boldsymbol{x}=\boldsymbol{\eta}_1+t_1\boldsymbol{\xi}_1+\cdots+t_{n-r}\boldsymbol{\xi}_{n-r}=(1-t_1-\cdots-t_{n-r})\boldsymbol{\eta}_1+t_1\boldsymbol{\eta}_2+\cdots+t_{n-r}\boldsymbol{\eta}_{n-r+1}=k_1\boldsymbol{\eta}_1+k_2\boldsymbol{\eta}_2+\cdots+k_{n-r+1}\boldsymbol{\eta}_{n-r+1}$$

其中

$$k_1=1-t_1-\cdots-t_{n-r},\ k_2=t_1,\ \cdots,\ k_{n-r+1}=t_{n-r}$$

且有

$$k_1+k_2+\cdots+k_{n-r}=1$$

35. 设 $V_1=\{\boldsymbol{x}=(x_1,\ x_2,\ \cdots,\ x_n)^{\mathrm{T}}\mid x_1,\ \cdots,\ x_n\in\mathbf{R}\ 满足 x_1+\cdots+x_n=0\}$，$V_2=\{\boldsymbol{x}=(x_1,\ x_2,\ \cdots,\ x_n)^{\mathrm{T}}\mid x_1,\ \cdots,\ x_n\in\mathbf{R}\ 满足\ x_1+\cdots+x_n=1\}$，问 V_1,V_2 是不是向量空间？为什么？

解 V_1 是向量空间，而 V_2 不是向量空间. 因为 $\boldsymbol{0}\in V_1$，所以 V_1 非空. 又设任意 $\boldsymbol{x}=(x_1,\ \cdots,\ x_n)^{\mathrm{T}}$，$\boldsymbol{y}=(y_1,\ \cdots,\ y_n)^{\mathrm{T}}\in V_1$，有

(c) $(1,a,1,1),(1,b,1,0),(1,c,0,0)$;

(d) $(1,1,1,a),(2,2,2,b),(0,0,0,c)$.

4. 设 $m\times n$ 矩阵 $\boldsymbol{A}$ 的秩为 n，又设 n 维列向量组 $\boldsymbol{\beta}_1,\boldsymbol{\beta}_2,\cdots,\boldsymbol{\beta}_s$ 线性无关. 证明：向量组 $\boldsymbol{A\beta}_1,\boldsymbol{A\beta}_2,\cdots,\boldsymbol{A\beta}_s$ 线性无关.

5. 求向量组 $\boldsymbol{\alpha}_1=(1,1,1,k),\boldsymbol{\alpha}_2=(1,1,k,1),\boldsymbol{\alpha}_3=(1,2,1,1)$ 的秩和一个最大无关组.

6. 已知 $\boldsymbol{\alpha}_1,\boldsymbol{\alpha}_2,\boldsymbol{\alpha}_3,\boldsymbol{\alpha}_4$ 是 4 维向量空间 V 的一组基，则 V 的基还可以是______.

(a) $\boldsymbol{\alpha}_1+\boldsymbol{\alpha}_2,\boldsymbol{\alpha}_2+\boldsymbol{\alpha}_3,\boldsymbol{\alpha}_3+\boldsymbol{\alpha}_4,\boldsymbol{\alpha}_4+\boldsymbol{\alpha}_1$;

(b) $\boldsymbol{\alpha}_1+\boldsymbol{\alpha}_2,\boldsymbol{\alpha}_2-\boldsymbol{\alpha}_3,\boldsymbol{\alpha}_3-\boldsymbol{\alpha}_4,\boldsymbol{\alpha}_4+\boldsymbol{\alpha}_1$;

(c) $\boldsymbol{\alpha}_1,\boldsymbol{\alpha}_2+\boldsymbol{\alpha}_3,\boldsymbol{\alpha}_3+\boldsymbol{\alpha}_4$;

(d) $\boldsymbol{\alpha}_1,\boldsymbol{\alpha}_1+\boldsymbol{\alpha}_2,\boldsymbol{\alpha}_1+\boldsymbol{\alpha}_2+\boldsymbol{\alpha}_3,\boldsymbol{\alpha}_1+\boldsymbol{\alpha}_2+\boldsymbol{\alpha}_3+\boldsymbol{\alpha}_4$.

7. 设 $\boldsymbol{\alpha}_1,\boldsymbol{\alpha}_2,\cdots,\boldsymbol{\alpha}_s(s>1)$ 是齐次线性方程组 $\boldsymbol{Ax}=\boldsymbol{0}$ 的基础解系，证明：

$$\boldsymbol{\beta}_1=\boldsymbol{\alpha}_2+\boldsymbol{\alpha}_3+\cdots+\boldsymbol{\alpha}_s,\ \boldsymbol{\beta}_2=\boldsymbol{\alpha}_1+\boldsymbol{\alpha}_3+\cdots+\boldsymbol{\alpha}_s,\cdots,\boldsymbol{\beta}_s=\boldsymbol{\alpha}_1+\boldsymbol{\alpha}_2+\cdots+\boldsymbol{\alpha}_{s-1}$$

也是 $\boldsymbol{Ax}=\boldsymbol{0}$ 的基础解系.

8. 求下列齐次线性方程组的基础解系.

$$(1)\begin{cases}2x_1+x_2-2x_3+x_4=0\\x_1-2x_2+4x_3-7x_4=0\\3x_1-x_2+2x_3-4x_4=0\end{cases};\qquad(2)\begin{cases}x_1+x_3-x_4-3x_5=0\\2x_1-x_2+4x_3-3x_4-4x_5=0\\3x_1+x_2+x_3+x_5=0\\7x_1+7x_3-3x_4+3x_5=0\end{cases}.$$

9. 已知四元非齐次线性方程组 $\boldsymbol{Ax}=\boldsymbol{b}$，$\mathrm{R}(\boldsymbol{A})=3$，$\boldsymbol{\eta}_1,\boldsymbol{\eta}_2,\boldsymbol{\eta}_3$ 是它的 3 个解向量，其中

$$\boldsymbol{\eta}_1+\boldsymbol{\eta}_2=(1,1,0,2)^{\mathrm{T}},\quad\boldsymbol{\eta}_2+\boldsymbol{\eta}_3=(1,0,1,3)^{\mathrm{T}}$$

则该非齐次线性方程组的通解为______.

10. 已知空间不互相平行的 3 个平面：

$$A_ix+B_iy+C_iz+D_i=0\quad(i=1,2,3)$$

都过直线 l，则线性方程组

$$\begin{cases}A_1x+B_1y+C_1z+D_1=0\\A_2x+B_2y+C_2z+D_2=0\\A_3x+B_3y+C_3z+D_3=0\end{cases}$$

的系数矩阵 $\boldsymbol{A}$ 的秩 $\mathrm{R}(\boldsymbol{A})=$____，增广矩阵 $\boldsymbol{B}$ 的秩 $\mathrm{R}(\boldsymbol{B})=$____.

测试题 B

1. 已知向量组 $\boldsymbol{\alpha}_1,\boldsymbol{\alpha}_2,\boldsymbol{\alpha}_3,\boldsymbol{\alpha}_4$ 线性无关，则线性无关的向量组是______.

(a) $\boldsymbol{\alpha}_1+\boldsymbol{\alpha}_2,\boldsymbol{\alpha}_2+\boldsymbol{\alpha}_3,\boldsymbol{\alpha}_3+\boldsymbol{\alpha}_4,\boldsymbol{\alpha}_4+\boldsymbol{\alpha}_1$;

(b) $\boldsymbol{\alpha}_1-\boldsymbol{\alpha}_2,\boldsymbol{\alpha}_2-\boldsymbol{\alpha}_3,\boldsymbol{\alpha}_3-\boldsymbol{\alpha}_4,\boldsymbol{\alpha}_4-\boldsymbol{\alpha}_1$;

(c) $\boldsymbol{\alpha}_1+\boldsymbol{\alpha}_2,\boldsymbol{\alpha}_2+\boldsymbol{\alpha}_3,\boldsymbol{\alpha}_3+\boldsymbol{\alpha}_4,\boldsymbol{\alpha}_4-\boldsymbol{\alpha}_1$;

(d) $\boldsymbol{\alpha}_1+\boldsymbol{\alpha}_2,\boldsymbol{\alpha}_2+\boldsymbol{\alpha}_3,\boldsymbol{\alpha}_3-\boldsymbol{\alpha}_4,\boldsymbol{\alpha}_4-\boldsymbol{\alpha}_1$.

2. 已知 $\boldsymbol{\alpha}_1=(1,4,0,2)^{\mathrm{T}},\boldsymbol{\alpha}_2=(2,7,1,3)^{\mathrm{T}},\boldsymbol{\alpha}_3=(0,1,-1,a)^{\mathrm{T}},\boldsymbol{\beta}=(3,10,b,4)^{\mathrm{T}}$，问：

(1) a,b 取何值时，$\boldsymbol{\beta}$ 不能由 $\boldsymbol{\alpha}_1,\boldsymbol{\alpha}_2,\boldsymbol{\alpha}_3$ 线性表示？

(2) a,b 取何值时，$\boldsymbol{\beta}$ 可由 $\boldsymbol{\alpha}_1,\boldsymbol{\alpha}_2,\boldsymbol{\alpha}_3$ 线性表示？并写出此表达式.

3. 设向量组 $\boldsymbol{\alpha}_1=(1,1,1,3)^{\mathrm{T}},\boldsymbol{\alpha}_2=(-1,-3,5,1)^{\mathrm{T}},\boldsymbol{\alpha}_3=(3,2,-1,p+2)^{\mathrm{T}},\boldsymbol{\alpha}_4=(-2,$

$-6,10,p)^{\mathrm{T}}$.

(1) p 为何值时,该向量组线性无关?并在此时将向量 $\boldsymbol{\alpha}=(4,1,6,10)^{\mathrm{T}}$ 用 $\boldsymbol{\alpha}_1,\boldsymbol{\alpha}_2,\boldsymbol{\alpha}_3,\boldsymbol{\alpha}_4$ 线性表示;

(2) p 为何值时,该向量组线性相关?并在此时求出它的秩和一个最大无关组.

4. 已知向量组

$$\boldsymbol{\beta}_1=\begin{pmatrix}0\\1\\-1\end{pmatrix},\ \boldsymbol{\beta}_2=\begin{pmatrix}a\\2\\1\end{pmatrix},\ \boldsymbol{\beta}_3=\begin{pmatrix}b\\1\\0\end{pmatrix}$$

与向量组

$$\boldsymbol{\alpha}_1=\begin{pmatrix}1\\2\\-3\end{pmatrix},\ \boldsymbol{\alpha}_2=\begin{pmatrix}3\\0\\1\end{pmatrix},\ \boldsymbol{\alpha}_3=\begin{pmatrix}9\\6\\-7\end{pmatrix}$$

具有相同的秩,且 $\boldsymbol{\beta}_3$ 可由 $\boldsymbol{\alpha}_1,\boldsymbol{\alpha}_2,\boldsymbol{\alpha}_3$ 线性表示,求 a,b 的值.

5. 设向量 $\boldsymbol{\alpha}_1,\boldsymbol{\alpha}_2,\cdots,\boldsymbol{\alpha}_t$ 是齐次线性方程组 $\boldsymbol{A}\boldsymbol{x}=\boldsymbol{0}$ 的一个基础解系,向量 $\boldsymbol{\beta}$ 不是方程组 $\boldsymbol{A}\boldsymbol{x}=\boldsymbol{0}$ 的解,即 $\boldsymbol{A}\boldsymbol{\beta}\neq\boldsymbol{0}$. 试证明:向量组 $\boldsymbol{\beta},\boldsymbol{\beta}+\boldsymbol{\alpha}_1,\boldsymbol{\beta}+\boldsymbol{\alpha}_2,\cdots,\boldsymbol{\beta}+\boldsymbol{\alpha}_t$ 线性无关.

6. 设 $\boldsymbol{\alpha}_1,\boldsymbol{\alpha}_2,\cdots,\boldsymbol{\alpha}_s$ 为线性方程组 $\boldsymbol{A}\boldsymbol{x}=\boldsymbol{0}$ 的一个基础解系,$\boldsymbol{\beta}_1=t_1\boldsymbol{\alpha}_1+t_2\boldsymbol{\alpha}_2$,$\boldsymbol{\beta}_2=t_1\boldsymbol{\alpha}_2+t_2\boldsymbol{\alpha}_3,\cdots,\boldsymbol{\beta}_s=t_1\boldsymbol{\alpha}_s+t_2\boldsymbol{\alpha}_1$,其中 t_1,t_2 为实常数. 试问 t_1,t_2 满足什么关系时,$\boldsymbol{\beta}_1,\boldsymbol{\beta}_2,\cdots,\boldsymbol{\beta}_s$ 也为 $\boldsymbol{A}\boldsymbol{x}=\boldsymbol{0}$ 的一个基础解系.

7. 设 n 阶矩阵 $\boldsymbol{A}$ 的各行元素之和均为零,且 $\mathrm{R}(\boldsymbol{A})=n-1$,则 $\boldsymbol{A}\boldsymbol{x}=\boldsymbol{0}$ 的通解为______.

8. 设四元齐次线性方程组(Ⅰ)为 $\begin{cases}x_1+x_2=0\\x_2-x_4=0\end{cases}$,又已知某线性方程组(Ⅱ)的基础解系为

$$\boldsymbol{\xi}_1=(0,1,1,0)^{\mathrm{T}},\quad \boldsymbol{\xi}_2=(-1,2,2,1)^{\mathrm{T}}$$

(1) 求线性方程组(Ⅰ)的基础解系;

(2) 问线性方程组(Ⅰ)和(Ⅱ)是否有公共解?若有,则求出所有的非零公共解;若没有,则说明理由.

9. 已知 $\boldsymbol{\beta}_1,\boldsymbol{\beta}_2$ 是非齐次线性方程组 $\boldsymbol{A}\boldsymbol{x}=\boldsymbol{b}$ 的两个不同的解,$\boldsymbol{\alpha}_1,\boldsymbol{\alpha}_2$ 是对应齐次线性方程组 $\boldsymbol{A}\boldsymbol{x}=\boldsymbol{0}$ 的基础解系,k_1,k_2 为任意常数,则方程组 $\boldsymbol{A}\boldsymbol{x}=\boldsymbol{b}$ 的通解是______.

(a) $k_1\boldsymbol{\alpha}_1+k_2(\boldsymbol{\alpha}_1+\boldsymbol{\alpha}_2)+\dfrac{\boldsymbol{\beta}_1-\boldsymbol{\beta}_2}{2}$;　　(b) $k_1\boldsymbol{\alpha}_1+k_2(\boldsymbol{\alpha}_1-\boldsymbol{\alpha}_2)+\dfrac{\boldsymbol{\beta}_1+\boldsymbol{\beta}_2}{2}$;

(c) $k_1\boldsymbol{\alpha}_1+k_2(\boldsymbol{\beta}_1+\boldsymbol{\beta}_2)+\dfrac{\boldsymbol{\beta}_1-\boldsymbol{\beta}_2}{2}$;　　(d) $k_1\boldsymbol{\alpha}_1+k_2(\boldsymbol{\beta}_1-\boldsymbol{\beta}_2)+\dfrac{\boldsymbol{\beta}_1+\boldsymbol{\beta}_2}{2}$.

10. 已知线性方程组

$$(\text{Ⅰ})\begin{cases}a_{11}x_1+a_{12}x_2+\cdots+a_{1,2n}x_{2n}=0\\a_{21}x_1+a_{22}x_2+\cdots+a_{2,2n}x_{2n}=0\\\quad\cdots\cdots\\a_{n1}x_1+a_{n2}x_2+\cdots+a_{n,2n}x_{2n}=0\end{cases}$$

的一个基础解系为

$$(b_{11},b_{12},\cdots,b_{1,2n})^{\mathrm{T}},(b_{21},b_{22},\cdots,b_{2,2n})^{\mathrm{T}},\cdots,(b_{n1},b_{n2},\cdots,b_{n,2n})^{\mathrm{T}}$$

(2) 有非零公共解:$k(-1,1,1,1)^{\mathrm{T}}$,k 为非零任意常数.(提示:方程组(Ⅱ)的通解为 $\boldsymbol{x}=k_1\boldsymbol{\xi}_1+k_2\boldsymbol{\xi}_2$,解出 $x_1=-k_2,x_2=k_1+2k_2,x_3=k_1+2k_2,x_4=k_2$ 代入方程组(Ⅰ)解得 $k_1=-k_2$,故公共解为 $\boldsymbol{x}=-k_2\boldsymbol{\xi}_1+k_2\boldsymbol{\xi}_2=k_2(\boldsymbol{\xi}_2-\boldsymbol{\xi}_1)=k_2(-1,1,1,1)^{\mathrm{T}}$.)

9. 应选(b).(提示:$\dfrac{\boldsymbol{\beta}_1+\boldsymbol{\beta}_2}{2}$ 是 $\boldsymbol{Ax}=\boldsymbol{b}$ 的特解,$\boldsymbol{\alpha}_1,\boldsymbol{\alpha}_1-\boldsymbol{\alpha}_2$ 仍是 $\boldsymbol{Ax}=\boldsymbol{0}$ 的基础解系.)

10. 记方程组(Ⅰ),(Ⅱ)的系数矩阵分别为 $\boldsymbol{A},\boldsymbol{B}$,则可以看出题中给的(Ⅰ)的基础解系中的 n 个列向量就是 $\boldsymbol{B}$ 的 n 个行向量的转置向量.因此,由(Ⅰ)的已知基础解系可知 $\boldsymbol{AB}^{\mathrm{T}}=\boldsymbol{O}$,转置即得 $\boldsymbol{BA}^{\mathrm{T}}=\boldsymbol{O}$,可见 $\boldsymbol{A}^{\mathrm{T}}$ 的 n 个列向量,即 $\boldsymbol{A}$ 的 n 个行向量的转置向量都是方程组(Ⅱ)的解向量.

由于 $\mathrm{R}(\boldsymbol{B})=n$ ($\boldsymbol{B}$ 的行向量组线性无关),故(Ⅱ)的解空间维数为 $2n-\mathrm{R}(\boldsymbol{B})=2n-n=n$,所以(Ⅱ)的任何 n 个线性无关的解就是(Ⅱ)的基础解系.已知(Ⅰ)的基础解系含 n 个向量,即 $2n-\mathrm{R}(\boldsymbol{A})=n$,故 $\mathrm{R}(\boldsymbol{A})=n$,即 $\boldsymbol{A}$ 的 n 个行向量线性无关,从而它们的转置向量构成(Ⅱ)的一个基础解系,故(Ⅱ)的通解为

$$\boldsymbol{y}=k_1(a_{11},a_{12},\cdots,a_{1,2n})^{\mathrm{T}}+k_2(a_{21},a_{22},\cdots,a_{2,2n})^{\mathrm{T}}+\cdots+k_n(a_{n1},a_{n2},\cdots,a_{n,2n})^{\mathrm{T}}$$

其中 $k_1,k_2,\cdots,k_n$ 为任意常数.

第五章　相似矩阵及二次型

相似变换是矩阵的一种重要变换.在理论研究和实际应用中,常常要求我们把一个矩阵化成与之相似的对角矩阵或其他较简单的矩阵,这一问题与矩阵的特征值和特征向量的概念是密切相关的.相似对角化是本章的重点,要掌握矩阵可对角化的条件,注意一般矩阵与实对称矩阵在对角化方面的联系与区别.作为可对角化矩阵的应用是用正交变换化实二次型为标准形,它与实对称矩阵正交相似于对角矩阵是以两种形式出现的同一个问题.正定二次型是有广泛应用的一种特殊的二次型,要掌握其判定方法.

一、考点研究

1. 考试内容与考试要求

考试内容	向量的内积　线性无关向量组的正交规范化方法　规范正交基　正交矩阵及其性质　矩阵的特征值和特征向量的概念、性质　相似变换、相似矩阵的概念及性质　矩阵可相似对角化的充分必要条件及相似对角矩阵　实对称矩阵的特征值、特征向量及相似对角矩阵　二次型及其矩阵表示　合同变换与合同矩阵　二次型的秩　惯性定理　二次型的标准形和规范形　用正交变换和配方法化二次型为标准形　二次型及其矩阵的正定性
考试要求	(1) 了解内积的概念,掌握线性无关向量组正交化的施密特(Schmidt)方法. (2) 了解标准正交基、正交矩阵的概念,以及它们的性质. (3) 理解矩阵的特征值和特征向量的概念及性质,掌握求矩阵特征值和特征向量的方法. (4) 了解相似矩阵的概念、性质及矩阵可相似对角化的充分必要条件,掌握用相似变换化矩阵为对角矩阵的方法. (5) 了解实对称矩阵的特征值和特征向量的性质,掌握化实对称矩阵正交相似于对角矩阵的方法. (6) 掌握二次型及其矩阵表示,了解合同变换和合同矩阵的概念. (7) 了解二次型秩的概念,了解二次型的标准形、规范形的概念,了解惯性定理. (8) 掌握用正交变换化二次型为标准形的方法,了解用配方法化二次型为标准形的方法. (9) 了解正定二次型和正定矩阵的概念,掌握正定二次型和正定矩阵的判定法.

2. 考点分析

(1) 矩阵的特征值和特征向量的定义、性质及计算是这部分试题的一个考点.首先要会求特征值与特征向量.对于具体的数字矩阵,一般先从特征方程 $|\boldsymbol{A}-\lambda\boldsymbol{E}|=0$ 求出特征值,再解齐次方程组 $(\boldsymbol{A}-\lambda\boldsymbol{E})\boldsymbol{x}=\boldsymbol{0}$,基础解系就是 λ 对应的线性无关特征向量.对于抽象给出的矩阵要会用定义求特征值与特征向量.利用定义,还可以由 $\boldsymbol{A}$ 的特征值和特征向量推出 $\boldsymbol{A}^k,\boldsymbol{A}^{-1},\boldsymbol{A}^*$

及 A 的多项式的特征值和特征向量. 对于某些含参数问题，常常通过比较定义式 $Ax=\lambda x$ 两端的对应分量来建立方程，以便定出 A 或 x 中的待定参数及特征值 λ. 利用方阵 A 的全部特征值 $\lambda_1,\lambda_2,\cdots,\lambda_n$，还可以计算 A 的行列式：$|A|=\lambda_1\lambda_2\cdots\lambda_n$.

(2) 方阵的相似对角化是这部分试题的另一个考点. 要掌握方阵相似于对角矩阵的条件，既要能求出方阵 A 的相似变换矩阵及相应的对角矩阵（当 A 可对角化时），也要会用特征值、特征向量、相似矩阵的性质、可对角化等确定 A 中的参数. 利用 A 的相似对角化，还可以比较方便地计算 A 的方幂 A^k. 当 A 未知时，可以反求出 A.

(3) 实对称矩阵的特征值与特征向量具有优良的性质，它的特征值都是实数，且不同的特征值对应的特征向量相互正交（一般方阵的不同特征值对应的特征向量线性无关），这一性质常用来确定实对称矩阵的部分特征向量. 对于实对称矩阵 A 来说，不仅能找到可逆矩阵 P 使 $P^{-1}AP$ 为对角矩阵，而且能找到正交矩阵 Q 使 $Q^{-1}AQ$ 为对角矩阵. 应注意这一计算过程的第一步与相似对角化相同，但第二步应将属于同一特征值的线性无关特征向量正交化，再把所得到的全部特征向量规范化，即可构造出正交的相似变换矩阵及相应的对角矩阵. 这一计算过程综合考查了求行列式、求解齐次方程组、求特征值和特征向量、正交化及规范化、相似对角化等内容，加之有用正交变换化简二次型的应用背景，所以实对称矩阵的正交相似对角化方法应熟练掌握.

(4) 正确地写出二次型的矩阵是处理二次型问题的基础，它将二次型的许多基本问题转化为对称矩阵的问题，如二次型的秩即为相应的对称矩阵的秩，用可逆线性变换化二次型为标准形，转化为相应的对称矩阵合同于对角矩阵. 要注意矩阵的等价、相似、合同的定义及不同的应用，了解它们之间的关系，即两个矩阵若相似或合同，它们必等价；相似矩阵与合同矩阵之间一般没什么关系，但相似的实对称矩阵必是合同的.

(5) 化二次型为标准形是这部分考题的一个考点，尤其是用正交变换化二次型为标准形应熟练掌握. 这与实对称矩阵正交相似于对角矩阵是以两种形式出现的同一问题，其理论、方法和计算的综合性较强，其题型也是多样的，如可以结合二次曲面方程的化简来出题，也可以结合二次型的秩、相似矩阵的性质、特征值的概念与性质来出题，还可以结合正定二次型的讨论来出题.

(6) 正定二次型及正定矩阵的判定与证明是这部分考题的另一个考点. 对于具体的二次型或实对称矩阵，一般采用全部顺序主子式大于零的充分必要条件来判定；而对于抽象的二次型或实对称矩阵，通常采用定义及其他的充分必要条件判定其正定性. 已知 A 是正定矩阵来证明有关命题时，往往利用 A 可正交相似于正对角矩阵这一结论来推证.

二、重要结论与公式

1. 施密特(Schmidt)正交化方法

由线性无关向量组 $\alpha_1,\alpha_2,\cdots,\alpha_s$ 构造正交向量组 $\beta_1,\beta_2,\cdots,\beta_s$ 的施密特正交化方法为

$\beta_1=\alpha_1$

……

$$\boldsymbol{\beta}_k=\boldsymbol{\alpha}_k-\frac{[\boldsymbol{\alpha}_k,\boldsymbol{\beta}_1]}{[\boldsymbol{\beta}_1,\boldsymbol{\beta}_1]}\boldsymbol{\beta}_1-\cdots-\frac{[\boldsymbol{\alpha}_k,\boldsymbol{\beta}_{k-1}]}{[\boldsymbol{\beta}_{k-1},\boldsymbol{\beta}_{k-1}]}\boldsymbol{\beta}_{k-1}\quad(k=2,3,\cdots,s)$$

且这样构造的向量组 $\boldsymbol{\beta}_1,\boldsymbol{\beta}_2,\cdots,\boldsymbol{\beta}_s$ 与原向量组 $\boldsymbol{\alpha}_1,\boldsymbol{\alpha}_2,\cdots,\boldsymbol{\alpha}_s$ 等价.

2. 特征值与特征向量的性质

(1) 若 λ_i 是 $\boldsymbol{A}$ 的 r_i 重特征值,对应 λ_i 有 s_i 个线性无关的特征向量,则 $1\leqslant s_i\leqslant r_i$.

(2) $\boldsymbol{A}$ 的属于同一特征值 λ_0 的特征向量的线性组合只要不是零向量,仍是对应 λ_0 的特征向量.

(3) 设 $\boldsymbol{A}=(a_{ij})_{n\times n}$ 的 n 个特征值为 $\lambda_1,\lambda_2,\cdots,\lambda_n$,则

$$\lambda_1+\lambda_2+\cdots+\lambda_n=a_{11}+a_{22}+\cdots+a_{nn},\quad \lambda_1\lambda_2\cdots\lambda_n=|\boldsymbol{A}|$$

(4) $\boldsymbol{A}$ 的属于不同特征值的特征向量线性无关.

(5) 实对称矩阵 $\boldsymbol{A}$ 的特征值都是实数,属于不同特征值的特征向量正交.

(6) 若 λ 是实对称矩阵 $\boldsymbol{A}$ 的 r 重特征值,则 $\boldsymbol{A}$ 对应特征值 λ 恰有 r 个线性无关的特征向量.

3. 关于特征值与特征向量的结论

	$\boldsymbol{A}$	$k\boldsymbol{A}$	$\boldsymbol{A}^m$	$f(\boldsymbol{A})=\sum_{i=0}^{m}a_i\boldsymbol{A}^i$	$\boldsymbol{A}^{-1}$	$\boldsymbol{A}^*$	$\boldsymbol{B}=\boldsymbol{P}^{-1}\boldsymbol{AP}$
特征值	λ	$k\lambda$	λ^m	$f(\lambda)=\sum_{i=0}^{m}a_i\lambda^i$	$\frac{1}{\lambda}$	$\frac{\vert\boldsymbol{A}\vert}{\lambda}$	λ
对应特征向量	$\boldsymbol{x}$	$\boldsymbol{x}$	$\boldsymbol{x}$	$\boldsymbol{x}$	$\boldsymbol{x}$	$\boldsymbol{x}$	$\boldsymbol{P}^{-1}\boldsymbol{x}$

4. 正交矩阵的有关结果

(1) $\boxed{\boldsymbol{A}\text{ 是正交矩阵,即 }\boldsymbol{A}^{\mathrm{T}}\boldsymbol{A}=\boldsymbol{E}\text{ 或 }\boldsymbol{A}^{-1}=\boldsymbol{A}^{\mathrm{T}}\text{ 或 }\boldsymbol{AA}^{\mathrm{T}}=\boldsymbol{E}}\Longleftrightarrow\boxed{\boldsymbol{A}\text{ 的列(行)向量是两两正交的单位向量}}$

(2) 若 $\boldsymbol{A}$ 是正交矩阵,则 $|\boldsymbol{A}|=\pm1$,且 $-\boldsymbol{A},\boldsymbol{A}^{\mathrm{T}},\boldsymbol{A}^k,\boldsymbol{A}^{-1},\boldsymbol{A}^*$ 仍是正交矩阵.

(3) 若 $\boldsymbol{A}$ 和 $\boldsymbol{B}$ 是 n 阶正交矩阵,则 $\boldsymbol{AB}$ 也是正交矩阵;但 $\boldsymbol{A}+\boldsymbol{B}$ 不是正交矩阵.

(4) 若 $\boldsymbol{A}$ 是正交矩阵,λ 是 $\boldsymbol{A}$ 的特征值,则 $|\lambda|=1$,又 $\frac{1}{\lambda}$ 也是 $\boldsymbol{A}$ 的特征值.

5. 相似矩阵的性质

若 $\boldsymbol{A}$ 与 $\boldsymbol{B}$ 相似,即存在可逆矩阵 $\boldsymbol{P}$,使得 $\boldsymbol{P}^{-1}\boldsymbol{AP}=\boldsymbol{B}$,则

(1) $\mathrm{R}(\boldsymbol{A})=\mathrm{R}(\boldsymbol{B})$, $|\boldsymbol{A}|=|\boldsymbol{B}|$.

(2) $\boldsymbol{A}^{\mathrm{T}}$ 与 $\boldsymbol{B}^{\mathrm{T}}$ 相似,$\boldsymbol{A}^{-1}$ 与 $\boldsymbol{B}^{-1}$ 相似,$\boldsymbol{A}^k$ 与 $\boldsymbol{B}^k$ 相似.

(3) $|\boldsymbol{A}-\lambda\boldsymbol{E}|=|\boldsymbol{B}-\lambda\boldsymbol{E}|$,从而 $\boldsymbol{A}$ 与 $\boldsymbol{B}$ 有相同的特征值.

6. 矩阵可相似对角化的条件

(设 $\boldsymbol{A}$ 是 n 阶方阵)

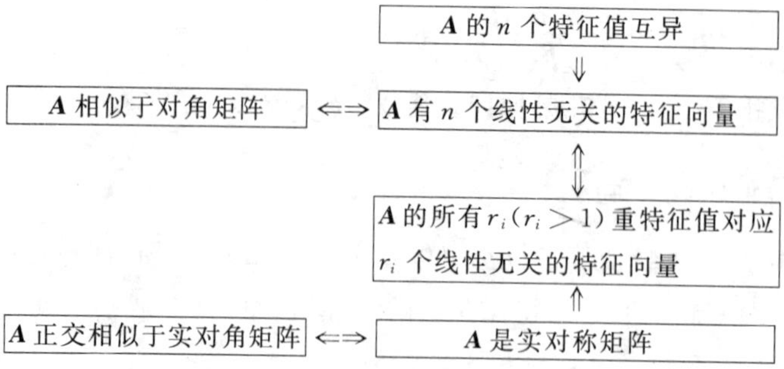

7. 合同矩阵的性质

若 $\boldsymbol{A}$ 与 $\boldsymbol{B}$ 合同，即存在可逆矩阵 $\boldsymbol{C}$，使 $\boldsymbol{C}^{\mathrm{T}}\boldsymbol{AC}=\boldsymbol{B}$，则

(1) $\mathrm{R}(\boldsymbol{A})=\mathrm{R}(\boldsymbol{B})$.

(2) 若 $\boldsymbol{A}$ 为对称矩阵，则 $\boldsymbol{B}$ 也是对称矩阵.

8. 主轴定理

定理 任给 n 元实二次型 $f=\boldsymbol{x}^{\mathrm{T}}\boldsymbol{Ax}$，其中 $\boldsymbol{A}$ 为 n 阶实对称矩阵，则总有正交变换 $\boldsymbol{x}=\boldsymbol{Qy}$，使 f 化为标准形

$$f=\lambda_1 y_1^2+\lambda_2 y_2^2+\cdots+\lambda_n y_n^2$$

这里 $\lambda_1,\lambda_2,\cdots,\lambda_n$ 是二次型的矩阵 $\boldsymbol{A}$ 的特征值，正交矩阵 $\boldsymbol{Q}$ 的列向量是对应特征值 $\lambda_1,\lambda_2,\cdots,\lambda_n$ 的单位正交特征向量.

等价结论 n 阶实对称矩阵 $\boldsymbol{A}$ 必可正交相似于对角矩阵，即存在 n 阶正交矩阵 $\boldsymbol{Q}$，使得

$$\boldsymbol{Q}^{-1}\boldsymbol{AQ}=\boldsymbol{Q}^{\mathrm{T}}\boldsymbol{AQ}=\begin{pmatrix}\lambda_1 & & & \\ & \lambda_2 & & \\ & & \ddots & \\ & & & \lambda_n\end{pmatrix}$$

(即 $\boldsymbol{A}$ 相似并合同于对角矩阵) 其中 $\lambda_1,\lambda_2,\cdots,\lambda_n$ 是 $\boldsymbol{A}$ 的 n 个特征值，$\boldsymbol{Q}$ 的列向量是对应的单位正交特征向量.

9. 惯性定理

定理 秩为 r 的 n 元实二次型 $f=\boldsymbol{x}^{\mathrm{T}}\boldsymbol{Ax}$ 用不同的实可逆线性变换化为标准形，则标准形中系数不为零的平方项个数保持不变(等于二次型的秩 r)，且其中正项的个数 p 保持不变. 称 p 为二次型 f 的**正惯性指数**，$r-p$ 为**负惯性指数**. 进一步有，秩为 r 的 n 元实二次型 $f=\boldsymbol{x}^{\mathrm{T}}\boldsymbol{Ax}$ 总可以用实可逆线性变换 $\boldsymbol{x}=\boldsymbol{Cy}$ 化为

$$f=y_1^2+\cdots+y_p^2-y_{p+1}^2-\cdots-y_r^2$$

称之为二次型 f 的**规范形**，它是唯一的.

等价结论 秩为 r 的 n 阶实对称矩阵 $\boldsymbol{A}$ 合同于形如

$$\begin{pmatrix}\boldsymbol{E}_p & & \\ & -\boldsymbol{E}_{r-p} & \\ & & \boldsymbol{O}\end{pmatrix}$$

的矩阵，即存在 n 阶可逆矩阵 $\boldsymbol{C}$，使得

$$\boldsymbol{C}^{\mathrm{T}}\boldsymbol{A}\boldsymbol{C}=\begin{pmatrix}\boldsymbol{E}_p & & \\ & -\boldsymbol{E}_{r-p} & \\ & & \boldsymbol{O}\end{pmatrix}$$

10. 判断正定二次型与正定矩阵的充要条件

实对称矩阵 $\boldsymbol{A}$ 的 n 个顺序主子式全大于 0

⇕

n 阶实对称矩阵 $\boldsymbol{A}$ 为正定矩阵 ⟷ 正定二次型：对 $\forall\,\boldsymbol{x}\neq\boldsymbol{0}, f=\boldsymbol{x}^{\mathrm{T}}\boldsymbol{A}\boldsymbol{x}>0$

⇕

$f=\boldsymbol{x}^{\mathrm{T}}\boldsymbol{A}\boldsymbol{x}\xlongequal[|\boldsymbol{C}|\neq 0]{\boldsymbol{x}=\boldsymbol{C}\boldsymbol{y}}d_1y_1^2+\cdots+d_ny_n^2 \quad (d_i>0, i=1,\cdots,n)$

或 $f=\boldsymbol{x}^{\mathrm{T}}\boldsymbol{A}\boldsymbol{x}\xlongequal[|\boldsymbol{C}|\neq 0]{\boldsymbol{x}=\boldsymbol{C}\boldsymbol{y}}y_1^2+\cdots+y_n^2$

（f 的正惯性指数为 n）

⟷

$\boldsymbol{C}^{\mathrm{T}}\boldsymbol{A}\boldsymbol{C}=\begin{pmatrix}d_1 & & \\ & \ddots & \\ & & d_n\end{pmatrix} \quad (d_i>0, i=1,\cdots,n)$

或 $\boldsymbol{C}^{\mathrm{T}}\boldsymbol{A}\boldsymbol{C}=\boldsymbol{E}$

⇕

$f=\boldsymbol{x}^{\mathrm{T}}\boldsymbol{A}\boldsymbol{x}\xlongequal[\boldsymbol{Q}^{\mathrm{T}}\boldsymbol{Q}=\boldsymbol{E}]{\boldsymbol{x}=\boldsymbol{Q}\boldsymbol{y}}\lambda_1y_1^2+\cdots+\lambda_ny_n^2 \quad (\lambda_i>0, i=1,2,\cdots,n)$

⟷

实对称矩阵 $\boldsymbol{A}$ 的特征值全大于 0

或 $\boldsymbol{Q}^{-1}\boldsymbol{A}\boldsymbol{Q}=\boldsymbol{Q}^{\mathrm{T}}\boldsymbol{A}\boldsymbol{Q}=\begin{pmatrix}\lambda_1 & & \\ & \ddots & \\ & & \lambda_n\end{pmatrix} \quad (\lambda_i>0, i=1,2,\cdots,n)$

11. 判断负定二次型与负定矩阵的充要条件

注意到若 n 元二次型 $f=\boldsymbol{x}^{\mathrm{T}}\boldsymbol{A}\boldsymbol{x}$ 为负定二次型（或实对称矩阵 $\boldsymbol{A}$ 为负定矩阵）时，$-f$ 为正定二次型（或 $-\boldsymbol{A}$ 为正定矩阵），相应地由 10 得到如下等价的条件：

(1) f 是负定二次型，即对 $\forall\,\boldsymbol{x}\neq\boldsymbol{0}, f=\boldsymbol{x}^{\mathrm{T}}\boldsymbol{A}\boldsymbol{x}<0$.

(2) f 的负惯性指数为 n.

(3) $\boldsymbol{A}$ 的特征值全小于 0.

(4) $\boldsymbol{A}$ 的奇数阶顺序主子式全小于 0，偶数阶顺序主子式全大于 0.

三、主要方法

1. 求特征值与特征向量

（设 $\boldsymbol{A}$ 是 n 阶方阵）：

第一步：由 $|\boldsymbol{A}-\lambda\boldsymbol{E}|=0$ 求得 $\boldsymbol{A}$ 的 n 个特征值. 设 $\lambda_1,\lambda_2,\cdots,\lambda_t$ 是 $\boldsymbol{A}$ 的互异特征值，其重数分别为 $r_1,r_2,\cdots,r_t$，且 $r_1+r_2+\cdots+r_t=n$.

第二步：求齐次线性方程组$(\boldsymbol{A}-\lambda_i\boldsymbol{E})\boldsymbol{x}=\boldsymbol{0}$ $(i=1,2,\cdots,t)$，其非零解向量即是对应特征值λ_i的特征向量，设基础解系为

$$\boldsymbol{p}_{i1},\boldsymbol{p}_{i2},\cdots,\boldsymbol{p}_{is_i}\quad(1\leqslant s_i\leqslant r_i)$$

则对应特征值λ_i的全部特征向量为

$$k_{i1}\boldsymbol{p}_{i1}+k_{i2}\boldsymbol{p}_{i2}+\cdots+k_{is_i}\boldsymbol{p}_{is_i}\quad(k_{i1},k_{i2},\cdots,k_{is_i}\text{ 不全为 }0)$$

2. 相似对角化的计算

（设$\boldsymbol{A}$是n阶方阵）：

第一步：求$\boldsymbol{A}$的特征值和对应的线性无关特征向量. 设$\lambda_1,\lambda_2,\cdots,\lambda_t$是$\boldsymbol{A}$的互异特征值，其重数分别为$r_1,r_2,\cdots,r_t$，且$r_1+r_2+\cdots+r_t=n$. 对应特征值$\lambda_i(i=1,2,\cdots,t)$的$r_i$个线性无关的特征向量为$\boldsymbol{p}_{i1},\boldsymbol{p}_{i2},\cdots,\boldsymbol{p}_{ir_i}(i=1,2,\cdots,t)$.

第二步：构造相似变换矩阵

$$\boldsymbol{P}=(\boldsymbol{p}_{11},\boldsymbol{p}_{12},\cdots,\boldsymbol{p}_{1r_1},\boldsymbol{p}_{21},\boldsymbol{p}_{22},\cdots,\boldsymbol{p}_{2r_2},\cdots,\boldsymbol{p}_{t1},\boldsymbol{p}_{t2},\cdots,\boldsymbol{p}_{tr_t})$$

则

$$\boldsymbol{P}^{-1}\boldsymbol{A}\boldsymbol{P}=\begin{pmatrix}\lambda_1\boldsymbol{E}_{r_1}&&&\\&\lambda_2\boldsymbol{E}_{r_2}&&\\&&\ddots&\\&&&\lambda_t\boldsymbol{E}_{r_t}\end{pmatrix}$$

3. 实对称矩阵正交相似于对角矩阵的计算

（设$\boldsymbol{A}$是n阶实对称矩阵）：

第一步：求$\boldsymbol{A}$的特征值和对应的线性无关特征向量. 设$\lambda_1,\lambda_2,\cdots,\lambda_t$是$\boldsymbol{A}$的互异特征值，其重数分别为$r_1,r_2,\cdots,r_t$，且$r_1+r_2+\cdots+r_t=n$. 对应特征值$\lambda_i(i=1,2,\cdots,t)$的$r_i$个线性无关的特征向量为$\boldsymbol{p}_{i1},\boldsymbol{p}_{i2},\cdots,\boldsymbol{p}_{ir_i}(i=1,2,\cdots,t)$.

第二步：将特征向量$\boldsymbol{p}_{i1},\boldsymbol{p}_{i2},\cdots,\boldsymbol{p}_{ir_i}$用 Schmidt 正交化过程正交化

$$\boldsymbol{\alpha}_{i1}=\boldsymbol{p}_{i1}$$

$$\boldsymbol{\alpha}_{ij}=\boldsymbol{p}_{ij}-\frac{[\boldsymbol{p}_{ij},\boldsymbol{\alpha}_{i1}]}{[\boldsymbol{\alpha}_{i1},\boldsymbol{\alpha}_{i1}]}\boldsymbol{\alpha}_{i1}-\cdots-\frac{[\boldsymbol{p}_{ij},\boldsymbol{\alpha}_{i,j-1}]}{[\boldsymbol{\alpha}_{i,j-1},\boldsymbol{\alpha}_{i,j-1}]}\boldsymbol{\alpha}_{i,j-1}\quad(j=2,\cdots,r_i)$$

再单位化

$$\boldsymbol{q}_{i1}=\frac{\boldsymbol{\alpha}_{i1}}{\|\boldsymbol{\alpha}_{i1}\|},\ \boldsymbol{q}_{i2}=\frac{\boldsymbol{\alpha}_{i2}}{\|\boldsymbol{\alpha}_{i2}\|},\ \cdots,\ \boldsymbol{q}_{ir_i}=\frac{\boldsymbol{\alpha}_{ir}}{\|\boldsymbol{\alpha}_{ir_i}\|}$$

（如果$r_i=1$，则只需对$\boldsymbol{p}_{i1}$单位化）

第三步：构造正交矩阵

$$\boldsymbol{Q}=(\boldsymbol{q}_{11},\boldsymbol{q}_{12},\cdots,\boldsymbol{q}_{1r_1},\boldsymbol{q}_{21},\boldsymbol{q}_{22},\cdots,\boldsymbol{q}_{2r_2},\cdots,\boldsymbol{q}_{t1},\boldsymbol{q}_{t2},\cdots,\boldsymbol{q}_{tr_t})$$

则

$$\boldsymbol{Q}^{-1}\boldsymbol{A}\boldsymbol{Q}=\boldsymbol{Q}^{\mathrm{T}}\boldsymbol{A}\boldsymbol{Q}=\begin{pmatrix}\lambda_1\boldsymbol{E}_{r_1}&&&\\&\lambda_2\boldsymbol{E}_{r_2}&&\\&&\ddots&\\&&&\lambda_t\boldsymbol{E}_{r_t}\end{pmatrix}$$

4. 二次型的矩阵表示

对于 n 元二次型

$$\begin{aligned} f(x_1,x_2,\cdots,x_n)=a_{11}x_1^2&+2a_{12}x_1x_2+\cdots+2a_{1n}x_1x_n\\ &+a_{22}x_2^2+\cdots+2a_{2n}x_2x_n\\ &+\cdots\\ &+a_{nn}x_n^2 \end{aligned}$$

可以改写为矩阵形式

$$f(x_1,x_2,\cdots,x_n)=\boldsymbol{x}^{\mathrm{T}}\boldsymbol{A}\boldsymbol{x}$$

其中 $\boldsymbol{x}=(x_1,x_2,\cdots,x_n)^{\mathrm{T}}$，$\boldsymbol{A}=(a_{ij})_{n\times n}$ 且 $\boldsymbol{A}^{\mathrm{T}}=\boldsymbol{A}$，即 $\boldsymbol{A}$ 是对称矩阵，称之为**二次型的矩阵**. 可按下述方法写出二次型 f 的矩阵 $\boldsymbol{A}$：

$\boldsymbol{A}$ 的主对角线上的元素 $a_{11},a_{22},\cdots,a_{nn}$ 为 $x_1^2,x_2^2,\cdots,x_n^2$ 的系数，而 $a_{ij}=a_{ji}(i\neq j)$ 即为 x_ix_j 的系数的一半.

可见给出一个二次型就唯一对应一个对称矩阵；反之，给出一个对称矩阵，按上述规则也可唯一确定一个二次型.

5. 正交变换化二次型为标准形的计算

（设 f 是 n 元实二次型）：

第一步：写出二次型 f 的矩阵 $\boldsymbol{A}$.

第二步：如同 3 求 n 阶正交矩阵 $\boldsymbol{Q}$，使得

$$\boldsymbol{Q}^{-1}\boldsymbol{A}\boldsymbol{Q}=\boldsymbol{Q}^{\mathrm{T}}\boldsymbol{A}\boldsymbol{Q}=\begin{pmatrix}\lambda_1 & & & \\ & \lambda_2 & & \\ & & \ddots & \\ & & & \lambda_n\end{pmatrix}$$

第三步：正交变换 $\boldsymbol{x}=\boldsymbol{Q}\boldsymbol{y}$ 化二次型为

$$f=\lambda_1y_1^2+\lambda_2y_2^2+\cdots+\lambda_ny_n^2$$

6. 配方法化二次型为标准形的计算

用配方法化二次型为标准形的关键是消去交叉项，分为以下两种情况来处理。

情形 1　二次型中含某变量 x_i 的平方项和交叉项，先集中含 x_i 的交叉项，然后与 x_i^2 配方，化成完全平方，令新变量代替各个平方项中的变量，即可作出可逆的线性变换，同时立即写出它的逆变换（即用新变量表示旧变量的变换），这样后面求总的线性变换就比较方便. 每次只对一个变量配平方，余下的项中不应再出现这个变量，再对剩下的变量同样进行，直到各项都化为平方项为止.

情形 2　二次型中没有平方项，只有交叉项. 先利用平方差公式构造可逆线性变换，化二次型为含平方项的二次型，如当 x_ix_j 的系数 $a_{ij}\neq0$ 时，作可逆线性变换：

$$x_i=y_i-y_j,\ x_j=y_i+y_j,\ x_k=y_k(k\neq i,j)$$

代入二次型后出现平方项 $a_{ij}y_i^2-a_{ij}y_j^2$，再按情形 1 来处理.

7. 正定矩阵的判定与证明

正定矩阵必须是实对称矩阵，因此在论证之前应注意 $\boldsymbol{A}$ 是否为实对称矩阵，若不是实对称矩阵，根本谈不上正定性.

对于具体给出的实对称矩阵 $\boldsymbol{A}$，判断 $\boldsymbol{A}$ 是否正定通常是检验 $\boldsymbol{A}$ 的各阶顺序主子式是否全大于零.

对于抽象给出的实对称矩阵 $\boldsymbol{A}$，常采用如下一些方法判断其正定性：

方法 1　利用定义，即对任意列向量 $\boldsymbol{x}\neq\boldsymbol{0}$，如果恒有二次型 $\boldsymbol{x}^{\mathrm{T}}\boldsymbol{A}\boldsymbol{x}>0$，则 $\boldsymbol{A}$ 为正定矩阵. 当证明若干个矩阵之和或之积为正定矩阵时，常用此法.

方法 2　利用特征值. 当 $\boldsymbol{A}$ 的所有特征值大于零时，$\boldsymbol{A}$ 为正定矩阵. 当证明矩阵 $\boldsymbol{A}$ 的各种运算，如方幂、逆矩阵、伴随矩阵、多项式矩阵等为正定矩阵时，常用此法.

四、常考题型及考研典型题精解

例 5－1　求齐次线性方程组

$$\begin{cases}3x_1+2x_2-3x_3+x_4=0\\ x_1+x_2-x_3=0\\ x_1-x_2-x_3+2x_4=0\end{cases}$$

解空间的标准正交基，并求与解空间中的向量都正交的向量.

分析　求出齐次线性方程组的基础解系，它即为解空间的基. 再将其正交化、单位化即得解空间的标准正交基. 而与解空间中向量都正交的向量应与解空间的基正交.

解　对系数矩阵 $\boldsymbol{A}$ 作初等行变换化为行最简形矩阵，有

$$\boldsymbol{A}=\begin{pmatrix}3&2&-3&1\\1&1&-1&0\\1&-1&-1&2\end{pmatrix}\xrightarrow[r_3-r_2]{r_1-3r_2}\begin{pmatrix}0&-1&0&1\\1&1&-1&0\\0&-2&0&2\end{pmatrix}\xrightarrow[\substack{r_1\times(-1)\\ r_1\leftrightarrow r_2}]{\substack{r_2+r_1\\ r_3-2r_1}}\begin{pmatrix}1&0&-1&1\\0&1&0&-1\\0&0&0&0\end{pmatrix}$$

同解方程组为

$$\begin{cases}x_1=x_3-x_4\\ x_2=x_4\end{cases}$$

方程组的基础解系为

$$\boldsymbol{\xi}_1=(1,0,1,0)^{\mathrm{T}},\quad \boldsymbol{\xi}_2=(-1,1,0,1)^{\mathrm{T}}$$

经 Schmidt 正交化，有

$$\boldsymbol{\eta}_1=\boldsymbol{\xi}_1=(1,0,1,0)^{\mathrm{T}}$$

$$\boldsymbol{\eta}_2=\boldsymbol{\xi}_2-\frac{[\boldsymbol{\xi}_2,\boldsymbol{\eta}_1]}{[\boldsymbol{\eta}_1,\boldsymbol{\eta}_1]}\boldsymbol{\eta}_1=(-1,1,0,1)^{\mathrm{T}}-\frac{-1}{2}(1,0,1,0)^{\mathrm{T}}=\left(-\frac{1}{2},1,\frac{1}{2},1\right)^{\mathrm{T}}$$

再单位化，有

$$\boldsymbol{\gamma}_1=\frac{\boldsymbol{\eta}_1}{\|\boldsymbol{\eta}_1\|}=\left(\frac{1}{\sqrt{2}},0,\frac{1}{\sqrt{2}},0\right)^{\mathrm{T}},\quad \boldsymbol{\gamma}_2=\frac{\boldsymbol{\eta}_2}{\|\boldsymbol{\eta}_2\|}=\left(-\frac{1}{\sqrt{10}},\frac{2}{\sqrt{10}},\frac{1}{\sqrt{10}},\frac{2}{\sqrt{10}}\right)^{\mathrm{T}}$$

则 γ_1, γ_2 是解空间的标准正交基.

由于 $\boldsymbol{\alpha}=(x_1, x_2, x_3, x_4)^{\mathrm{T}}$ 与解空间中每个向量都正交的充要条件是 $\boldsymbol{\alpha}$ 与解空间的基正交,即 $[\boldsymbol{\alpha}, \boldsymbol{\xi}_1]=[\boldsymbol{\alpha}, \boldsymbol{\xi}_2]=0$,从而

$$\begin{cases} x_1 \quad + x_3 \quad = 0 \\ -x_1 + x_2 \quad + x_4 = 0 \end{cases}$$

解得其基础解系为

$$(-1, -1, 1, 0)^{\mathrm{T}}, \quad (0, -1, 0, 1)^{\mathrm{T}}$$

故与解空间中每个向量都正交的向量为

$$\boldsymbol{\alpha}=k_1(-1, -1, 1, 0)^{\mathrm{T}}+k_2(0, -1, 0, 1)^{\mathrm{T}} \qquad (k_1, k_2 \in \mathbf{R})$$

例 5-2　设 $1, -2, -\frac{3}{2}$ 是 3 阶方阵 $\boldsymbol{A}$ 的特征值,则 $|2\boldsymbol{A}^*-3\boldsymbol{E}|=$ __126__.

分析　为求出 $|2\boldsymbol{A}^*-3\boldsymbol{E}|$,需求得 $2\boldsymbol{A}^*-3\boldsymbol{E}$ 的特征值. 由于 $1, -2, -\frac{3}{2}$ 是 $\boldsymbol{A}$ 的特征值,则有 $|\boldsymbol{A}|=1\cdot(-2)\cdot(-\frac{3}{2})=3$,从而 $\boldsymbol{A}^*$ 的特征值为

$$\lambda_1=\frac{3}{1}=3, \quad \lambda_2=\frac{3}{-2}=-\frac{3}{2}, \quad \lambda_3=\frac{3}{-\frac{3}{2}}=-2$$

于是 $2\boldsymbol{A}^*-3\boldsymbol{E}$ 的特征值为

$$\mu_1=2\lambda_1-3=3, \quad \mu_2=2\lambda_2-3=-6, \quad \mu_3=2\lambda_3-3=-7$$

故 $|2\boldsymbol{A}^*-3\boldsymbol{E}|=\mu_1\mu_2\mu_3=126$.

例 5-3　设 $\boldsymbol{A}$ 为 2 阶矩阵. $\boldsymbol{\alpha}_1, \boldsymbol{\alpha}_2$ 为线性无关的 2 维列向量,$\boldsymbol{A}\boldsymbol{\alpha}_1=\boldsymbol{0}, \boldsymbol{A}\boldsymbol{\alpha}_2=2\boldsymbol{\alpha}_1+\boldsymbol{\alpha}_2$,则 $\boldsymbol{A}$ 的非零特征值为 __1__.

解　**法 1**　由 $\boldsymbol{A}\boldsymbol{\alpha}_1=\boldsymbol{0}$ 知 $\boldsymbol{A}$ 的一个特征值为 0,对应的特征向量为 $\boldsymbol{\alpha}_1$. 将 $\boldsymbol{A}\boldsymbol{\alpha}_2=2\boldsymbol{\alpha}_1+\boldsymbol{\alpha}_2$ 两端同时左乘 $\boldsymbol{A}$ 有 $\boldsymbol{A}(\boldsymbol{A}\boldsymbol{\alpha})_2=\boldsymbol{A}(2\boldsymbol{\alpha}_1)+\boldsymbol{A}\boldsymbol{\alpha}_2$. 由于 $\boldsymbol{A}\boldsymbol{\alpha}_1=\boldsymbol{0}$,则有 $\boldsymbol{A}(\boldsymbol{A}\boldsymbol{\alpha}_2)=\boldsymbol{A}\boldsymbol{\alpha}_2$,因此 $\boldsymbol{A}$ 的另一个特征值为 1,对应的特征向量为 $\boldsymbol{A}\boldsymbol{\alpha}_2$,所以 $\boldsymbol{A}$ 的非零特征值为 1.

法 2　由 $\boldsymbol{A}\boldsymbol{\alpha}_1=\boldsymbol{0}, \boldsymbol{A}\boldsymbol{\alpha}_2=2\boldsymbol{\alpha}_1+\boldsymbol{\alpha}_2$,有

$$\boldsymbol{A}(\boldsymbol{\alpha}_1, \boldsymbol{\alpha}_2)=(\boldsymbol{\alpha}_1, \boldsymbol{\alpha}_2)\begin{pmatrix} 0 & 2 \\ 0 & 1 \end{pmatrix} \qquad (*)$$

记 $\boldsymbol{P}=(\boldsymbol{\alpha}_1, \boldsymbol{\alpha}_2), \boldsymbol{B}=\begin{pmatrix} 0 & 2 \\ 0 & 1 \end{pmatrix}$. 因为 $\boldsymbol{\alpha}_1, \boldsymbol{\alpha}_2$ 线性无关,则 $\boldsymbol{P}$ 可逆. 式(*)可写为 $\boldsymbol{P}^{-1}\boldsymbol{A}\boldsymbol{P}=\boldsymbol{B}$. 即 $\boldsymbol{A}$ 与 $\boldsymbol{B}$ 相似,则 $\boldsymbol{A}$ 与 $\boldsymbol{B}$ 的特征值相同,求得 $\boldsymbol{B}$ 的特征值为 0 和 1,则 $\boldsymbol{A}$ 的非零特征值为 1.

例 5-4　已知 $\boldsymbol{x}=\begin{pmatrix} 1 \\ 1 \\ -1 \end{pmatrix}$ 是矩阵 $\boldsymbol{A}=\begin{pmatrix} 2 & -1 & 2 \\ 5 & a & 3 \\ -1 & b & -2 \end{pmatrix}$ 的一个特征向量.

(1) 试确定参数 a, b 及特征向量 $\boldsymbol{x}$ 所对应的特征值;

(2) 问 $\boldsymbol{A}$ 能否相似于对角矩阵? 说明理由.

分析　由 $\boldsymbol{A}\boldsymbol{x}=\lambda\boldsymbol{x}$ 可确定参数 a, b 及特征值 λ. $\boldsymbol{A}$ 可否相似于对角矩阵,取决于重特征值

对应的线性无关特征向量个数是否等于其重数.

解 由 $\boldsymbol{Ax}=\lambda\boldsymbol{x}$,得

$$2-1-2=\lambda,\quad 5+a-3=\lambda,\quad -1+b+2=-\lambda$$

解之得

$$\lambda=-1,\quad a=-3,\quad b=0$$

可得

$$|\boldsymbol{A}-\lambda\boldsymbol{E}|=\begin{vmatrix}2-\lambda & -1 & 2\\ 5 & -3-\lambda & 3\\ -1 & 0 & -2-\lambda\end{vmatrix}=-(\lambda+1)^3$$

所以 $\lambda=-1$ 是 $\boldsymbol{A}$ 的三重特征值. 但

$$\boldsymbol{A}+\boldsymbol{E}=\begin{pmatrix}3 & -1 & 2\\ 5 & -2 & 3\\ -1 & 0 & -1\end{pmatrix}\xrightarrow[\substack{r_2+5r_3\\ r_3\times(-1)}]{r_1+3r_3}\begin{pmatrix}0 & -1 & -1\\ 0 & -2 & -2\\ 1 & 0 & 1\end{pmatrix}\xrightarrow[\substack{r_1\leftrightarrow r_3\\ r_2\leftrightarrow r_3}]{\substack{r_2-2r_1\\ r_1\times(-1)}}\begin{pmatrix}1 & 0 & 1\\ 0 & 1 & 1\\ 0 & 0 & 0\end{pmatrix}$$

可见 $R(\boldsymbol{A}+\boldsymbol{E})=2$,从而 $\lambda=-1$ 对应的线性无关特征向量只有 $3-2=1$ 个,故 $\boldsymbol{A}$ 不能相似于对角矩阵.

例 5-5 设数列 $\{u_n\}$,$\{v_n\}$ 满足

$$\begin{cases}u_n=2u_{n-1}-3v_{n-1}\\ v_n=\dfrac{1}{2}u_{n-1}-\dfrac{1}{2}v_{n-1}\end{cases}$$

且 $u_0=1$,$v_0=0$,求 $\{u_n\}$ 的通项及 $\lim\limits_{n\to+\infty}u_n$.

解 将所给关系式写成矩阵形式为

$$\begin{pmatrix}u_n\\ v_n\end{pmatrix}=\boldsymbol{A}\begin{pmatrix}u_{n-1}\\ v_{n-1}\end{pmatrix},\quad 其中\quad \boldsymbol{A}=\begin{pmatrix}2 & -3\\ \dfrac{1}{2} & -\dfrac{1}{2}\end{pmatrix}$$

于是

$$\begin{pmatrix}u_n\\ v_n\end{pmatrix}=\boldsymbol{A}\begin{pmatrix}u_{n-1}\\ v_{n-1}\end{pmatrix}=\boldsymbol{A}^2\begin{pmatrix}u_{n-2}\\ v_{n-2}\end{pmatrix}=\cdots=\boldsymbol{A}^n\begin{pmatrix}u_0\\ v_0\end{pmatrix}$$

可求得 $\boldsymbol{A}$ 的特征值为 $\lambda_1=1$,$\lambda_2=\dfrac{1}{2}$,对应的特征向量分别为

$$\boldsymbol{p}_1=(3,1)^{\mathrm{T}},\quad \boldsymbol{p}_2=(2,1)^{\mathrm{T}}$$

令 $\boldsymbol{P}=(\boldsymbol{p}_1,\boldsymbol{p}_2)=\begin{pmatrix}3 & 2\\ 1 & 1\end{pmatrix}$,则 $\boldsymbol{P}^{-1}\boldsymbol{AP}=\boldsymbol{\Lambda}=\begin{pmatrix}1 & 0\\ 0 & \dfrac{1}{2}\end{pmatrix}$,从而

$$\boldsymbol{A}^n=\boldsymbol{P\Lambda}^n\boldsymbol{P}^{-1}=\begin{pmatrix}3 & 2\\ 1 & 1\end{pmatrix}\begin{pmatrix}1 & \\ & \left(\dfrac{1}{2}\right)^n\end{pmatrix}\begin{pmatrix}1 & -2\\ -1 & 3\end{pmatrix}=\begin{pmatrix}3-2\left(\dfrac{1}{2}\right)^n & -6+6\cdot\left(\dfrac{1}{2}\right)^n\\ 1-\left(\dfrac{1}{2}\right)^n & -2+3\cdot\left(\dfrac{1}{2}\right)^n\end{pmatrix}$$

则由

$$\begin{pmatrix}u_n\\ v_n\end{pmatrix}=\boldsymbol{A}^n\begin{pmatrix}u_0\\ v_0\end{pmatrix}=\begin{pmatrix}3-2\cdot\left(\dfrac{1}{2}\right)^n & -6+6\left(\dfrac{1}{2}\right)^n\\ 1-\left(\dfrac{1}{2}\right)^n & -2+3\cdot\left(\dfrac{1}{2}\right)^n\end{pmatrix}\begin{pmatrix}1\\ 0\end{pmatrix}=\begin{pmatrix}3-2\cdot\left(\dfrac{1}{2}\right)^n\\ 1-\left(\dfrac{1}{2}\right)^n\end{pmatrix}$$

得 $u_n=3-2\cdot\left(\frac{1}{2}\right)^n$，且有 $\lim\limits_{n\to+\infty}u_n=3$.

例 5－6　设 $\boldsymbol{A}$ 是正交矩阵，证明 $\boldsymbol{A}$ 的特征值的模为 1.

证　设 $\boldsymbol{Ax}=\lambda\boldsymbol{x},\boldsymbol{x}\neq\boldsymbol{0}$，即 $\boldsymbol{x}$ 是 $\boldsymbol{A}$ 对应的特征值 λ 的特征向量. 取转置得 $\boldsymbol{x}^{\mathrm{T}}\boldsymbol{A}^{\mathrm{T}}=\lambda\boldsymbol{x}^{\mathrm{T}}$，再取共轭得 $\bar{\boldsymbol{x}}^{\mathrm{T}}\bar{\boldsymbol{A}}^{\mathrm{T}}=\overline{\lambda\boldsymbol{x}}^{\mathrm{T}}$，即 $\bar{\boldsymbol{x}}^{\mathrm{T}}\boldsymbol{A}^{\mathrm{T}}=\overline{\lambda\boldsymbol{x}}^{\mathrm{T}}$. 两边右乘 $\boldsymbol{Ax}$，有 $\bar{\boldsymbol{x}}^{\mathrm{T}}\boldsymbol{A}^{\mathrm{T}}\boldsymbol{Ax}=\overline{\lambda\boldsymbol{x}}^{\mathrm{T}}\boldsymbol{Ax}$，利用 $\boldsymbol{A}^{\mathrm{T}}\boldsymbol{A}=\boldsymbol{E}$ 和 $\boldsymbol{Ax}=\lambda\boldsymbol{x}$ 得 $\bar{\boldsymbol{x}}^{\mathrm{T}}\boldsymbol{x}=\lambda\bar{\lambda}\bar{\boldsymbol{x}}^{\mathrm{T}}\boldsymbol{x}$，即 $(|\lambda|^2-1)\bar{\boldsymbol{x}}^{\mathrm{T}}\boldsymbol{x}=0$. 因为 $\bar{\boldsymbol{x}}^{\mathrm{T}}\boldsymbol{x}\neq0$，所以 $|\lambda|^2-1=0$，故 $|\lambda|=1$.

例 5－7　设 $\boldsymbol{A},\boldsymbol{B}$ 均为 n 阶方阵，证明 $\boldsymbol{AB}$ 与 $\boldsymbol{BA}$ 有相同的特征值.

证　设 $(\boldsymbol{AB})\boldsymbol{x}=\lambda\boldsymbol{x},\boldsymbol{x}\neq\boldsymbol{0}$，即 $\boldsymbol{x}$ 是 $\boldsymbol{AB}$ 对应特征值 λ 的特征向量. 用 $\boldsymbol{B}$ 左乘之得 $(\boldsymbol{BA})(\boldsymbol{Bx})=\lambda(\boldsymbol{Bx})$. 分两种情况讨论如下：

(1) 若 $\lambda\neq0$，则 $\boldsymbol{Bx}\neq\boldsymbol{0}$（否则，若 $\boldsymbol{Bx}=\boldsymbol{0}$，则有 $\boldsymbol{0}=\boldsymbol{A}(\boldsymbol{Bx})=(\boldsymbol{AB})\boldsymbol{x}=\lambda\boldsymbol{x}$，这与 $\lambda\neq0$ 和 $\boldsymbol{x}\neq\boldsymbol{0}$ 矛盾），可见 λ 也是 $\boldsymbol{BA}$ 的特征值（对应的特征向量是 $\boldsymbol{Bx}$）.

(2) 若 $\lambda=0$，即 $\boldsymbol{AB}$ 有零特征值，则有

$$|\boldsymbol{BA}-0\boldsymbol{E}|=|\boldsymbol{BA}|=|\boldsymbol{B}||\boldsymbol{A}|=|\boldsymbol{A}||\boldsymbol{B}|=|\boldsymbol{AB}-0\boldsymbol{E}|=0$$

即 0 也是 $\boldsymbol{BA}$ 的特征值. 故 $\boldsymbol{AB}$ 的特征值都是 $\boldsymbol{BA}$ 的特征值.

同理可证 $\boldsymbol{BA}$ 的特征值也是 $\boldsymbol{AB}$ 的特征值. 故 $\boldsymbol{AB}$ 与 $\boldsymbol{BA}$ 有相同的特征值.

例 5－8　设 $\boldsymbol{A}$ 为 n 阶方阵，λ_1 和 λ_2 是 $\boldsymbol{A}$ 的两个不同的特征值，$\boldsymbol{x}_1,\boldsymbol{x}_2$ 是分别属于 λ_1 和 λ_2 的特征向量. 试证明 $\boldsymbol{x}_1+\boldsymbol{x}_2$ 不是 $\boldsymbol{A}$ 的特征向量.

证　用反证法. 设 $\boldsymbol{x}_1+\boldsymbol{x}_2$ 是 $\boldsymbol{A}$ 的属于特征值 λ_0 的特征向量，即 $\boldsymbol{A}(\boldsymbol{x}_1+\boldsymbol{x}_2)=\lambda_0(\boldsymbol{x}_1+\boldsymbol{x}_2)$，则由 $\boldsymbol{Ax}_1=\lambda\boldsymbol{x}_1$ 和 $\boldsymbol{Ax}_2=\lambda_2\boldsymbol{x}_2$，得

$$\lambda_0(\boldsymbol{x}_1+\boldsymbol{x}_2)=\boldsymbol{A}(\boldsymbol{x}_1+\boldsymbol{x}_2)=\boldsymbol{Ax}_1+\boldsymbol{Ax}_2=\lambda_1\boldsymbol{x}_1+\lambda_2\boldsymbol{x}_2$$

即

$$(\lambda_0-\lambda_1)\boldsymbol{x}_1+(\lambda_0-\lambda_2)\boldsymbol{x}_2=\boldsymbol{0}$$

因为 $\boldsymbol{x}_1,\boldsymbol{x}_2$ 是分别属于不同特征值的特征向量，从而 $\boldsymbol{x}_1$ 与 $\boldsymbol{x}_2$ 线性无关，故由上式得 $\lambda_0-\lambda_1=0,\lambda_0-\lambda_2=0$，即 $\lambda_1=\lambda_0=\lambda_2$，这与 $\lambda_1\neq\lambda_2$ 矛盾. 故 $\boldsymbol{x}_1+\boldsymbol{x}_2$ 不是 $\boldsymbol{A}$ 的特征向量.

例 5－9　已知 3 阶方阵 $\boldsymbol{A}$ 与 3 维向量 $\boldsymbol{x}$，使得向量组 $\boldsymbol{x},\boldsymbol{Ax},\boldsymbol{A}^2\boldsymbol{x}$ 线性无关，且满足 $\boldsymbol{A}^3\boldsymbol{x}=3\boldsymbol{Ax}-2\boldsymbol{A}^2\boldsymbol{x}$.

(1) 记 $\boldsymbol{P}=(\boldsymbol{x},\boldsymbol{Ax},\boldsymbol{A}^2\boldsymbol{x})$，求 3 阶方阵 $\boldsymbol{B}$，使 $\boldsymbol{A}=\boldsymbol{PBP}^{-1}$；

(2) 计算行列式 $|\boldsymbol{A}+\boldsymbol{E}|$.

解　(1) 矩阵 $\boldsymbol{B}$ 满足 $\boldsymbol{A}=\boldsymbol{PBP}^{-1}$，即 $\boldsymbol{AP}=\boldsymbol{PB}$. 由于

$$\boldsymbol{AP}=\boldsymbol{A}(\boldsymbol{x},\boldsymbol{Ax},\boldsymbol{A}^2\boldsymbol{x})=(\boldsymbol{Ax},\boldsymbol{A}^2\boldsymbol{x},\boldsymbol{A}^3\boldsymbol{x})=$$

$$(\boldsymbol{Ax},\boldsymbol{A}^2\boldsymbol{x},3\boldsymbol{Ax}-2\boldsymbol{A}^2\boldsymbol{x})=(\boldsymbol{x},\boldsymbol{Ax},\boldsymbol{A}^2\boldsymbol{x})\begin{pmatrix}0&0&0\\1&0&3\\0&1&-2\end{pmatrix}=\boldsymbol{PB}$$

故得

$$\boldsymbol{B}=\begin{pmatrix}0&0&0\\1&0&3\\0&1&-2\end{pmatrix}$$

(2) $|\boldsymbol{A}+\boldsymbol{E}|=|\boldsymbol{PBP}^{-1}+\boldsymbol{E}|=|\boldsymbol{P}(\boldsymbol{B}+\boldsymbol{E})\boldsymbol{P}^{-1}|=|\boldsymbol{B}+\boldsymbol{E}|=\begin{vmatrix}1&0&0\\1&1&3\\0&1&-1\end{vmatrix}=-4$

例 5－10　设 $\boldsymbol{A}$ 是 n 阶实对称矩阵，且满足 $\boldsymbol{A}^2+2\boldsymbol{A}=\boldsymbol{O}$，$\mathrm{R}(\boldsymbol{A})=k$，试求 $|\boldsymbol{A}+3\boldsymbol{E}|$.

分析　抽象矩阵的行列式往往通过求该矩阵的特征值或相似对角化来确定.

解　设 λ 是 $\boldsymbol{A}$ 的特征值,$\boldsymbol{x}\neq\boldsymbol{0}$ 是对应 λ 的特征向量,即 $\boldsymbol{A}\boldsymbol{x}=\lambda\boldsymbol{x}$. 对等式 $\boldsymbol{A}^2+2\boldsymbol{A}=\boldsymbol{O}$ 右乘 $\boldsymbol{x}$ 得 $\boldsymbol{A}^2\boldsymbol{x}+2\boldsymbol{A}\boldsymbol{x}=\boldsymbol{0}$,即 $(\lambda^2+2\lambda)\boldsymbol{x}=\boldsymbol{0}$,由 $\boldsymbol{x}\neq\boldsymbol{0}$,知 $\lambda^2+2\lambda=0$,即 $\lambda_1=-2$ 和 $\lambda_2=0$ 是 $\boldsymbol{A}$ 的互异特征值. 因为 $\boldsymbol{A}$ 是实对称矩阵,所以 $\boldsymbol{A}$ 可(正交)相似于对角矩阵 $\boldsymbol{\Lambda}$,即存在 n 阶可逆矩阵 $\boldsymbol{P}$,使 $\boldsymbol{P}^{-1}\boldsymbol{A}\boldsymbol{P}=\boldsymbol{\Lambda}$. 注意到 $\mathrm{R}(\boldsymbol{\Lambda})=\mathrm{R}(\boldsymbol{A})=k$,可知 -2 是 $\boldsymbol{A}$ 的 k 重特征值而 0 是 $\boldsymbol{A}$ 的 $n-k$ 重特征值. 于是可设

$$\boldsymbol{P}^{-1}\boldsymbol{A}\boldsymbol{P}=\boldsymbol{\Lambda}=\begin{pmatrix}-2\boldsymbol{E}_k & \boldsymbol{O}\\ \boldsymbol{O} & \boldsymbol{O}\end{pmatrix}$$

故
$$|\boldsymbol{A}+3\boldsymbol{E}|=|\boldsymbol{P}\boldsymbol{\Lambda}\boldsymbol{P}^{-1}+3\boldsymbol{E}|=|\boldsymbol{P}(\boldsymbol{\Lambda}+3\boldsymbol{E})\boldsymbol{P}^{-1}|=\begin{vmatrix}\boldsymbol{E}_k & \boldsymbol{O}\\ \boldsymbol{O} & 3\boldsymbol{E}_{n-k}\end{vmatrix}=3^{n-k}$$

注　也可由 $\boldsymbol{A}$ 的特征值为 $\lambda_1=\cdots=\lambda_k=-2,\ \lambda_{k+1}=\cdots=\lambda_n=0$ 知 $\boldsymbol{A}+3\boldsymbol{E}$ 的特征值为

$$\mu_1=\cdots=\mu_k=1,\quad \mu_{k+1}=\cdots=\mu_n=3$$

从而
$$|\boldsymbol{A}+3\boldsymbol{E}|=\mu_1\cdots\mu_k\mu_{k+1}\cdots\mu_n=3^{n-k}$$

例 5-11　已知二次型

$$f(x_1,x_2,x_3)=5x_1^2+5x_2^2+cx_3^2-2x_1x_2+6x_1x_3-6x_2x_3$$

的秩为 2.

(1) 求参数 c;

(2) 求一正交变换化二次型 f 为标准形;

(3) 指出方程 $f(x_1,x_2,x_3)=1$ 表示何种二次曲面.

分析　二次型的秩即为二次型矩阵的秩.

解　(1) **法 1**　二次型的矩阵为

$$\boldsymbol{A}=\begin{pmatrix}5 & -1 & 3\\ -1 & 5 & -3\\ 3 & -3 & c\end{pmatrix}$$

因为 $\mathrm{R}(\boldsymbol{A})=2$,所以 $|\boldsymbol{A}|=0$,解得 $c=3$. 容易验证,此时 $\boldsymbol{A}$ 的秩的确是 2.

法 2

$$\boldsymbol{A}\xrightarrow[\substack{r_3+3r_2\\ r_2\times(-1)}]{r_1+5r_2}\begin{pmatrix}0 & 24 & -12\\ 1 & -5 & 3\\ 0 & 12 & c-9\end{pmatrix}\xrightarrow[\substack{r_3-6r_1\\ r_1\leftrightarrow r_2}]{r_1\times\frac{1}{12}}\begin{pmatrix}1 & -5 & 3\\ 0 & 2 & -1\\ 0 & 0 & c-3\end{pmatrix}$$

因为 $\mathrm{R}(\boldsymbol{A})=2$,所以 $c=3$.

(2) 可求得

$$|\boldsymbol{A}-\lambda\boldsymbol{E}|=\begin{vmatrix}5-\lambda & -1 & 3\\ -1 & 5-\lambda & -3\\ 3 & -3 & 3-\lambda\end{vmatrix}=-\lambda(\lambda-4)(\lambda-9)$$

则 $\boldsymbol{A}$ 的特征值为 $\lambda_1=0,\lambda_2=4,\lambda_3=9$.

又对应的特征向量为

$$\boldsymbol{p}_1=\begin{pmatrix}-1\\ 1\\ 2\end{pmatrix},\quad \boldsymbol{p}_2=\begin{pmatrix}1\\ 1\\ 0\end{pmatrix},\quad \boldsymbol{p}_3=\begin{pmatrix}1\\ -1\\ 1\end{pmatrix}$$

单位化得

$$q_1=\begin{pmatrix}-\frac{1}{\sqrt{6}}\\ \frac{1}{\sqrt{6}}\\ \frac{2}{\sqrt{6}}\end{pmatrix},\quad q_2=\begin{pmatrix}\frac{1}{\sqrt{2}}\\ \frac{1}{\sqrt{2}}\\ 0\end{pmatrix},\quad q_3=\begin{pmatrix}\frac{1}{\sqrt{3}}\\ -\frac{1}{\sqrt{3}}\\ \frac{1}{\sqrt{3}}\end{pmatrix}$$

故正交变换 $\begin{pmatrix}x_1\\x_2\\x_3\end{pmatrix}=\begin{pmatrix}-\frac{1}{\sqrt{6}} & \frac{1}{\sqrt{2}} & \frac{1}{\sqrt{3}}\\ \frac{1}{\sqrt{6}} & \frac{1}{\sqrt{2}} & -\frac{1}{\sqrt{3}}\\ \frac{2}{\sqrt{6}} & 0 & \frac{1}{\sqrt{3}}\end{pmatrix}\begin{pmatrix}y_1\\y_2\\y_3\end{pmatrix}$ 化二次型为

$$f=0y_1^2+4y_2^2+9y_3^2$$

(3) $f(x_1,x_2,x_3)=1$ 表示椭圆柱面.

例 5－12　已知二次型

$$f(x_1,x_2,x_3)=x_1^2-2x_2^2-2x_3^2+2ax_1x_2+4x_1x_3+8x_2x_3$$

通过正交变换化成标准形

$$f=2y_1^2+2y_2^2-7y_3^2$$

求参数 a 及所用的正交变换.

分析　利用所给二次型的矩阵与标准形对应的对角矩阵(正交) 相似来确定参数 a.

解　变换前后二次型的矩阵分别为

$$\boldsymbol{A}=\begin{pmatrix}1 & a & 2\\ a & -2 & 4\\ 2 & 4 & -2\end{pmatrix},\quad \boldsymbol{\Lambda}=\begin{pmatrix}2 & & \\ & 2 & \\ & & -7\end{pmatrix}$$

它们是(正交) 相似的. 可得

$$|\boldsymbol{A}-\lambda\boldsymbol{E}|=-\lambda^3-3\lambda^2+(a^2+20)\lambda+(2a^2+16a-4)$$

$$|\boldsymbol{\Lambda}-\lambda\boldsymbol{E}|=(2-\lambda)^2(-7-\lambda)=-\lambda^3-3\lambda^2+24\lambda-28$$

由于相似矩阵有相同的特征多项式,即 $|\boldsymbol{A}-\lambda\boldsymbol{E}|=|\boldsymbol{\Lambda}-\lambda\boldsymbol{E}|$,比较两边 λ 的同次幂系数得

$$\begin{cases}a^2+20=24\\ 2a^2+16a-4=-28\end{cases}$$

由此解得 $a=-2$.(注意到 2 是 $\boldsymbol{A}$ 的特征值,由 $|\boldsymbol{A}-2\boldsymbol{E}|=4a^2+16a+16=0$,也可求得 $a=-2$.) 此时

$$\boldsymbol{A}=\begin{pmatrix}1 & 2 & 2\\ -2 & -2 & 4\\ 2 & 4 & -2\end{pmatrix}$$

当 $\lambda_1=\lambda_2=2$ 时,由 $(\boldsymbol{A}-2\boldsymbol{E})\boldsymbol{x}=\boldsymbol{0}$ 得

$$\boldsymbol{A}-2\boldsymbol{E}=\begin{pmatrix}-1 & -2 & 2\\ -2 & -4 & 4\\ 2 & 4 & -4\end{pmatrix}\longrightarrow\begin{pmatrix}1 & 2 & -2\\ 0 & 0 & 0\\ 0 & 0 & 0\end{pmatrix}$$

解得对应的特征向量

$$p_1=\begin{pmatrix}-2\\1\\0\end{pmatrix},\quad p_2=\begin{pmatrix}2\\0\\1\end{pmatrix}$$

用 Schmidt 正交化过程将其正交化

$$\boldsymbol{\alpha}_1=\boldsymbol{p}_1=\begin{pmatrix}-2\\1\\0\end{pmatrix},\quad \boldsymbol{\alpha}_2=\boldsymbol{p}_2-\frac{[\boldsymbol{p}_2,\boldsymbol{\alpha}_1]}{[\boldsymbol{\alpha}_1,\boldsymbol{\alpha}_1]}\boldsymbol{\alpha}_1=\begin{pmatrix}2\\0\\1\end{pmatrix}-\frac{-4}{5}\begin{pmatrix}-2\\1\\0\end{pmatrix}=\begin{pmatrix}\frac{2}{5}\\\frac{4}{5}\\1\end{pmatrix}$$

再单位化得

$$\boldsymbol{q}_1=\frac{\boldsymbol{\alpha}_1}{\|\boldsymbol{\alpha}_1\|}=\begin{pmatrix}-\frac{2}{\sqrt{5}}\\\frac{1}{\sqrt{5}}\\0\end{pmatrix},\quad \boldsymbol{q}_2=\frac{\boldsymbol{\alpha}_2}{\|\boldsymbol{\alpha}_2\|}=\begin{pmatrix}\frac{2}{3\sqrt{5}}\\\frac{4}{3\sqrt{5}}\\\frac{5}{3\sqrt{5}}\end{pmatrix}$$

当 $\lambda_3=-7$ 时，由 $(\boldsymbol{A}+7\boldsymbol{E})\boldsymbol{x}=\boldsymbol{0}$ 得

$$\boldsymbol{A}+7\boldsymbol{E}=\begin{pmatrix}8&-2&2\\-2&5&4\\2&4&5\end{pmatrix}\xrightarrow[r_2+r_3]{r_1-4r_3}\begin{pmatrix}0&-18&-18\\0&9&9\\2&4&5\end{pmatrix}\xrightarrow[r_3-4r_2]{\substack{r_1+2r_2\\r_2\times\frac{1}{9}}}\begin{pmatrix}0&0&0\\0&1&1\\2&0&1\end{pmatrix}\xrightarrow[r_1\leftrightarrow r_3]{r_3\times\frac{1}{2}}\begin{pmatrix}1&0&\frac{1}{2}\\0&1&1\\0&0&0\end{pmatrix}$$

解得对应的特征向量 $\boldsymbol{p}_3=(-1,-2,2)^{\mathrm{T}}$，单位化得

$$\boldsymbol{q}_3=\frac{\boldsymbol{p}_3}{\|\boldsymbol{p}_3\|}=\left(-\frac{1}{3},-\frac{2}{3},\frac{2}{3}\right)^{\mathrm{T}}$$

故所用的正交变换为

$$\begin{pmatrix}x_1\\x_2\\x_3\end{pmatrix}=\begin{pmatrix}-\frac{2}{\sqrt{5}}&\frac{2}{3\sqrt{5}}&-\frac{1}{3}\\\frac{1}{\sqrt{5}}&\frac{4}{3\sqrt{5}}&-\frac{2}{3}\\0&\frac{5}{3\sqrt{5}}&\frac{2}{3}\end{pmatrix}\begin{pmatrix}y_1\\y_2\\y_3\end{pmatrix}$$

例 5-13 **A** 为 3 阶实对称矩阵，**A** 的秩为 2，且

$$\boldsymbol{A}\begin{pmatrix}1&1\\0&0\\-1&1\end{pmatrix}=\begin{pmatrix}-1&1\\0&0\\1&1\end{pmatrix}$$

(1) 求 **A** 的特征值与特征向量；

(2) 求矩阵 **A**.

解 (1) 将题中所给矩阵按列分块. 可得

$$A\begin{pmatrix}1\\0\\-1\end{pmatrix}=\begin{pmatrix}-1\\0\\1\end{pmatrix}=-1\cdot\begin{pmatrix}1\\0\\-1\end{pmatrix},\quad A\begin{pmatrix}1\\0\\1\end{pmatrix}=\begin{pmatrix}1\\0\\1\end{pmatrix}$$

由此可知，A 的一个特征值 $\lambda_1=-1$. 对应的特征向量 $p_1=(1,0,-1)^T$. A 的另一个特征值 $\lambda_2=1$，对应的特征向量 $p_2=(1,0,1)^T$. 由于 A 为实对称矩阵，则 A 可对角化，即存在可逆矩阵 P，使 $P^{-1}AP=\Lambda$. 此时 A 与 Λ 等价，故 $R(A)=R(\Lambda)=2$. 因此 Λ 对角线上的非零元有 2 个. 又由于 A 与 Λ 相似，因此有相同的特征值，所以 A 的非零特征值有 2 个. 即 $\lambda_1=-1,\lambda_2=1$. 另一特征值必有 0. 设 $\lambda_2=0$ 对应的特征向量为 $p_3=(x_1,x_2,x_3)^T$. 由 A 为实对称矩阵知 p_3 与 p_1，p_2 都正交，即

$$p_3\perp p_1\Rightarrow x_1-x_3=0$$
$$p_3\perp p_2\Rightarrow x_1+x_2=0$$

联立解之得其基础解系 $(0,1,0)^T$，即 $p_3=(0,1,0)^T$，所以 A 的 3 个特征值为

$$\lambda_1=1,\quad \lambda_2=1,\quad \lambda_3=0$$

对应的特征向量分别为

$$k_1p_1=k_1\begin{pmatrix}1\\0\\-1\end{pmatrix},\quad k_2p_2=k_2\begin{pmatrix}1\\0\\1\end{pmatrix},\quad k_3p_3=k_3\begin{pmatrix}0\\1\\0\end{pmatrix}\quad (k_i\neq 0,\quad i=1,2,3)$$

(2) 由于 A 可对角化，则由(1) 之结果知，存在可逆矩阵

$$P=(p_1,p_2,p_3)=\begin{pmatrix}1&1&0\\0&0&1\\-1&1&0\end{pmatrix},\quad 使\quad P^{-1}AP=\Lambda=\begin{pmatrix}-1&&\\&1&\\&&0\end{pmatrix}$$

则

$$A=P\Lambda P^{-1}=\begin{pmatrix}1&1&0\\0&0&1\\-1&1&0\end{pmatrix}\begin{pmatrix}-1&&\\&1&\\&&0\end{pmatrix}\begin{pmatrix}\frac{1}{2}&0&-\frac{1}{2}\\\frac{1}{2}&0&\frac{1}{2}\\0&1&0\end{pmatrix}=\begin{pmatrix}0&0&1\\0&0&0\\1&0&0\end{pmatrix}$$

例 5-14 设 A 是 $m\times n$ 实矩阵，E 是 n 阶单位矩阵，已知矩阵 $B=\lambda E+A^TA$. 试证：当 $\lambda>0$ 时，矩阵 B 为正定矩阵.

分析 为证 B 是正定矩阵，通常先证明 B 是实对称矩阵，再利用定义(即转化为二次型) 或利用特征值(如果 B 的特征值易求的话) 来证明.

证 因为 $B^T=(\lambda E+A^TA)^T=\lambda E+A^TA=B$，所以 B 为 n 阶实对称矩阵. 对任意 n 维非零列向量 x，有

$$x^TBx=x^T(\lambda E+A^TA)x=\lambda x^Tx+x^TA^TAx-\lambda\|x\|^2+\|Ax\|^2>0$$

故 B 是正定矩阵.

例 5-15 已知二次型

$$f(x_1,x_2,x_3)=tx_1^2+tx_2^2+tx_3^2+2x_1x_2+2x_1x_3-2x_2x_3$$

则 t 满足<u>$t>2$</u>时，f 是正定二次型；t 满足<u>$t<-1$</u>时，f 是负定二次型.

分析 对于具体给定的二次型，通常用二次型矩阵的顺序主子式来判定其为正定或负定. 可求得二次型 f 的矩阵

$$A=\begin{pmatrix}t&1&1\\1&t&-1\\1&-1&t\end{pmatrix}$$

它的顺序主子式为

$$\Delta_1=t,\quad \Delta_2=\begin{vmatrix}t&1\\1&t\end{vmatrix}=t^2-1$$

$$\Delta_3=|A|=\begin{vmatrix}t&1&1\\1&t&-1\\1&-1&t\end{vmatrix}\xlongequal{r_2-r_3}\begin{vmatrix}t&1&1\\0&t+1&-1-t\\1&-1&t\end{vmatrix}\xlongequal{c_3+c_2}\begin{vmatrix}t&1&2\\0&t+1&0\\1&-1&t-1\end{vmatrix}=(t+1)^2(t-2)$$

当 $\Delta_1>0,\Delta_2>0,\Delta_3>0$ 时，f 为正定二次型，联立求解不等式组得 $t>2$；当 $\Delta_1<0,\Delta_2>0$，$\Delta_3<0$ 时，f 为负定二次型，联立求解不等式组得 $t<-1$.

五、课后习题全解(习题五)

1. 设 $\boldsymbol{a}=\begin{pmatrix}1\\0\\-2\end{pmatrix}$，$\boldsymbol{b}=\begin{pmatrix}-4\\2\\3\end{pmatrix}$，$\boldsymbol{c}$ 与 $\boldsymbol{a}$ 正交，且 $\boldsymbol{b}=\lambda\boldsymbol{a}+\boldsymbol{c}$，求 λ 和 $\boldsymbol{c}$.

解 对式 $\boldsymbol{b}=\lambda\boldsymbol{a}+\boldsymbol{c}$，两端同时与 $\boldsymbol{a}$ 做内积，有

$$[\boldsymbol{a},\boldsymbol{b}]=[\lambda\boldsymbol{a}+\boldsymbol{c},\boldsymbol{a}]=\lambda[\boldsymbol{a},\boldsymbol{a}]+[\boldsymbol{a},\boldsymbol{c}]$$

由于 $\boldsymbol{c}$ 与 $\boldsymbol{a}$ 正交，则 $[\boldsymbol{a},\boldsymbol{c}]=0$. 将已知代入，得 $-10=\lambda\cdot 5$，则 $\lambda=-2$. 所以

$$\boldsymbol{c}=\boldsymbol{b}-\lambda\boldsymbol{a}=\begin{pmatrix}-4\\2\\3\end{pmatrix}+2\begin{pmatrix}1\\0\\-2\end{pmatrix}=\begin{pmatrix}-2\\2\\-1\end{pmatrix}$$

2. 试把下列向量组施密特正交化，然后再单位化.

(1) $(\boldsymbol{a}_1,\boldsymbol{a}_2,\boldsymbol{a}_3)=\begin{pmatrix}1&1&1\\1&2&4\\1&3&9\end{pmatrix}$；　(2) $(\boldsymbol{a}_1,\boldsymbol{a}_2,\boldsymbol{a}_3)=\begin{pmatrix}1&1&-1\\0&-1&1\\-1&0&1\\1&1&0\end{pmatrix}$.

解 (1) 施密特正交化，有

$$\boldsymbol{b}_1=\boldsymbol{a}_1=\begin{pmatrix}1\\1\\1\end{pmatrix}$$

$$\boldsymbol{b}_2=\boldsymbol{a}_2-\frac{[\boldsymbol{b}_1,\boldsymbol{a}_2]}{[\boldsymbol{b}_1,\boldsymbol{b}_1]}\boldsymbol{b}_1=\begin{pmatrix}1\\2\\3\end{pmatrix}-\frac{6}{3}\begin{pmatrix}1\\1\\1\end{pmatrix}=\begin{pmatrix}-1\\0\\1\end{pmatrix}$$

$$\boldsymbol{b}_3=\boldsymbol{a}_3-\frac{[\boldsymbol{b}_1,\boldsymbol{a}_3]}{[\boldsymbol{b}_1,\boldsymbol{b}_1]}\boldsymbol{b}_1-\frac{[\boldsymbol{b}_2,\boldsymbol{a}_3]}{[\boldsymbol{b}_2,\boldsymbol{b}_2]}\boldsymbol{b}_2=\begin{pmatrix}1\\4\\9\end{pmatrix}-\frac{14}{3}\begin{pmatrix}1\\1\\1\end{pmatrix}-\frac{8}{2}\begin{pmatrix}-1\\0\\1\end{pmatrix}=\frac{1}{3}\begin{pmatrix}1\\-2\\1\end{pmatrix}$$

单位化

$$p_1=\frac{b_1}{\|b_1\|}=\begin{pmatrix}\frac{1}{\sqrt{3}}\\ \frac{1}{\sqrt{3}}\\ \frac{1}{\sqrt{3}}\end{pmatrix},\quad p_2=\frac{b_2}{\|b_2\|}=\begin{pmatrix}-\frac{1}{\sqrt{2}}\\ 0\\ \frac{1}{\sqrt{2}}\end{pmatrix},\quad p_3=\frac{b_1}{\|b_3\|}=\begin{pmatrix}\frac{1}{\sqrt{3}}\\ -\frac{2}{\sqrt{6}}\\ \frac{1}{\sqrt{6}}\end{pmatrix}$$

(2) 施密特正交化，有

$$b_1=a_1=\begin{pmatrix}1\\0\\-1\\1\end{pmatrix}$$

$$b_2=a_2-\frac{[b_1,a_2]}{[b_1,b_1]}b_1=\begin{pmatrix}1\\-1\\0\\1\end{pmatrix}-\frac{2}{3}\begin{pmatrix}1\\0\\-1\\1\end{pmatrix}=\frac{1}{3}\begin{pmatrix}1\\-3\\2\\1\end{pmatrix}$$

$$b_3=a_3-\frac{[b_1,a_3]}{[b_1,b_1]}b_1-\frac{[b_2,a_3]}{[b_2,b_2]}b_2=\begin{pmatrix}-1\\1\\1\\0\end{pmatrix}-\frac{-2}{3}\begin{pmatrix}1\\0\\-1\\1\end{pmatrix}-\frac{-\frac{2}{3}}{\frac{5}{3}}\cdot\frac{1}{3}\begin{pmatrix}1\\-3\\2\\1\end{pmatrix}=\frac{1}{5}\begin{pmatrix}-1\\3\\3\\4\end{pmatrix}$$

单位化

$$p_1=\frac{b_1}{\|b_1\|}=\frac{1}{\sqrt{3}}\begin{pmatrix}1\\0\\-1\\1\end{pmatrix},\quad p_2=\frac{b_2}{\|b_2\|}=\frac{1}{\sqrt{15}}\begin{pmatrix}1\\-3\\2\\1\end{pmatrix},\quad p_3=\frac{b_3}{\|b_3\|}=\frac{1}{\sqrt{35}}\begin{pmatrix}-1\\3\\3\\4\end{pmatrix}$$

3. 下列矩阵是不是正交矩阵？并说明理由.

(1) $\begin{pmatrix}1 & -\frac{1}{2} & \frac{1}{3}\\ -\frac{1}{2} & 1 & \frac{1}{2}\\ \frac{1}{3} & \frac{1}{2} & -1\end{pmatrix}$;　(2) $\begin{pmatrix}\frac{1}{9} & -\frac{8}{9} & -\frac{4}{9}\\ -\frac{8}{9} & \frac{1}{9} & -\frac{4}{9}\\ -\frac{4}{9} & -\frac{4}{9} & \frac{7}{9}\end{pmatrix}$.

解　(1) 不是正交矩阵，因为

$$A^TA=\begin{pmatrix}\frac{49}{36} & -\frac{5}{6} & -\frac{1}{4}\\ -\frac{5}{6} & \frac{3}{2} & -\frac{1}{6}\\ -\frac{1}{4} & -\frac{1}{6} & \frac{49}{36}\end{pmatrix}\neq E$$

或令　$a_1=\left(1,-\frac{1}{2},\frac{1}{3}\right)^T$，$a_2=\left(-\frac{1}{2},1,\frac{1}{2}\right)^T$，$a_3=\left(\frac{1}{3},\frac{1}{2},-1\right)^T$

由于 $\|a_1\| = \frac{7}{6} \neq 1$,故 A 不是正交矩阵.

(2) 是正交矩阵,因为 $A^TA = E$. 或令

$$a_1 = \left(\frac{1}{9}, -\frac{8}{9}, -\frac{4}{9}\right)^T, \quad a_2 = \left(-\frac{8}{9}, \frac{1}{9}, -\frac{4}{9}\right)^T, \quad a_3 = \left(-\frac{4}{9}, -\frac{4}{9}, \frac{7}{9}\right)^T$$

由于 $\|a_1\| = \|a_2\| = \|a_3\| = 1$,且$[a_1, a_2] = [a_1, a_3] = [a_2, a_3] = 0$,故 A 是正交矩阵.

4.(1) 设 x 为 n 维列向量,$x^Tx = 1$,令 $H = E - 2xx^T$,证明 H 是对称的正交阵.

(2) 设 A 与 B 都是正交阵,证明 AB 也是正交阵.

证 (1) 因为

$$H^T = (E - 2xx^T)^T = E^T - 2(x^T)^Tx^T = E - 2xx^T = H$$

所以 H 是对称阵. 又因为

$$H^TH = (E - 2xx^T)(E - 2xx^T) = E - 2xx^TE - 2Exx^T + 4(xx^T)(xx^T) =$$
$$E - 4xx^T + 4x(x^Tx)x^T = E - 4xx^T + 4xx^T = E$$

所以 H 是正交阵,故 H 是对称的正交阵.

(2) 因为 $A^TA = B^TB = E$,而

$$(AB)^T(AB) = B^TA^TAB = B^TEB = B^TB = E$$

所以 AB 也是正交阵.

5. 设 a_1, a_2, a_3 为两两正交的单位向量组,又设

$$b_1 = -\frac{1}{3}a_1 + \frac{2}{3}a_2 + \frac{2}{3}a_3, \quad b_2 = \frac{2}{3}a_1 + \frac{2}{3}a_2 - \frac{1}{3}a_3, \quad b_3 = -\frac{2}{3}a_1 + \frac{1}{3}a_2 - \frac{2}{3}a_3$$

证明 b_1, b_2, b_3 也是两两正交的单位向量组.

证 由 a_1, a_2, a_3 为两两正交的单位向量组,有

$$[a_i, a_j] = \begin{cases} 1, & i = j \\ 0, & i \neq j \end{cases} \quad (i, j = 1, 2, 3)$$

则

$$[b_1, b_2] = \left[-\frac{1}{3}a_1 + \frac{2}{3}a_2 + \frac{2}{3}a_3, \quad \frac{2}{3}a_1 + \frac{2}{3}a_2 - \frac{1}{3}a_3\right] =$$
$$\left[-\frac{1}{3}a_1, \frac{2}{3}a_1\right] + \left[-\frac{1}{3}a_1, \frac{2}{3}a_2\right] + \left[-\frac{1}{3}a_1, -\frac{1}{3}a_3\right] +$$
$$\left[\frac{2}{3}a_2, \frac{2}{3}a_1\right] + \left[\frac{2}{3}a_2, \frac{2}{3}a_2\right] + \left[\frac{2}{3}a_2, -\frac{1}{3}a_3\right] +$$
$$\left[\frac{2}{3}a_3, \frac{2}{3}a_1\right] + \left[\frac{2}{3}a_3, \frac{2}{3}a_2\right] + \left[\frac{2}{3}a_3, -\frac{1}{3}a_3\right] =$$
$$-\frac{2}{9} + \frac{4}{9} - \frac{2}{9} = 0$$

同理可证$[b_2, b_3] = 0$,$[b_1, b_3] = 0$,故 b_1, b_2, b_3 两两正交. 又

$$[b_1, b_1] = \left[-\frac{1}{3}a_1 + \frac{2}{3}a_2 + \frac{2}{3}a_3, -\frac{1}{3}a_1 + \frac{2}{3}a_2 + \frac{2}{3}a_3\right] =$$
$$\left[-\frac{1}{3}a_1, -\frac{1}{3}a_1\right] + \left[-\frac{1}{3}a_1, \frac{2}{3}a_2\right] + \left[-\frac{1}{3}a_1, \frac{1}{3}a_3\right] +$$
$$\left[\frac{2}{3}a_2, -\frac{1}{3}a_1\right] + \left[\frac{2}{3}a_2, \frac{2}{3}a_2\right] + \left[\frac{2}{3}a_2, \frac{2}{3}a_3\right] +$$

$$\left[\frac{2}{3}a_3,-\frac{1}{3}a_1\right]+\left[\frac{2}{3}a_3,\frac{2}{3}a_2\right]+\left[\frac{2}{3}a_3,\frac{2}{3}a_3\right]=\frac{1}{9}+\frac{4}{9}+\frac{4}{9}=1$$

则 $\|\boldsymbol{b}_1\|=1$. 同理可证 $\|\boldsymbol{b}_2\|=1$，$\|\boldsymbol{b}_3\|=1$，故 $\boldsymbol{b}_1,\boldsymbol{b}_2,\boldsymbol{b}_3$ 是两两正交的单位向量组.

6. 求下列矩阵的特征值和特征向量.

(1) $\begin{pmatrix}2&-1&2\\5&-3&3\\-1&0&-2\end{pmatrix}$； (2) $\begin{pmatrix}1&2&3\\2&1&3\\3&3&6\end{pmatrix}$； (3) $\begin{pmatrix}0&0&0&1\\0&0&1&0\\0&1&0&0\\1&0&0&0\end{pmatrix}$.

解

(1) $$|\boldsymbol{A}-\lambda\boldsymbol{E}|=\begin{vmatrix}2-\lambda&-1&2\\5&-3-\lambda&3\\-1&0&-2-\lambda\end{vmatrix}\xlongequal{c_3-(2+\lambda)c_1}$$

$$\begin{vmatrix}2-\lambda&-1&2-(2+\lambda)(2-\lambda)\\5&-3-\lambda&3-5(2+\lambda)\\-1&0&0\end{vmatrix}=$$

$$(-1)\cdot\begin{vmatrix}-1&2-(2+\lambda)(2-\lambda)\\-3-\lambda&3-5(2+\lambda)\end{vmatrix}=$$

$$-[5\lambda+7+(3+\lambda)(\lambda^2-2)]=-(\lambda+1)^3$$

得 $\boldsymbol{A}$ 的特征值为 $\lambda_1=\lambda_2=\lambda_3=-1$.

对于 $\lambda=-1$，解方程组 $(\boldsymbol{A}+\boldsymbol{E})\boldsymbol{x}=\boldsymbol{0}$. 由

$$\boldsymbol{A}+\boldsymbol{E}=\begin{pmatrix}3&-1&2\\5&-2&3\\-1&0&-1\end{pmatrix}\xrightarrow[r_3\times(-1)]{\substack{r_1+3r_3\\r_2+5r_3}}\begin{pmatrix}0&-1&-1\\0&-2&-2\\1&0&1\end{pmatrix}\xrightarrow{\substack{r_2-2r_1\\r_1\times(-1)}}$$

$$\begin{pmatrix}0&1&1\\0&0&0\\1&0&1\end{pmatrix}\xrightarrow[r_2\leftrightarrow r_3]{r_1\leftrightarrow r_3}\begin{pmatrix}1&0&1\\0&1&1\\0&0&0\end{pmatrix}$$

得基础解系 $\boldsymbol{p}=(-1,-1,1)^{\mathrm{T}}$，因此对应 $\lambda_1=\lambda_2=\lambda_3=-1$ 的全部特征向量为 $k\boldsymbol{p}$ $(k\neq0)$.

(2) $$|\boldsymbol{A}-\lambda\boldsymbol{E}|=\begin{vmatrix}1-\lambda&2&3\\2&1-\lambda&3\\3&3&6-\lambda\end{vmatrix}\xlongequal{r_2-r_1}\begin{vmatrix}1-\lambda&2&3\\\lambda+1&-\lambda-1&0\\3&3&6-\lambda\end{vmatrix}\xlongequal{c_1+c_2}$$

$$\begin{vmatrix}3-\lambda&2&3\\0&-1-\lambda&0\\6&3&6-\lambda\end{vmatrix}=-(\lambda+1)\begin{vmatrix}3-\lambda&3\\6&6-\lambda\end{vmatrix}=$$

$$-(\lambda+1)\lambda(\lambda-9)$$

得 $\boldsymbol{A}$ 的特征值为 $\lambda_1=-1,\lambda_2=0,\lambda_3=9$.

当 $\lambda_1=-1$ 时，解方程 $(\boldsymbol{A}+\boldsymbol{E})\boldsymbol{x}=\boldsymbol{0}$. 由

$$\boldsymbol{A}+\boldsymbol{E}=\begin{pmatrix}2&2&3\\2&2&3\\3&3&7\end{pmatrix}\xrightarrow[r_3-r_1]{r_2-r_1}\begin{pmatrix}2&2&3\\0&0&0\\1&1&4\end{pmatrix}\xrightarrow[\substack{r_2\leftrightarrow r_3\\r_1\leftrightarrow r_2}]{r_1-2r_3}\begin{pmatrix}1&1&4\\0&0&-5\\0&0&0\end{pmatrix}\xrightarrow[r_1-4r_2]{r_2\times\left(-\frac{1}{5}\right)}\begin{pmatrix}1&1&0\\0&0&1\\0&0&0\end{pmatrix}$$

得基础解系 $\boldsymbol{p}_1=(-1,1,0)^{\mathrm{T}}$. 因此对应 $\lambda_1=-1$ 的全部特征向量为 $k_1\boldsymbol{p}_1(k_1\neq 0)$.

当 $\lambda_2=0$ 时,解方程 $\boldsymbol{Ax}=\boldsymbol{0}$. 由

$$\boldsymbol{A}=\begin{pmatrix}1&2&3\\2&1&3\\3&3&6\end{pmatrix}\xrightarrow[r_3-3r_1]{r_2-2r_1}\begin{pmatrix}1&2&3\\0&-3&-3\\0&-3&-3\end{pmatrix}\xrightarrow[\substack{r_2\times\left(-\frac{1}{3}\right)\\ r_1-2r_2}]{r_3-r_2}\begin{pmatrix}1&0&1\\0&1&1\\0&0&0\end{pmatrix}$$

得基础解系 $\boldsymbol{p}_2=(-1,-1,1)^{\mathrm{T}}$. 因此对应 $\lambda_2=0$ 的全部特征向量为 $k_2\boldsymbol{p}_2(k_2\neq 0)$.

当 $\lambda_3=9$ 时,解方程 $(\boldsymbol{A}-9\boldsymbol{E})\boldsymbol{x}=\boldsymbol{0}$. 由

$$\boldsymbol{A}-9\boldsymbol{E}=\begin{pmatrix}-8&2&3\\2&-8&3\\3&3&-3\end{pmatrix}\xrightarrow[\substack{r_2-2r_3\\ r_1+8r_3}]{r_3\times\frac{1}{3}}\begin{pmatrix}0&10&-5\\0&-10&5\\1&1&-1\end{pmatrix}\xrightarrow[\substack{r_3-r_2\\ r_1\leftrightarrow r_3}]{\substack{r_1+r_2\\ r_2\times\left(-\frac{1}{10}\right)}}\begin{pmatrix}1&0&-\frac{1}{2}\\0&1&-\frac{1}{2}\\0&0&0\end{pmatrix}$$

得基础解系 $\boldsymbol{p}_3=(1,1,2)^{\mathrm{T}}$. 因此对应 $\lambda_3=9$ 的全部特征向量为 $k_3\boldsymbol{p}_3(k_3\neq 0)$.

(3) $$|\boldsymbol{A}-\lambda\boldsymbol{E}|=\begin{vmatrix}-\lambda&0&0&1\\0&-\lambda&1&0\\0&1&-\lambda&0\\1&0&0&-\lambda\end{vmatrix}\xlongequal[r_2+\lambda r_3]{r_1+\lambda r_4}\begin{vmatrix}0&0&0&1-\lambda^2\\0&0&1-\lambda^2&0\\0&1&-\lambda&0\\1&0&0&-\lambda\end{vmatrix}=$$

$$(1-\lambda^2)^2=(\lambda-1)^2(\lambda+1)^2$$

得 $\boldsymbol{A}$ 的特征值为 $\lambda_1=\lambda_2=1,\ \lambda_3=\lambda_4=-1$.

对于 $\lambda_1=\lambda_2=1$,解方程组 $(\boldsymbol{A}-\boldsymbol{E})\boldsymbol{x}=\boldsymbol{0}$. 由

$$\boldsymbol{A}-\boldsymbol{E}=\begin{pmatrix}-1&0&0&1\\0&-1&1&0\\0&1&-1&0\\1&0&0&-1\end{pmatrix}\xrightarrow[\substack{r_1\times(-1)\\ r_2\times(-1)}]{\substack{r_4+r_1\\ r_3+r_2}}\begin{pmatrix}1&0&0&-1\\0&1&-1&0\\0&0&0&0\\0&0&0&0\end{pmatrix}$$

得基础解系为

$$\boldsymbol{p}_1=(1,0,0,1)^{\mathrm{T}},\quad \boldsymbol{p}_2=(0,1,1,0)^{\mathrm{T}}$$

因此对应 $\lambda_1=\lambda_2=1$ 的全部特征向量为

$$k_1\boldsymbol{p}_1+k_2\boldsymbol{p}_2\quad(k_1,k_2\text{ 不全为零})$$

对于 $\lambda_3=\lambda_4=-1$,解方程组 $(\boldsymbol{A}+\boldsymbol{E})\boldsymbol{x}=\boldsymbol{0}$. 由

$$\boldsymbol{A}+\boldsymbol{E}=\begin{pmatrix}1&0&0&1\\0&1&1&0\\0&1&1&0\\1&0&0&1\end{pmatrix}\xrightarrow{\substack{r_4-r_1\\ r_3-r_2}}\begin{pmatrix}1&0&0&1\\0&1&1&0\\0&0&0&0\\0&0&0&0\end{pmatrix}$$

得基础解系为

$$\boldsymbol{p}_3=(-1,0,0,1)^{\mathrm{T}},\quad \boldsymbol{p}_4=(0,-1,1,0)^{\mathrm{T}}$$

因此对应 $\lambda_3=\lambda_4=-1$ 的全部特征向量为

$$k_3\boldsymbol{p}_3+k_4\boldsymbol{p}_4\quad(k_3,k_4\text{ 不全为零})$$

7. 设 $\boldsymbol{A}$ 为 n 阶矩阵,证明 $\boldsymbol{A}^{\mathrm{T}}$ 与 $\boldsymbol{A}$ 的特征值相同.

证 因为

$$|A^{\mathrm{T}}-\lambda E|=|(A-\lambda E)^{\mathrm{T}}|=|A-\lambda E|$$

即 A^{T} 与 A 有相同的特征多项式,所以 A^{T} 与 A 的特征值相同.

8. 设 n 阶矩阵 A,B 满足 $R(A)+R(B)<n$,证明 A 与 B 有公共的特征值,有公共的特征向量.

证　由 $R(A)+R(B)<n$ 知 $R(A)<n$, $R(B)<n$,于是 $|A|=|B|=0$,可见 0 是 A 与 B 的公共特征值.

如果 A 与 B 对应 $\lambda=0$ 有公共的特征向量 x_0,则

$$Ax_0=0x_0=0,\quad Bx_0=0x_0=0$$

即 x_0 应是齐次方程组 $Ax=0$ 和 $Bx=0$ 的公共非零解,也即方程组 $\begin{pmatrix}A\\B\end{pmatrix}x=0$ 的非零解. 由矩阵的秩的性质,有

$$R\begin{pmatrix}A\\B\end{pmatrix}=R\begin{pmatrix}A\\B\end{pmatrix}^{\mathrm{T}}=R(A^{\mathrm{T}},B^{\mathrm{T}})\leqslant R(A^{\mathrm{T}})+R(B^{\mathrm{T}})=R(A)+R(B)<n$$

从而 $\begin{pmatrix}A\\B\end{pmatrix}x=0$ 有非零解,故 A 与 B 有对应公共特征值 0 的公共特征向量.

9. 设 $A^2-3A+2E=O$,证明 A 的特征值只能取 1 或 2.

证　设 λ 是 A 的特征值,p 是对应的特征向量,即 $Ap=\lambda p$,则有

$$0=(A^2-3A+2E)p=A^2p-3Ap+2p=\lambda^2p-3\lambda p+2p=(\lambda^2-3\lambda+2)p$$

于是 $\lambda^2-3\lambda+2=0$,解得 $\lambda=1$ 或 $\lambda=2$,因此 A 的特征值只能取 1 或 2.

10. 设 A 为正交阵,且 $|A|=-1$,证明 $\lambda=-1$ 是 A 的特征值.

证　为证 $\lambda=-1$ 是 A 的特征值,只需证明 $|A+E|=0$. 由于

$$|A+E|=|A+A^{\mathrm{T}}A|=|(E+A^{\mathrm{T}})A|=|E+A^{\mathrm{T}}||A|=-|(E+A)^{\mathrm{T}}|=$$
$$-|E+A|=-|A+E|$$

从而 $2|A+E|=0$,即 $|A+E|=0$. 故 $\lambda=-1$ 是 A 的特征值.

11. 设 $\lambda\neq0$ 是 m 阶矩阵 $A_{m\times n}B_{n\times m}$ 的特征值,证明 λ 也是 n 阶矩阵 BA 的特征值.

证　**法 1**　设 p 是 AB 的对应特征值 λ 的特征向量,即

$$ABp=\lambda p$$

由 $\lambda\neq0$ 和 $p\neq0$ 知 $Bp\neq0$,于是(用矩阵 B 左乘上式两边)

$$(BA)(Bp)=B(ABp)=B(\lambda p)=\lambda(Bp)$$

由上式知 λ 是 BA 的特征值(对应的特征向量是 Bp).

法 2　构造矩阵 $\begin{pmatrix}\lambda E_m & A\\B & E_n\end{pmatrix}$. 由于

$$\begin{pmatrix}E_m & O\\-\dfrac{1}{\lambda}B & E_n\end{pmatrix}\begin{pmatrix}\lambda E_m & A\\B & E_n\end{pmatrix}=\begin{pmatrix}\lambda E_m & A\\O & -\dfrac{1}{\lambda}BA+E_n\end{pmatrix}$$

$$\begin{pmatrix}E_m & -A\\O & E_n\end{pmatrix}\begin{pmatrix}\lambda E_m & A\\B & E_n\end{pmatrix}=\begin{pmatrix}\lambda E_m-AB & O\\B & E_n\end{pmatrix}$$

取行列式得

$$\begin{vmatrix} \lambda E_m & A \\ B & E_n \end{vmatrix} = \begin{vmatrix} \lambda E_m & A \\ O & -\frac{1}{\lambda}BA + E_n \end{vmatrix} = |\lambda E_m| \left| -\frac{1}{\lambda}BA + E_n \right| = (-1)^n \lambda^{m-n} |BA - \lambda E_n|$$

$$\begin{vmatrix} \lambda E_m & A \\ B & E_n \end{vmatrix} = \begin{vmatrix} \lambda E_m - AB & O \\ B & E_n \end{vmatrix} = |\lambda E_m - AB| = (-1)^m |AB - \lambda E_m|$$

于是

$$(-1)^n \lambda^{m-n} |BA - \lambda E_n| = (-1)^m |AB - \lambda E_m|$$

故 λ 是 BA 的特征值.

12. 已知 3 阶矩阵 A 的特征值为 1,2,3,求 $|A^3 - 5A^2 + 7A|$.

解 记 $\varphi(A) = A^3 - 5A^2 + 7A$,有 $\varphi(\lambda) = \lambda^3 - 5\lambda^2 + 7\lambda$. 由于 A 的特征值为 1,2,3,所以 $\varphi(A)$ 的值为

$$\varphi(1) = 3, \quad \varphi(2) = 2, \quad \varphi(3) = 3$$

故 $$|A^3 - 5A^2 + 7A| = |\varphi(A)| = \varphi(1) \cdot \varphi(2) \cdot \varphi(3) = 18$$

13. 已知 3 阶矩阵 A 的特征值为 1,2,−3,求 $|A^* + 3A + 2E|$.

解 因为 $|A| = 1 \cdot 2 \cdot (-3) = -6$,所以 A 可逆,于是

$$A^* + 3A + 2E = |A| A^{-1} + 3A + 2E = 3A + 2E - 6A^{-1} = A^{-1}(3A^2 + 2A - 6E) = A^{-1}\varphi(A)$$

其中 $\varphi(\lambda) = 3\lambda^2 + 2\lambda - 6$. 又 $\varphi(A)$ 的值为

$$\varphi(1) = -1, \ \varphi(2) = 10, \ \varphi(-3) = 15$$

故 $$|A^* + 3A + 2E| = |A^{-1}| |\varphi(A)| = \frac{\varphi(1) \cdot \varphi(2) \cdot \varphi(3)}{|A|} = 25$$

14. 设 A, B 都是 n 阶矩阵,且 A 可逆,证明 AB 与 BA 相似.

证 因为 $A^{-1}(AB)A = BA$,所以 AB 与 BA 相似.

15. 设矩阵 $A = \begin{pmatrix} 2 & 0 & 1 \\ 3 & 1 & x \\ 4 & 0 & 5 \end{pmatrix}$ 可相似对角化,求 x.

解 $$|A - \lambda E| = \begin{vmatrix} 2-\lambda & 0 & 1 \\ 3 & 1-\lambda & x \\ 4 & 0 & 5-\lambda \end{vmatrix} = (1-\lambda) \begin{vmatrix} 2-\lambda & 1 \\ 4 & 5-\lambda \end{vmatrix} = -(\lambda - 1)^2(\lambda - 6)$$

得 A 的特征值为 $\lambda_1 = \lambda_2 = 1$, $\lambda_3 = 6$. 因为 A 可相似对角化,所以 A 对应 2 重特征值 1 必有两个线性无关的特征向量,从而 $R(A - E) = 1$. 由于

$$A - E = \begin{pmatrix} 1 & 0 & 1 \\ 3 & 0 & x \\ 4 & 0 & 4 \end{pmatrix} \xrightarrow[r_3 - 4r_1]{r_2 - 3r_1} \begin{pmatrix} 1 & 0 & 1 \\ 0 & 0 & x-3 \\ 0 & 0 & 0 \end{pmatrix}$$

为使 $R(A - E) = 1$,必有 $x - 3 = 0$,即 $x = 3$.

16. 已知 $p = \begin{pmatrix} 1 \\ 1 \\ -1 \end{pmatrix}$ 是矩阵 $A = \begin{pmatrix} 2 & -1 & 2 \\ 5 & a & 3 \\ -1 & b & -2 \end{pmatrix}$ 的一个特征向量.

(1) 求参数 a, b 及特征向量 p 所对应的特征值;

(2) 问 A 能不能相似对角化? 并说明理由.

解 (1) 由 $\boldsymbol{A}\boldsymbol{p}=\lambda\boldsymbol{p}$，得

$$\begin{pmatrix}2&-1&2\\5&a&3\\-1&b&-2\end{pmatrix}\begin{pmatrix}1\\1\\-1\end{pmatrix}=\lambda\begin{pmatrix}1\\1\\-1\end{pmatrix},\quad \text{即}\begin{cases}2-1-2=\lambda\\5+a-3=\lambda\\-1+b+2=-\lambda\end{cases}$$

解之得 $\lambda=-1,\ a=-3,\ b=0$.

(2) 可求得

$$|\boldsymbol{A}-\lambda\boldsymbol{E}|=\begin{vmatrix}2-\lambda&-1&2\\5&-3-\lambda&3\\-1&0&-2-\lambda\end{vmatrix}\overset{c_3-(2+\lambda)c_1}{=\!=\!=}\begin{vmatrix}2-\lambda&-1&\lambda^2-2\\5&-3-\lambda&-5\lambda-7\\-1&0&0\end{vmatrix}=$$

$$-\begin{vmatrix}-1&\lambda^2-2\\-3-\lambda&-5\lambda-7\end{vmatrix}=-(\lambda+1)^3$$

得 $\lambda=-1$ 是 $\boldsymbol{A}$ 的三重特征值，但

$$\boldsymbol{A}+\boldsymbol{E}=\begin{pmatrix}3&-1&2\\5&-2&3\\-1&0&-1\end{pmatrix}\xrightarrow[r_3\times(-1)]{\substack{r_1+3r_3\\r_2+5r_3}}\begin{pmatrix}0&-1&-1\\0&-2&-2\\1&0&1\end{pmatrix}\xrightarrow[\substack{r_2\leftrightarrow r_3\\r_1\leftrightarrow r_2}]{\substack{r_2-2r_1\\r_1\times(-1)}}\begin{pmatrix}1&0&1\\0&1&1\\0&0&0\end{pmatrix}$$

可见 $R(\boldsymbol{A}+\boldsymbol{E})=2$，从而对应 $\lambda=-1$ 只有 $3-2=1$ 个线性无关的特征向量，故 $\boldsymbol{A}$ 不能相似于对角矩阵.

17. 设 $\boldsymbol{A}=\begin{pmatrix}1&4&2\\0&-3&4\\0&4&3\end{pmatrix}$，求 $\boldsymbol{A}^{100}$.

解 $$|\boldsymbol{A}-\lambda\boldsymbol{E}|=\begin{vmatrix}1-\lambda&4&2\\0&-3-\lambda&4\\0&4&3-\lambda\end{vmatrix}=(1-\lambda)\begin{vmatrix}-3-\lambda&4\\4&3-\lambda\end{vmatrix}=(1-\lambda)(\lambda+5)(\lambda-5)$$

所以 $\boldsymbol{A}$ 的特征值为 $\lambda_1=1,\ \lambda_2=5,\ \lambda_3=-5$.

对于 $\lambda_1=1$，解方程组 $(\boldsymbol{A}-\boldsymbol{E})\boldsymbol{x}=\boldsymbol{0}$. 由

$$\boldsymbol{A}-\boldsymbol{E}=\begin{pmatrix}0&4&2\\0&-4&4\\0&4&2\end{pmatrix}\xrightarrow{\substack{r_2+r_1\\r_3-r_1}}\begin{pmatrix}0&4&2\\0&0&6\\0&0&0\end{pmatrix}\xrightarrow[r_1\times\frac{1}{4}]{\substack{r_2\times\frac{1}{6}\\r_1-2r_2}}\begin{pmatrix}0&1&0\\0&0&1\\0&0&0\end{pmatrix}$$

得基础解系 $\boldsymbol{p}_1=(1,0,0)^T$.

对于 $\lambda_2=5$，解方程组 $(\boldsymbol{A}-5\boldsymbol{E})\boldsymbol{x}=\boldsymbol{0}$. 由

$$\boldsymbol{A}-5\boldsymbol{E}=\begin{pmatrix}-4&4&2\\0&-8&4\\0&4&-2\end{pmatrix}\xrightarrow{\substack{r_1-r_3\\r_2+2r_3}}\begin{pmatrix}-4&0&4\\0&0&0\\0&4&-2\end{pmatrix}\xrightarrow[\substack{r_3\times\frac{1}{4}\\r_2\leftrightarrow r_3}]{r_1\times\left(-\frac{1}{4}\right)}\begin{pmatrix}1&0&-1\\0&1&-\frac{1}{2}\\0&0&0\end{pmatrix}$$

得基础解系 $\boldsymbol{p}_2=(2,1,2)^T$.

对于 $\lambda_3=-5$，解方程组 $(\boldsymbol{A}+5\boldsymbol{E})\boldsymbol{x}=\boldsymbol{0}$. 由

$$\boldsymbol{A}+5\boldsymbol{E}=\begin{pmatrix}6&4&2\\0&2&4\\0&4&8\end{pmatrix}\xrightarrow{\substack{r_1-2r_2\\r_3-2r_2}}\begin{pmatrix}6&0&-6\\0&2&4\\0&0&0\end{pmatrix}\xrightarrow[r_2\times\frac{1}{2}]{r_1\times\frac{1}{6}}\begin{pmatrix}1&0&-1\\0&1&2\\0&0&0\end{pmatrix}$$

得基础解系 $\boldsymbol{p}_3=(1,-2,1)^{\mathrm{T}}$.

$$\text{令}\ \boldsymbol{P}=(\boldsymbol{p}_1,\boldsymbol{p}_2,\boldsymbol{p}_3)=\begin{pmatrix}1&2&1\\0&1&-2\\0&2&1\end{pmatrix},\text{则}\ \boldsymbol{P}^{-1}=\begin{pmatrix}1&0&-1\\0&\frac{1}{5}&\frac{2}{5}\\0&-\frac{2}{5}&\frac{1}{5}\end{pmatrix},\text{且}\ \boldsymbol{P}^{-1}\boldsymbol{A}\boldsymbol{P}=\begin{pmatrix}1&&\\&5&\\&&-5\end{pmatrix}$$

故

$$\boldsymbol{A}^{100}=\boldsymbol{P}\begin{pmatrix}1&&\\&5&\\&&-5\end{pmatrix}^{100}\boldsymbol{P}^{-1}=\begin{pmatrix}1&2&1\\0&1&-2\\0&2&1\end{pmatrix}\begin{pmatrix}1&&\\&5^{100}&\\&&5^{100}\end{pmatrix}\begin{pmatrix}1&0&-1\\0&\frac{1}{5}&\frac{2}{5}\\0&-\frac{2}{5}&\frac{1}{5}\end{pmatrix}=\begin{pmatrix}1&0&5^{100}-1\\0&5^{100}&0\\0&0&5^{100}\end{pmatrix}$$

18. 在某国，每年有比例为 p 的农村居民移居城镇，有比例为 q 的城镇居民移居农村. 假设该国总人口不变，且上述人口迁移的规律也不变，把 n 年后农村人口和城镇人口占总人口的比例依次记为 x_n 和 $y_n(x_n+y_n=1)$.

(1) 求关系式 $\begin{pmatrix}x_{n+1}\\y_{n+1}\end{pmatrix}=\boldsymbol{A}\begin{pmatrix}x_n\\y_n\end{pmatrix}$ 中的矩阵 $\boldsymbol{A}$；

(2) 设目前农村人口与城镇人口相等，即 $\begin{pmatrix}x_0\\y_0\end{pmatrix}=\begin{pmatrix}0.5\\0.5\end{pmatrix}$，求 $\begin{pmatrix}x_n\\y_n\end{pmatrix}$.

解 (1) 设该国总人口为 N，则 $n+1$ 年后农村人口为

$$Nx_{n+1}=Nx_n+Ny_nq-Nx_np$$

又 $n+1$ 年后城镇人口为

$$Ny_{n+1}=Ny_n+Nx_np-Ny_nq$$

整理得

$$\begin{cases}x_{n+1}=(1-p)x_n+qy_n\\y_{n+1}=px_n+(1-q)y_n\end{cases}$$

即

$$\begin{pmatrix}x_{n+1}\\y_{n+1}\end{pmatrix}=\begin{pmatrix}1-p&q\\p&1-q\end{pmatrix}\begin{pmatrix}x_n\\y_n\end{pmatrix}$$

故

$$\boldsymbol{A}=\begin{pmatrix}1-p&q\\p&1-q\end{pmatrix}$$

(2) 由于

$$\begin{pmatrix}x_n\\y_n\end{pmatrix}=\boldsymbol{A}\begin{pmatrix}x_{n-1}\\y_{n-1}\end{pmatrix}=\boldsymbol{A}^2\begin{pmatrix}x_{n-2}\\y_{n-2}\end{pmatrix}=\cdots=\boldsymbol{A}^n\begin{pmatrix}x_0\\y_0\end{pmatrix}$$

可见只要求得 $\boldsymbol{A}^n$，即可得到 $\begin{pmatrix}x_n\\y_n\end{pmatrix}$. 因为

$$|\boldsymbol{A}-\lambda\boldsymbol{E}|=\begin{vmatrix}1-p-\lambda&q\\p&1-q-\lambda\end{vmatrix}\xlongequal{r_1+r_2}\begin{vmatrix}1-\lambda&1-\lambda\\p&1-q-\lambda\end{vmatrix}=(1-\lambda)(1-p-q-\lambda)$$

得 $\boldsymbol{A}$ 的特征值为 $\lambda_1=1$, $\lambda_2=1-p-q$.

对于 $\lambda_1=1$，解方程组 $(\boldsymbol{A}-\boldsymbol{E})\boldsymbol{x}=\boldsymbol{0}$. 由

$$\boldsymbol{A}-\boldsymbol{E}=\begin{pmatrix}-p&q\\p&-q\end{pmatrix}\longrightarrow\begin{pmatrix}p&-q\\0&0\end{pmatrix}$$

得基础解系 $\boldsymbol{\xi}_1=(q,p)^{\mathrm{T}}$.

对于 $\lambda_2=1-p-q$,解方程组 $[\boldsymbol{A}-(1-p-q)\boldsymbol{E}]\boldsymbol{x}=\mathbf{0}$. 由

$$\boldsymbol{A}-(1-p-q)\boldsymbol{E}=\begin{pmatrix}q & q\\ p & p\end{pmatrix}\longrightarrow\begin{pmatrix}1 & 1\\ 0 & 0\end{pmatrix}$$

得基础解系 $\boldsymbol{\xi}_2=(-1,1)^{\mathrm{T}}$.

令 $\boldsymbol{P}=(\boldsymbol{\xi}_1,\boldsymbol{\xi}_2)=\begin{pmatrix}q & -1\\ p & 1\end{pmatrix}$,则 $\boldsymbol{P}^{-1}=\dfrac{1}{p+q}\begin{pmatrix}1 & 1\\ -p & q\end{pmatrix}$,且

$$\boldsymbol{P}^{-1}\boldsymbol{A}\boldsymbol{P}=\mathrm{diag}(1,1-p-q)$$

故 $$\begin{pmatrix}x_n\\ y_n\end{pmatrix}=\boldsymbol{A}^n\begin{pmatrix}x_0\\ y_0\end{pmatrix}=\boldsymbol{P}\begin{pmatrix}1 & 0\\ 0 & (1-p-q)^n\end{pmatrix}\boldsymbol{P}^{-1}\begin{pmatrix}x_0\\ y_0\end{pmatrix}=$$

$$\frac{1}{p+q}\boldsymbol{P}\begin{pmatrix}1 & 0\\ 0 & (1-p-q)^n\end{pmatrix}\begin{pmatrix}1\\ 0.5(q-p)\end{pmatrix}=\frac{1}{p+q}\boldsymbol{P}\begin{pmatrix}1\\ 0.5(1-p-q)^n(q-p)\end{pmatrix}=$$

$$\frac{1}{2(p+q)}\begin{pmatrix}2q-(1-p-q)^n(q-p)\\ 2p+(1-p-q)^n(q-p)\end{pmatrix}$$

19. 试求一个正交的相似变换矩阵,将下列对称矩阵化为对角阵.

(1) $\begin{pmatrix}2 & -2 & 0\\ -2 & 1 & -2\\ 0 & -2 & 0\end{pmatrix}$;　(2) $\begin{pmatrix}2 & 2 & -2\\ 2 & 5 & -4\\ -2 & -4 & 5\end{pmatrix}$.

解　(1) $|\boldsymbol{A}-\lambda\boldsymbol{E}|=\begin{vmatrix}2-\lambda & -2 & 0\\ -2 & 1-\lambda & -2\\ 0 & -2 & -\lambda\end{vmatrix}=-(\lambda+2)(\lambda-1)(\lambda-4)$

得 $\boldsymbol{A}$ 的特征值为 $\lambda_1=-2,\lambda_2=1,\lambda_3=4$.

当 $\lambda_1=-2$ 时,解方程 $(\boldsymbol{A}+2\boldsymbol{E})\boldsymbol{x}=\mathbf{0}$. 由

$$\boldsymbol{A}+2\boldsymbol{E}=\begin{pmatrix}4 & -2 & 0\\ -2 & 3 & -2\\ 0 & -2 & 2\end{pmatrix}\xrightarrow{\text{行}}\begin{pmatrix}1 & 0 & -\frac{1}{2}\\ 0 & 1 & -1\\ 0 & 0 & 0\end{pmatrix}$$

得基础解系　$\boldsymbol{p}_1=(1,\ 2,\ 2)^{\mathrm{T}}$

对应 $\lambda_1=-2$ 的单位特征向量为 $\boldsymbol{q}_1=\left(\dfrac{1}{3},\ \dfrac{2}{3},\ \dfrac{2}{3}\right)^{\mathrm{T}}$.

当 $\lambda_2=1$ 时,解方程 $(\boldsymbol{A}-\boldsymbol{E})\boldsymbol{x}=\mathbf{0}$. 由

$$\boldsymbol{A}-\boldsymbol{E}=\begin{pmatrix}1 & -2 & 0\\ -2 & 0 & -2\\ 0 & -2 & -1\end{pmatrix}\xrightarrow{\text{行}}\begin{pmatrix}1 & 0 & 1\\ 0 & 1 & \frac{1}{2}\\ 0 & 0 & 0\end{pmatrix}$$

得基础解系　$\boldsymbol{p}_2=(-2,\ -1,\ 2)^{\mathrm{T}}$

对应 $\lambda_2=1$ 的单位特征向量为 $\boldsymbol{q}_2=\left(-\dfrac{2}{3},\ -\dfrac{1}{3},\ \dfrac{2}{3}\right)^{\mathrm{T}}$.

当 $\lambda_3=4$ 时,解方程 $(\boldsymbol{A}-4\boldsymbol{E})\boldsymbol{x}=\mathbf{0}$. 由

$$A-4E=\begin{pmatrix}-2&-2&0\\-2&-3&-2\\0&-2&-4\end{pmatrix}\xrightarrow{行}\begin{pmatrix}1&0&-2\\0&1&2\\0&0&0\end{pmatrix}$$

得基础解系 $p_3=(2, -2, 1)^T$

对应 $\lambda_3=4$ 的单位特征向量为 $q_3=\left(\frac{2}{3}, -\frac{2}{3}, \frac{1}{3}\right)^T$.

故正交矩阵 $Q=\frac{1}{3}\begin{pmatrix}1&-2&2\\2&-1&-2\\2&2&1\end{pmatrix}$，使得

$$Q^{-1}AQ=Q^TAQ=\begin{pmatrix}-2&&\\&1&\\&&4\end{pmatrix}$$

(2) $|A-\lambda E|=\begin{vmatrix}2-\lambda&2&-2\\2&5-\lambda&-4\\-2&-4&5-\lambda\end{vmatrix}=-(\lambda-1)^2(\lambda-10)$

所以 A 的特征值为 $\lambda_1=\lambda_2=1, \lambda_3=10$.

对于 $\lambda_1=\lambda_2=1$，解方程 $(A-E)x=0$. 由

$$A-E=\begin{pmatrix}1&2&-2\\2&4&-4\\-2&-4&4\end{pmatrix}\xrightarrow{行}\begin{pmatrix}1&2&-2\\0&0&0\\0&0&0\end{pmatrix}$$

得基础解系 $\xi_1=(-2, 1, 0)^T, \quad \xi_2=(2, 0, 1)^T$

正交化 $p_1=\xi_1=(-2, 1, 0)^T, \quad p_2=\xi_2-\frac{[p_1, \xi_2]}{[p_1, p_1]}p_1=\left(\frac{2}{5}, \frac{4}{5}, 1\right)^T$

单位化得对应 $\lambda_1=\lambda_2=1$ 的单位正交特征向量为

$$q_1=\left(-\frac{2}{\sqrt{5}}, \frac{1}{\sqrt{5}}, 0\right)^T, \quad q_2=\left(\frac{2}{3\sqrt{5}}, \frac{4}{3\sqrt{5}}, \frac{5}{3\sqrt{5}}\right)^T$$

当 $\lambda_3=10$ 时，解方程 $(A-10E)x=0$. 由

$$A-10E=\begin{pmatrix}-8&2&-2\\2&-5&-4\\-2&-4&-5\end{pmatrix}\xrightarrow{行}\begin{pmatrix}1&0&\frac{1}{2}\\0&1&1\\0&0&0\end{pmatrix}$$

得基础解系 $p_3=(-1, -2, 2)^T$

对应 $\lambda_3=10$ 的单位特征向量为 $q_3=\left(-\frac{1}{3}, -\frac{2}{3}, \frac{2}{3}\right)^T$. 故正交矩阵

$$Q=\begin{pmatrix}-\frac{2}{\sqrt{5}}&\frac{2}{3\sqrt{5}}&-\frac{1}{3}\\\frac{1}{\sqrt{5}}&\frac{4}{3\sqrt{5}}&-\frac{2}{3}\\0&\frac{5}{3\sqrt{5}}&\frac{2}{3}\end{pmatrix}, \quad 使得 \quad Q^{-1}AQ=Q^TAQ=\begin{pmatrix}1&&\\&1&\\&&10\end{pmatrix}$$

20. 设矩阵 $\boldsymbol{A}=\begin{pmatrix}1&-2&-4\\-2&x&-2\\-4&-2&1\end{pmatrix}$ 与 $\boldsymbol{\Lambda}=\begin{pmatrix}5&&\\&-4&\\&&y\end{pmatrix}$ 相似，求 x,y；并求一个正交阵 $\boldsymbol{P}$，使 $\boldsymbol{P}^{-1}\boldsymbol{AP}=\boldsymbol{\Lambda}$.

解　**法 1**　由于 $\boldsymbol{A}$ 与 $\boldsymbol{\Lambda}$ 相似，所以 $|\boldsymbol{A}-\lambda\boldsymbol{E}|=|\boldsymbol{\Lambda}-\lambda\boldsymbol{E}|$，可求得

$$|\boldsymbol{A}-\lambda\boldsymbol{E}|=\begin{vmatrix}1-\lambda&-2&-4\\-2&x-\lambda&-2\\-4&-2&1-\lambda\end{vmatrix}\xlongequal{c_1-c_3}\begin{vmatrix}5-\lambda&-2&-4\\0&x-\lambda&-2\\-5+\lambda&-2&1-\lambda\end{vmatrix}\xlongequal{r_3+r_1}$$

$$\begin{vmatrix}5-\lambda&-2&-4\\0&x-\lambda&-2\\0&-4&-3-\lambda\end{vmatrix}=(5-\lambda)[\lambda^2+(3-x)\lambda-3x-8]$$

$$|\boldsymbol{\Lambda}-\lambda\boldsymbol{E}|=(5-\lambda)(-4-\lambda)(y-\lambda)$$

比较 $|\boldsymbol{A}-\lambda\boldsymbol{E}|=|\boldsymbol{\Lambda}-\lambda\boldsymbol{E}|$ 两边同次幂的系数，解得 $x=4,y=5$.

法 2　由于 $\boldsymbol{A}$ 与 $\boldsymbol{\Lambda}$ 相似，所以 $5,-4,y$ 是 $\boldsymbol{A}$ 的特征值. 可求得

$$|\boldsymbol{A}-\lambda\boldsymbol{E}|=(5-\lambda)[\lambda^2+(3-x)\lambda-3x-8]$$

将 $\lambda=-4$ 代入得

$$9[16-(3-x)4-3x-8]=0$$

解得 $x=4$. 由于 $\boldsymbol{A}$ 的特征值之和等于 $\boldsymbol{A}$ 的对角元素之和，即

$$5-4+y=1+x+1$$

解得 $y=5$.（如果直接将 $\lambda=y$ 代入 $|\boldsymbol{A}-\lambda\boldsymbol{E}|=0$ 将求得 $y=5$ 或 $y=-4$. 还需确定 y 的取值.）

法 3　$\boldsymbol{A}$ 与 $\boldsymbol{\Lambda}$ 相似，所以 $\boldsymbol{A}$ 的特征值为 $5,-4,y$. 由于

$$5-4+y=1+x+1,\quad 5(-4)y=|\boldsymbol{A}|=5(-3x-8)$$

联立解得 $x=4,y=5$. 于是

$$\boldsymbol{A}=\begin{pmatrix}1&-2&-4\\-2&4&-2\\-4&-2&1\end{pmatrix},\quad \boldsymbol{\Lambda}=\begin{pmatrix}5&&\\&-4&\\&&5\end{pmatrix}$$

对于 $\lambda_1=\lambda_3=5$，解方程组 $(\boldsymbol{A}-5\boldsymbol{E})\boldsymbol{x}=\boldsymbol{0}$. 由

$$\boldsymbol{A}-5\boldsymbol{E}=\begin{pmatrix}-4&-2&-4\\-2&-1&-2\\-4&-2&-4\end{pmatrix}\xrightarrow[\substack{r_2\times\left(\frac{1}{2}\right)\\ r_1\leftrightarrow r_2}]{\substack{r_1-2r_2\\ r_3-2r_2}}\begin{pmatrix}1&\frac{1}{2}&1\\0&0&0\\0&0&0\end{pmatrix}$$

得基础解系　$\boldsymbol{\xi}_1=(-1,2,0)^{\mathrm{T}},\quad \boldsymbol{\xi}_2-(-1,0,1)^{\mathrm{T}}$

正交化　$\boldsymbol{p}_1=\boldsymbol{\xi}_1=(-1,2,0)^{\mathrm{T}},\quad \boldsymbol{p}_2=\boldsymbol{\xi}_2-\dfrac{[\boldsymbol{\xi}_2,\boldsymbol{p}_1]}{[\boldsymbol{p}_1,\boldsymbol{p}_1]}\boldsymbol{p}_1=\left(-\dfrac{4}{5},-\dfrac{2}{5},1\right)^{\mathrm{T}}$

单位化得对应 $\lambda_1=\lambda_3=5$ 的单位正交特征向量

$$\boldsymbol{q}_1=\left(-\frac{1}{\sqrt{5}},\frac{2}{\sqrt{5}},0\right)^{\mathrm{T}},\quad \boldsymbol{q}_2=\left(-\frac{4}{3\sqrt{5}},-\frac{2}{3\sqrt{5}},\frac{5}{3\sqrt{5}}\right)^{\mathrm{T}}$$

对于 $\lambda_2=-4$，解方程组 $(\boldsymbol{A}+4\boldsymbol{E})\boldsymbol{x}=\boldsymbol{0}$. 由

$$A+4E=\begin{pmatrix}5&-2&-4\\-2&8&-2\\-4&-2&5\end{pmatrix}\xrightarrow[r_3-2r_2]{r_1+r_3}\begin{pmatrix}1&-4&1\\-2&8&-2\\0&-18&9\end{pmatrix}\xrightarrow[r_3\times\left(-\frac{1}{18}\right)]{r_2+2r_1}$$

$$\begin{pmatrix}1&-4&1\\0&0&0\\0&1&-\frac{1}{2}\end{pmatrix}\xrightarrow[r_2\leftrightarrow r_3]{r_1+4r_3}\begin{pmatrix}1&0&-1\\0&1&-\frac{1}{2}\\0&0&0\end{pmatrix}.$$

得基础解系 $\boldsymbol{\xi}_3=(2,1,2)^{\mathrm{T}}$，从而对应 $\lambda_2=-4$ 的单位特征向量为 $\boldsymbol{q}_3=\left(\frac{2}{3},\frac{1}{3},\frac{2}{3}\right)^{\mathrm{T}}$. 故使得 $\boldsymbol{P}^{-1}\boldsymbol{AP}=\boldsymbol{\Lambda}$ 的正交矩阵为

$$\boldsymbol{P}=(\boldsymbol{q}_1,\boldsymbol{q}_3,\boldsymbol{q}_2)=\begin{pmatrix}-\frac{1}{\sqrt{5}}&\frac{2}{3}&-\frac{4}{3\sqrt{5}}\\\frac{2}{\sqrt{5}}&\frac{1}{3}&-\frac{2}{3\sqrt{5}}\\0&\frac{2}{3}&\frac{5}{3\sqrt{5}}\end{pmatrix}$$

21. 设 3 阶矩阵 $\boldsymbol{A}$ 的特征值为 $\lambda_1=2,\lambda_2=-2,\lambda_3=1$；对应的特征向量依次为

$$\boldsymbol{p}_1=\begin{pmatrix}0\\1\\1\end{pmatrix},\quad\boldsymbol{p}_2=\begin{pmatrix}1\\1\\1\end{pmatrix},\quad\boldsymbol{p}_3=\begin{pmatrix}1\\1\\0\end{pmatrix}$$

求 $\boldsymbol{A}$.

解 令 $\boldsymbol{P}=(\boldsymbol{p}_1,\boldsymbol{p}_2,\boldsymbol{p}_3)=\begin{pmatrix}0&1&1\\1&1&1\\1&1&0\end{pmatrix}$，则

$$\boldsymbol{P}^{-1}=\begin{pmatrix}-1&1&0\\1&-1&1\\0&1&-1\end{pmatrix}\quad 且\quad \boldsymbol{P}^{-1}\boldsymbol{AP}=\begin{pmatrix}2&&\\&-2&\\&&1\end{pmatrix}$$

故

$$\boldsymbol{A}=\boldsymbol{P}\begin{pmatrix}2&&\\&-2&\\&&1\end{pmatrix}\boldsymbol{P}^{-1}=\begin{pmatrix}-2&3&-3\\-4&5&-3\\-4&4&-2\end{pmatrix}$$

22. 设 3 阶对称阵 $\boldsymbol{A}$ 的特征值为 $\lambda_1=1,\lambda_2=-1,\lambda_3=0$；对应 λ_1,λ_2 的特征向量依次为

$$\boldsymbol{p}_1=\begin{pmatrix}1\\2\\2\end{pmatrix},\quad\boldsymbol{p}_2=\begin{pmatrix}2\\1\\-2\end{pmatrix}$$

求 $\boldsymbol{A}$.

解 设 $\boldsymbol{p}_3=(x_1,x_2,x_3)^{\mathrm{T}}$ 是对应特征值 $\lambda_3=0$ 的特征向量，则 $\boldsymbol{p}_3$ 与 $\boldsymbol{p}_1,\boldsymbol{p}_2$ 正交，即

$$\begin{cases}[\boldsymbol{p}_1,\boldsymbol{p}_3]=x_1+2x_2+3x_3=0\\ [\boldsymbol{p}_2,\boldsymbol{p}_3]=2x_1+x_2-2x_3=0\end{cases}$$

由于系数矩阵

$$\begin{pmatrix}1&2&2\\2&1&-2\end{pmatrix}\xrightarrow{r_2-2r_1}\begin{pmatrix}1&2&2\\0&-3&-6\end{pmatrix}\xrightarrow[r_1-2r_2]{r_2\times\left(-\frac{1}{3}\right)}\begin{pmatrix}1&0&-2\\0&1&2\end{pmatrix}$$

得基础解系
$$\boldsymbol{p}_3=(2,-2,1)^{\mathrm{T}}$$

法 1　令 $\boldsymbol{P}=(\boldsymbol{p}_1,\boldsymbol{p}_2,\boldsymbol{p}_3)=\begin{pmatrix}1&2&2\\2&1&-2\\2&-2&1\end{pmatrix}$，则

$$\boldsymbol{P}^{-1}=\frac{1}{9}\begin{pmatrix}1&2&2\\2&1&-2\\2&-2&1\end{pmatrix},\quad 且\quad \boldsymbol{P}^{-1}\boldsymbol{AP}=\begin{pmatrix}1&&\\&-1&\\&&0\end{pmatrix}$$

故
$$\boldsymbol{A}=\boldsymbol{P}\begin{pmatrix}1&&\\&-1&\\&&0\end{pmatrix}\boldsymbol{P}^{-1}=\frac{1}{3}\begin{pmatrix}-1&0&2\\0&1&2\\2&2&0\end{pmatrix}$$

法 2　将 $\boldsymbol{p}_1,\boldsymbol{p}_2,\boldsymbol{p}_3$ 单位化得

$$\boldsymbol{q}_1=\frac{1}{3}\begin{pmatrix}1\\2\\2\end{pmatrix},\quad \boldsymbol{q}_2=\frac{1}{3}\begin{pmatrix}2\\1\\-2\end{pmatrix},\quad \boldsymbol{q}_3=\frac{1}{3}\begin{pmatrix}2\\-2\\1\end{pmatrix}$$

则正交阵 $\boldsymbol{Q}=(\boldsymbol{q}_1,\boldsymbol{q}_2,\boldsymbol{q}_3)$ 使得

$$\boldsymbol{Q}^{-1}\boldsymbol{AQ}=\boldsymbol{Q}^{\mathrm{T}}\boldsymbol{AQ}=\begin{pmatrix}1&&\\&-1&\\&&0\end{pmatrix}$$

故
$$\boldsymbol{A}=\boldsymbol{Q}\begin{pmatrix}1&&\\&-1&\\&&0\end{pmatrix}\boldsymbol{Q}^{\mathrm{T}}=\frac{1}{3}\begin{pmatrix}-1&0&2\\0&1&2\\2&2&0\end{pmatrix}$$

23. 设 3 阶对称阵 $\boldsymbol{A}$ 的特征值为 $\lambda_1=6,\lambda_2=\lambda_3=3$，与特征值 $\lambda_1=6$ 对应的特征向量为 $\boldsymbol{p}_1=(1,\ 1,\ 1)^{\mathrm{T}}$，求 $\boldsymbol{A}$.

解　由于实对称阵 $\boldsymbol{A}$ 的不同特征值对应的特征向量正交，设 $\boldsymbol{p}=(x_1,\ x_2,\ x_3)^{\mathrm{T}}$ 是 $\boldsymbol{A}$ 的对应特征值 3 的特征向量，由

$$[\boldsymbol{p}_1,\boldsymbol{p}]=x_1+x_2+x_3=0$$

得基础解系为

$$\boldsymbol{p}_2=(-1,\ 1,\ 0)^{\mathrm{T}},\quad \boldsymbol{p}_3=(-1,\ 0,\ 1)^{\mathrm{T}}$$

它们是 $\boldsymbol{A}$ 对应特征值 3 的 2 个线性无关特征向量.

法 1　令 $\boldsymbol{P}=(\boldsymbol{p}_1,\ \boldsymbol{p}_2,\ \boldsymbol{p}_3)=\begin{pmatrix}1&-1&-1\\1&1&0\\1&0&1\end{pmatrix}$，则

$$\boldsymbol{P}^{-1}=\frac{1}{3}\begin{pmatrix}1&1&1\\-1&2&-1\\-1&-1&2\end{pmatrix},\quad 且\quad \boldsymbol{P}^{-1}\boldsymbol{AP}=\begin{pmatrix}6&&\\&3&\\&&3\end{pmatrix}$$

于是
$$A=P\begin{pmatrix}6&&\\&3&\\&&3\end{pmatrix}P^{-1}=\begin{pmatrix}4&1&1\\1&4&1\\1&1&4\end{pmatrix}$$

法 2 将 p_1 单位化，再将 p_2,p_3 正交化并单位化，得
$$q_1=\left(\frac{1}{\sqrt{3}},\frac{1}{\sqrt{3}},\frac{1}{\sqrt{3}}\right)^{\mathrm{T}},\quad q_2=\left(-\frac{1}{\sqrt{2}},\frac{1}{\sqrt{2}},0\right)^{\mathrm{T}},\quad q_3=\left(-\frac{1}{\sqrt{6}},-\frac{1}{\sqrt{6}},\frac{2}{\sqrt{6}}\right)^{\mathrm{T}}$$
令 $Q=(q_1,q_2,q_3)$，则 Q 为正交阵，且
$$Q^{-1}AQ=Q^{\mathrm{T}}AQ=\begin{pmatrix}6&&\\&3&\\&&3\end{pmatrix}$$
于是
$$A=Q\begin{pmatrix}6&&\\&3&\\&&3\end{pmatrix}Q^{\mathrm{T}}=\begin{pmatrix}4&1&1\\1&4&1\\1&1&4\end{pmatrix}$$

24. 设 $a=(a_1,a_2,\cdots,a_n)^{\mathrm{T}}$，$a_1\neq 0$，$A=aa^{\mathrm{T}}$.

(1) 证明 $\lambda=0$ 是 A 的 $n-1$ 重特征值；

(2) 求 A 的非零特征值及 n 个线性无关的特征向量.

解 (1) **法 1** 因为
$$|A-\lambda E|=\begin{vmatrix}a_1^2-\lambda&a_1a_2&\cdots&a_1a_n\\a_2a_1&a_2^2-\lambda&\cdots&a_2a_n\\\vdots&\vdots&&\vdots\\a_na_1&a_na_2&\cdots&a_n^2-\lambda\end{vmatrix}\xlongequal[\substack{\vdots\\ r_n-\frac{a_n}{a_1}r_1}]{\substack{r_2-\frac{a_2}{a_1}r_1\\ r_3-\frac{a_3}{a_1}r_1}}\begin{vmatrix}a_1^2-\lambda&a_1a_2&\cdots&a_1a_n\\\frac{a_2}{a_1}\lambda&-\lambda&\cdots&0\\\vdots&\vdots&&\vdots\\\frac{a_n}{a_1}\lambda&0&\cdots&-\lambda\end{vmatrix}\xlongequal[\substack{\vdots\\ c_1+\frac{a_n}{a_1}c_n}]{\substack{c_1+\frac{a_2}{a_1}c_2\\ c_1+\frac{a_3}{a_1}c_3}}$$
$$\begin{vmatrix}a_1^2+\cdots+a_n^2-\lambda&a_1a_2&\cdots&a_1a_n\\0&-\lambda&\cdots&0\\\vdots&\vdots&&\vdots\\0&0&\cdots&-\lambda\end{vmatrix}=(a_1^2+\cdots+a_n^2-\lambda)(-\lambda)^{n-1}$$
所以 A 的特征值为
$$\lambda_1=\sum_{i=1}^{n}a_i^2,\quad \lambda_2=\cdots=\lambda_n=0$$
可见 0 是 A 的 $n-1$ 重特征值.

法 2 因为
$$A=\begin{pmatrix}a_1^2&a_1a_2&\cdots&a_1a_n\\a_2a_1&a_2^2&\cdots&a_2a_n\\\vdots&\vdots&&\vdots\\a_na_1&a_na_2&\cdots&a_n^2\end{pmatrix}\xrightarrow[\substack{\vdots\\ r_n-\frac{a_n}{a_1}r_1}]{\substack{r_2-\frac{a_2}{a_1}r_1\\ r_3-\frac{a_3}{a_1}r_1}}\begin{pmatrix}a_1^2&a_1a_2&\cdots&a_1a_n\\0&0&\cdots&0\\\vdots&\vdots&&\vdots\\0&0&\cdots&0\end{pmatrix}$$
所以 $\mathrm{R}(A)=1$. 注意到 A 为对称阵，从而 A 与对角阵 $\Lambda=\mathrm{diag}(\lambda_1,\lambda_2,\cdots,\lambda_n)$ 相似，其中 $\lambda_1,\lambda_2,\cdots,\lambda_n$ 是 A 的全部特征值，于是 $\mathrm{R}(\Lambda)=1$，即 Λ 的对角元只有一个非零，也即 0 是 A 的 $n-1$ 重

特征值.

取 $\lambda_2=\lambda_3=\cdots=\lambda_n$，则由

$$\lambda_1+\lambda_2+\cdots+\lambda_n=a_{11}+a_{22}+\cdots+a_{nn}$$

得 $\lambda_1=a_1^2+a_2^2+\cdots+a_n^2=\sum_{i=1}^{n}a_i^2$.

(2) 当 $\lambda_1=\sum_{i=1}^{n}a_i^2=\boldsymbol{a}^{\mathrm{T}}\boldsymbol{a}$ 时，由于

$$\boldsymbol{A}\boldsymbol{a}=(\boldsymbol{a}\boldsymbol{a}^{\mathrm{T}})\boldsymbol{a}=\boldsymbol{a}(\boldsymbol{a}^{\mathrm{T}}\boldsymbol{a})=\lambda_1\boldsymbol{a}$$

得对应 $\lambda_1=\sum_{i=1}^{n}a_i^2$ 的全部特征向量为

$$k_1(a_1,\ a_2,\ \cdots,\ a_n)^{\mathrm{T}}\quad(k_1\neq 0)$$

当 $\lambda_2=\cdots=\lambda_n=0$ 时，解方程 $\boldsymbol{Ax}=\boldsymbol{0}$. 由

$$\boldsymbol{A}=\begin{pmatrix}a_1^2 & a_1a_2 & \cdots & a_1a_n\\ a_2a_1 & a_2^2 & \cdots & a_2a_n\\ \vdots & \vdots & & \vdots\\ a_na_1 & a_na_2 & \cdots & a_n^2\end{pmatrix}\xrightarrow[\substack{r_2-a_2r_1\\ \vdots\\ r_n-a_nr_1}]{r_1\times\frac{1}{a_1}}\begin{pmatrix}a_1 & a_2 & \cdots & a_n\\ 0 & 0 & \cdots & 0\\ \vdots & \vdots & & \vdots\\ 0 & 0 & \cdots & 0\end{pmatrix}$$

得基础解系

$$\boldsymbol{p}_2=(-a_2,\ a_1,\ 0,\ \cdots,\ 0)^{\mathrm{T}}$$
$$\boldsymbol{p}_3=(-a_3,\ 0,\ a_1,\ \cdots,\ 0)^{\mathrm{T}}$$
$$\cdots\cdots$$
$$\boldsymbol{p}_n=(-a_n,\ 0,\ \cdots,\ 0,\ a_1)^{\mathrm{T}}$$

故对应 $\lambda_2=\cdots=\lambda_n=0$ 的全部特征向量为

$$k_2\boldsymbol{p}_2+k_3\boldsymbol{p}_3+\cdots+k_n\boldsymbol{p}_n\quad(k_2,k_3,\cdots,k_n\text{ 不全为 }0)$$

25. (1) 设 $\boldsymbol{A}=\begin{pmatrix}3 & -2\\ -2 & 3\end{pmatrix}$，求 $\varphi(\boldsymbol{A})=\boldsymbol{A}^{10}-5\boldsymbol{A}^{9}$；

(2) 设 $\boldsymbol{A}=\begin{pmatrix}2 & 1 & 2\\ 1 & 2 & 2\\ 2 & 2 & 1\end{pmatrix}$，求 $\varphi(\boldsymbol{A})=\boldsymbol{A}^{10}-6\boldsymbol{A}^{9}+5\boldsymbol{A}^{8}$.

解 (1) $|\boldsymbol{A}-\lambda\boldsymbol{E}|=\begin{vmatrix}3-\lambda & -2\\ -2 & 3-\lambda\end{vmatrix}=(\lambda-1)(\lambda-5)$

得 $\boldsymbol{A}$ 的特征值为 $\lambda_1=1,\lambda_2=5$，可求得对应的特征向量分别为

$$\boldsymbol{p}_1=(1,\ 1)^{\mathrm{T}},\quad \boldsymbol{p}_2=(-1,\ 1)^{\mathrm{T}}$$

令 $\boldsymbol{P}=(\boldsymbol{p}_1,\boldsymbol{p}_2)=\begin{pmatrix}1 & -1\\ 1 & 1\end{pmatrix}$，则

$$\boldsymbol{P}^{-1}=\frac{1}{2}\begin{pmatrix}1 & 1\\ -1 & 1\end{pmatrix},\quad \boldsymbol{P}^{-1}\boldsymbol{AP}=\begin{pmatrix}1 & 0\\ 0 & 5\end{pmatrix}=\boldsymbol{\Lambda}$$

$\varphi(\boldsymbol{A})=\boldsymbol{A}^{10}-5\boldsymbol{A}^{9}=(\boldsymbol{P\Lambda P}^{-1})^{10}-5(\boldsymbol{P\Lambda P}^{-1})^{9}=\boldsymbol{P}(\boldsymbol{\Lambda}^{10}-5\boldsymbol{\Lambda}^{9})\boldsymbol{P}^{-1}=$

$$\boldsymbol{P}\begin{pmatrix}-4 & 0\\ 0 & 0\end{pmatrix}\boldsymbol{P}^{-1}=\begin{pmatrix}1 & -1\\ 1 & 1\end{pmatrix}\begin{pmatrix}-4 & 0\\ 0 & 0\end{pmatrix}\cdot\frac{1}{2}\begin{pmatrix}1 & 1\\ -1 & 1\end{pmatrix}=\begin{pmatrix}-2 & -2\\ -2 & -2\end{pmatrix}$$

(2) $|\boldsymbol{A}-\lambda\boldsymbol{E}|=\begin{vmatrix}2-\lambda & 1 & 2\\ 1 & 2-\lambda & 2\\ 2 & 2 & 1-\lambda\end{vmatrix}=-(\lambda-1)(\lambda+1)(\lambda-5)$

得 $\boldsymbol{A}$ 的特征值为 $\lambda_1=1,\lambda_2=-1,\lambda_3=5$,可求得对应的特征向量分别为

$$\boldsymbol{p}_1=(-1,\ 1,\ 0)^{\mathrm{T}},\ \boldsymbol{p}_2=(-1,\ -1,\ 2)^{\mathrm{T}},\ \boldsymbol{p}_3=(1,\ 1,\ 1)^{\mathrm{T}}$$

令 $\boldsymbol{P}=(\boldsymbol{p}_1,\ \boldsymbol{p}_2,\ \boldsymbol{p}_3)=\begin{pmatrix}-1 & -1 & 1\\ 1 & -1 & 1\\ 0 & 2 & 1\end{pmatrix}$,则

$$\boldsymbol{P}^{-1}=\frac{1}{6}\begin{pmatrix}-3 & 3 & 0\\ -1 & -1 & 2\\ 2 & 2 & 2\end{pmatrix},\quad \boldsymbol{P}^{-1}\boldsymbol{A}\boldsymbol{P}=\begin{pmatrix}1 & & \\ & -1 & \\ & & 5\end{pmatrix}=\boldsymbol{\Lambda}$$

于是

$$\varphi(\boldsymbol{A})=\boldsymbol{A}^{10}-6\boldsymbol{A}^9+5\boldsymbol{A}^8=\boldsymbol{P}(\boldsymbol{\Lambda}^{10}-6\boldsymbol{\Lambda}^9+5\boldsymbol{\Lambda}^8)\boldsymbol{P}^{-1}=\boldsymbol{P}\begin{pmatrix}0 & & \\ & 12 & \\ & & 0\end{pmatrix}\boldsymbol{P}^{-1}=\begin{pmatrix}2 & 2 & -4\\ 2 & 2 & -4\\ -4 & -4 & 8\end{pmatrix}$$

26. 用矩阵记号表示下列二次型.

(1) $f=x^2+4xy+4y^2+2xz+z^2+4yz$;

(2) $f=x^2+y^2-7z^2-2xy-4xz-4yz$;

(3) $f=x_1^2+x_2^2+x_3^2-2x_1x_2+6x_2x_3$.

解 (1) $f=(x,y,z)\begin{pmatrix}1 & 2 & 1\\ 2 & 4 & 2\\ 1 & 2 & 1\end{pmatrix}\begin{pmatrix}x\\ y\\ z\end{pmatrix}$;

(2) $f=(x,y,z)\begin{pmatrix}1 & -1 & -2\\ -1 & 1 & -2\\ -2 & -2 & -7\end{pmatrix}\begin{pmatrix}x\\ y\\ z\end{pmatrix}$;

(3) $f=(x_1,x_2,x_3)\begin{pmatrix}1 & -1 & 0\\ -1 & 1 & 3\\ 0 & 3 & 1\end{pmatrix}\begin{pmatrix}x_1\\ x_2\\ x_3\end{pmatrix}$.

27. 写出下列二次型的矩阵.

(1) $f(\boldsymbol{x})=\boldsymbol{x}^{\mathrm{T}}\begin{pmatrix}2 & 1\\ 3 & 1\end{pmatrix}\boldsymbol{x}$; (2) $f(\boldsymbol{x})=\boldsymbol{x}^{\mathrm{T}}\begin{pmatrix}1 & 2 & 3\\ 4 & 5 & 6\\ 7 & 8 & 9\end{pmatrix}\boldsymbol{x}$.

解 (1) 因为 $f=2x_1^2+4x_1x_2+x_2^2$,所以二次型 f 的矩阵为

$$\boldsymbol{A}=\begin{pmatrix}2 & 2\\ 2 & 1\end{pmatrix}$$

(2) 由 $f=x_1^2+5x_2^2+9x_3^2+6x_1x_2+10x_1x_3+14x_2x_3$,得二次型的矩阵为

$$\boldsymbol{A}=\begin{pmatrix}1 & 3 & 5\\ 3 & 5 & 7\\ 5 & 7 & 9\end{pmatrix}$$

28. 求一个正交变换化下列二次型成标准形.

(1) $f=2x_1^2+3x_2^2+3x_3^2+4x_2x_3$;

(2) $f=x_1^2+x_3^2+2x_1x_2-2x_2x_3$.

解　(1) 二次型的矩阵为

$$\boldsymbol{A}=\begin{pmatrix}2&0&0\\0&3&2\\0&2&3\end{pmatrix}$$

可求得

$$|\boldsymbol{A}-\lambda\boldsymbol{E}|=\begin{vmatrix}2-\lambda&0&0\\0&3-\lambda&2\\0&2&3-\lambda\end{vmatrix}=-(\lambda-1)(\lambda-2)(\lambda-5)$$

得 $\boldsymbol{A}$ 的特征值为 $\lambda_1=1,\lambda_2=2,\lambda_3=5$,可求得对应的特征向量分别为

$$\boldsymbol{p}_1=(0,\ -1,\ 1)^{\mathrm{T}},\ \boldsymbol{p}_2=(1,\ 0,\ 0)^{\mathrm{T}},\ \boldsymbol{p}_3=(0,\ 1,\ 1)^{\mathrm{T}}$$

单位化,有

$$\boldsymbol{q}_1=\left(0,\ -\frac{1}{\sqrt{2}},\ \frac{1}{\sqrt{2}}\right)^{\mathrm{T}},\quad \boldsymbol{q}_2=(1,\ 0,\ 0)^{\mathrm{T}},\quad \boldsymbol{q}_3=\left(0,\ \frac{1}{\sqrt{2}},\ \frac{1}{\sqrt{2}}\right)^{\mathrm{T}}$$

故正交变换

$$\begin{pmatrix}x_1\\x_2\\x_3\end{pmatrix}=\begin{pmatrix}0&1&0\\-\frac{1}{\sqrt{2}}&0&\frac{1}{\sqrt{2}}\\\frac{1}{\sqrt{2}}&0&\frac{1}{\sqrt{2}}\end{pmatrix}\begin{pmatrix}y_1\\y_2\\y_3\end{pmatrix}$$

化二次型为

$$f=y_1^2+2y_2^2+5y_3^2$$

(2) 二次型的矩阵为

$$\boldsymbol{A}=\begin{pmatrix}1&1&0\\1&1&-1\\0&-1&1\end{pmatrix}$$

可求得

$$|\boldsymbol{A}-\lambda\boldsymbol{E}|=\begin{vmatrix}1-\lambda&1&0\\1&-\lambda&-1\\0&-1&1-\lambda\end{vmatrix}=-(\lambda-2)(\lambda-1)(\lambda+1)$$

得 $\boldsymbol{A}$ 的特征值为 $\lambda_1=2,\lambda_2=1,\lambda_3=-1$,可求得对应的特征向量分别为

$$\boldsymbol{p}_1=(-1,-1,1)^{\mathrm{T}},\quad \boldsymbol{p}_2=(1,0,1)^{\mathrm{T}},\quad \boldsymbol{p}_3=(-1,2,1)^{\mathrm{T}}$$

单位化得

$$\boldsymbol{q}_1=\left(-\frac{1}{\sqrt{3}},-\frac{1}{\sqrt{3}},\frac{1}{\sqrt{3}}\right)^{\mathrm{T}},\quad \boldsymbol{q}_2=\left(\frac{1}{\sqrt{2}},0,\frac{1}{\sqrt{2}}\right)^{\mathrm{T}},\quad \boldsymbol{q}_3=\left(-\frac{1}{\sqrt{6}},\frac{2}{\sqrt{6}},\frac{1}{\sqrt{6}}\right)^{\mathrm{T}}$$

故正交变换

$$\begin{pmatrix}x_1\\x_2\\x_3\end{pmatrix}=\begin{pmatrix}-\frac{1}{\sqrt{3}}&\frac{1}{\sqrt{2}}&-\frac{1}{6}\\-\frac{1}{\sqrt{3}}&0&\frac{2}{\sqrt{6}}\\\frac{1}{\sqrt{3}}&\frac{1}{\sqrt{2}}&\frac{1}{\sqrt{6}}\end{pmatrix}\begin{pmatrix}y_1\\y_2\\y_3\end{pmatrix}$$

化二次型为 $$f=2y_1^2+y_2^2-y_3^2.$$

29. 求一个正交变换把二次曲面的方程

$$3x^2+5y^2+5z^2+4xy-4xz-10yz=1$$

化成标准方程.

解 记 $f(x,y,z)=3x^2+5y^2+5z^2+4xy-4xz-10yz$,则二次型 f 的矩阵为

$$\boldsymbol{A}=\begin{pmatrix}3&2&-2\\2&5&-5\\-2&-5&5\end{pmatrix}$$

因为

$$|\boldsymbol{A}-\lambda\boldsymbol{E}|=\begin{vmatrix}3-\lambda&2&-2\\2&5-\lambda&-5\\-2&-5&5-\lambda\end{vmatrix}\xlongequal{r_2+r_3}\begin{vmatrix}3-\lambda&2&-2\\0&-\lambda&-\lambda\\-2&-5&5-\lambda\end{vmatrix}\xlongequal{c_3-c_2}$$

$$\begin{vmatrix}3-\lambda&2&-4\\0&-\lambda&0\\-2&-5&10-\lambda\end{vmatrix}=-\lambda\begin{vmatrix}3-\lambda&-4\\-2&10-\lambda\end{vmatrix}=-\lambda(\lambda-2)(\lambda-11)$$

所以 $\boldsymbol{A}$ 的特征值为 $\lambda_1=0,\lambda_2=2,\lambda_3=11$. 可求得对应的特征向量分别为

$$\boldsymbol{p}_1=\begin{pmatrix}0\\1\\1\end{pmatrix},\quad \boldsymbol{p}_2=\begin{pmatrix}4\\-1\\1\end{pmatrix},\quad \boldsymbol{p}_3=\begin{pmatrix}-1\\-2\\2\end{pmatrix}$$

单位化得
$$\boldsymbol{q}_1=\begin{pmatrix}0\\\frac{1}{\sqrt{2}}\\\frac{1}{\sqrt{2}}\end{pmatrix},\quad \boldsymbol{q}_2=\begin{pmatrix}\frac{4}{3\sqrt{2}}\\-\frac{1}{3\sqrt{2}}\\\frac{1}{3\sqrt{2}}\end{pmatrix},\quad \boldsymbol{q}_3=\begin{pmatrix}-\frac{1}{3}\\-\frac{2}{3}\\\frac{2}{3}\end{pmatrix}$$

故正交变换
$$\begin{pmatrix}x\\y\\z\end{pmatrix}=\begin{pmatrix}0&\frac{4}{3\sqrt{2}}&-\frac{1}{3}\\\frac{1}{\sqrt{2}}&-\frac{1}{3\sqrt{2}}&-\frac{2}{3}\\\frac{1}{\sqrt{2}}&\frac{1}{3\sqrt{2}}&\frac{2}{3}\end{pmatrix}\begin{pmatrix}u\\v\\w\end{pmatrix}$$

化二次曲面方程为标准方程为

$$2v^2+11w^2=1$$

30. 证明:二次型 $f=\boldsymbol{x}^{\mathrm{T}}\boldsymbol{A}\boldsymbol{x}$ 在 $\|\boldsymbol{x}\|=1$ 时的最大值为矩阵 $\boldsymbol{A}$ 的最大特征值.

证 设 $\lambda_1\geqslant\lambda_2\geqslant\cdots\geqslant\lambda_n$ 为 $\boldsymbol{A}$ 的 n 个特征值,则对实对称矩阵 $\boldsymbol{A}$,存在正交矩阵 $\boldsymbol{Q}$,使得

$$\boldsymbol{Q}^{\mathrm{T}}\boldsymbol{A}\boldsymbol{Q}=\begin{pmatrix}\lambda_1&&&\\&\lambda_2&&\\&&\ddots&\\&&&\lambda_n\end{pmatrix}=\boldsymbol{\Lambda}$$

法 1 设 $\boldsymbol{Q}=(\boldsymbol{q}_1,\boldsymbol{q}_2,\cdots,\boldsymbol{q}_n)$，则 $\boldsymbol{q}_1,\boldsymbol{q}_2,\cdots,\boldsymbol{q}_n$ 是两两正交的单位向量，且

$$\boldsymbol{A}\boldsymbol{q}_i=\lambda_i\boldsymbol{q}_i \quad (i=1,2,\cdots,n)$$

由于 $\boldsymbol{q}_1,\boldsymbol{q}_2,\cdots,\boldsymbol{q}_n$ 是 $\mathbf{R}^n$ 的一个规范正交基，所以 $\boldsymbol{x}=k_1\boldsymbol{q}_1+k_2\boldsymbol{q}_2+\cdots+k_n\boldsymbol{q}_n$，且由 $\|\boldsymbol{x}\|=1$ 知 $k_1^2+k_2^2+\cdots+k_n^2=1$. 于是

$$f=\boldsymbol{x}^{\mathrm{T}}\boldsymbol{A}\boldsymbol{x}=\boldsymbol{x}^{\mathrm{T}}\boldsymbol{A}(k_1\boldsymbol{q}_1+k_2\boldsymbol{q}_2+\cdots+k_n\boldsymbol{q}_n)=(k_1\boldsymbol{q}_1^{\mathrm{T}}+k_2\boldsymbol{q}_2^{\mathrm{T}}+\cdots+k_n\boldsymbol{q}_n^{\mathrm{T}})$$
$$(k_1\lambda_1\boldsymbol{q}_1+k_2\lambda_2\boldsymbol{q}_2+\cdots+k_n\lambda_n\boldsymbol{q}_n)=\lambda_1k_1^2+\lambda_2k_2^2+\cdots+\lambda_nk_n^2\leqslant$$
$$\lambda_1(k_1^2+k_2^2+\cdots+k_n^2)=\lambda_1$$

即对任意满足 $\|\boldsymbol{x}\|=1$ 的向量 $\boldsymbol{x}$，有 $f\leqslant\lambda_1$. 取 $\boldsymbol{x}=\boldsymbol{q}_1$，则 $\|\boldsymbol{x}\|=1$，且

$$\boldsymbol{q}_1^{\mathrm{T}}\boldsymbol{A}\boldsymbol{q}_1=\lambda_1\boldsymbol{q}_1^{\mathrm{T}}\boldsymbol{q}_1=\lambda_1$$

故 $f=\boldsymbol{x}^{\mathrm{T}}\boldsymbol{A}\boldsymbol{x}$ 在 $\|\boldsymbol{x}\|=1$ 时的最大值为 $\boldsymbol{A}$ 的最大特征值.

法 2 作正交变换 $\boldsymbol{x}=\boldsymbol{Q}\boldsymbol{y}$，则

$$f=\boldsymbol{x}^{\mathrm{T}}\boldsymbol{A}\boldsymbol{x}=(\boldsymbol{Q}\boldsymbol{y})^{\mathrm{T}}\boldsymbol{A}(\boldsymbol{Q}\boldsymbol{y})=\boldsymbol{y}^{\mathrm{T}}\boldsymbol{Q}^{\mathrm{T}}\boldsymbol{A}\boldsymbol{Q}\boldsymbol{y}=\boldsymbol{y}^{\mathrm{T}}\boldsymbol{\Lambda}\boldsymbol{y}=\lambda_1y_1^2+\lambda_2y_2^2+\cdots+\lambda_ny_n^2\leqslant$$
$$\lambda_1(y_1^2+y_2^2+\cdots+y_n^2)=\lambda_1\boldsymbol{y}^{\mathrm{T}}\boldsymbol{y}$$

由于 $\|\boldsymbol{x}\|=\|\boldsymbol{Q}\boldsymbol{y}\|=\sqrt{(\boldsymbol{Q}\boldsymbol{y})^{\mathrm{T}}(\boldsymbol{Q}\boldsymbol{y})}=\sqrt{\boldsymbol{y}^{\mathrm{T}}\boldsymbol{Q}^{\mathrm{T}}\boldsymbol{Q}\boldsymbol{y}}=\sqrt{\boldsymbol{y}^{\mathrm{T}}\boldsymbol{y}}=\|\boldsymbol{y}\|$，所以当 $\|\boldsymbol{x}\|=1$ 时，有 $\|\boldsymbol{y}\|=1$，此时 $f\leqslant\lambda_1\boldsymbol{y}^{\mathrm{T}}\boldsymbol{y}=\lambda_1$.

又取 $\boldsymbol{y}_0=\boldsymbol{e}_1=(1,0,\cdots,0)^{\mathrm{T}}$，则 $\|\boldsymbol{y}_0\|=\|\boldsymbol{e}_1\|=1$；再取 $\boldsymbol{x}_0=\boldsymbol{Q}\boldsymbol{y}_0$，则 $\|\boldsymbol{x}_0\|=\|\boldsymbol{y}_0\|=1$，且

$$f(\boldsymbol{x}_0)=\boldsymbol{x}_0^{\mathrm{T}}\boldsymbol{A}\boldsymbol{x}_0=(\boldsymbol{Q}\boldsymbol{y}_0)^{\mathrm{T}}\boldsymbol{A}(\boldsymbol{Q}\boldsymbol{y}_0)=\boldsymbol{y}_0^{\mathrm{T}}\boldsymbol{Q}^{\mathrm{T}}\boldsymbol{A}\boldsymbol{Q}\boldsymbol{y}_0=\boldsymbol{e}_1^{\mathrm{T}}\boldsymbol{\Lambda}\boldsymbol{e}_1=\lambda_1$$

故

$$\max_{\|\boldsymbol{x}\|=1}f=\lambda_1$$

31. 用配方法化下列二次型成规范形，并写出所用变换的矩阵.

(1) $f(x_1,x_2,x_3)=x_1^2+3x_2^2+5x_3^2+2x_1x_2-4x_1x_3$；

(2) $f(x_1,x_2,x_3)=x_1^2+2x_3^2+2x_1x_3+2x_2x_3$；

(3) $f(x_1,x_2,x_3)=2x_1^2+x_2^2+4x_3^2+2x_1x_2-2x_2x_3$.

解

(1) $f=x_1^2+2x_1(x_2-2x_3)+3x_2^2+5x_3^2=$
$$[x_1+(x_2-2x_3)]^2-(x_2-2x_3)^2+3x_2^2+5x_3^2=$$
$$(x_1+x_2-2x_3)^2+2x_2^2+4x_2x_3+x_3^2$$

令 $\begin{cases}y_1=x_1+x_2-2x_3\\y_2=\qquad x_2\\y_3=\qquad\qquad x_3\end{cases}$，即 $\begin{pmatrix}x_1\\x_2\\x_3\end{pmatrix}=\begin{pmatrix}1&-1&2\\0&1&0\\0&0&1\end{pmatrix}\begin{pmatrix}y_1\\y_2\\y_3\end{pmatrix}$，得

$$f=y_1^2+2y_2^2+4y_2y_3+y_3^2=y_1^2+2(y_2^2+2y_2y_3)+y_3^2=y_1^2+2(y_2+y_3)^2-y_3^2$$

令 $\begin{cases}z_1=y_1\\z_2=\sqrt{2}(y_2+y_3)\\z_3=\qquad y_3\end{cases}$，即 $\begin{pmatrix}y_1\\y_2\\y_3\end{pmatrix}=\begin{pmatrix}1&0&0\\0&\frac{1}{\sqrt{2}}&-1\\0&0&1\end{pmatrix}\begin{pmatrix}z_1\\z_2\\z_3\end{pmatrix}$，得规范形

$$f=z_1^2+z_2^2-z_3^2$$

所用变换的矩阵为

$$C=\begin{pmatrix}1&-1&2\\0&1&0\\0&0&1\end{pmatrix}\begin{pmatrix}1&0&0\\0&\frac{1}{\sqrt{2}}&-1\\0&0&1\end{pmatrix}=\begin{pmatrix}1&-\frac{1}{\sqrt{2}}&3\\0&\frac{1}{\sqrt{2}}&-1\\0&0&1\end{pmatrix}$$

(2) $f=(x_1^2+2x_1x_3)+2x_3^2+2x_2x_3=(x_1+x_3)^2+x_3^2+2x_2x_3$

令$\begin{cases}y_1=x_1+x_3\\y_2=x_2\\y_3=x_3\end{cases}$，即$\begin{pmatrix}x_1\\x_2\\x_3\end{pmatrix}=\begin{pmatrix}1&0&-1\\0&1&0\\0&0&1\end{pmatrix}\begin{pmatrix}y_1\\y_2\\y_3\end{pmatrix}$，得

$$f=y_1^2+y_3^2+2y_2y_3=y_1^2+(y_2+y_3)^2-y_2^2$$

令$\begin{cases}z_1=y_1\\z_2=y_2+y_3\\z_3=y_2\end{cases}$，即$\begin{pmatrix}y_1\\y_2\\y_3\end{pmatrix}=\begin{pmatrix}1&0&0\\0&0&1\\0&1&-1\end{pmatrix}\begin{pmatrix}z_1\\z_2\\z_3\end{pmatrix}$，得规范形

$$f=z_1^2+z_2^2-z_3^2$$

所用变换的矩阵为

$$C=\begin{pmatrix}1&0&-1\\0&1&0\\0&0&1\end{pmatrix}\begin{pmatrix}1&0&0\\0&0&1\\0&1&-1\end{pmatrix}=\begin{pmatrix}1&-1&1\\0&0&1\\0&1&-1\end{pmatrix}$$

(3) $f=2(x_1^2+x_1x_2)+x_2^2+4x_3^2-2x_2x_3=2\left(x_1+\frac{1}{2}x_2\right)^2+\frac{1}{2}x_2^2+4x_3^2-2x_2x_3$

令$\begin{cases}y_1=\sqrt{2}(x_1+\frac{1}{2}x_2)\\y_2=x_2\\y_3=x_3\end{cases}$，即$\begin{pmatrix}x_1\\x_2\\x_3\end{pmatrix}=\begin{pmatrix}\frac{1}{\sqrt{2}}&-\frac{1}{2}&0\\0&1&0\\0&0&1\end{pmatrix}\begin{pmatrix}y_1\\y_2\\y_3\end{pmatrix}$，得

$$f=y_1^2+\frac{1}{2}y_2^2-2y_2y_3+4y_3^2=y_1^2+\frac{1}{2}(y_2^2-4y_2y_3)+4y_3^2=y_1^2+\frac{1}{2}(y_2-2y_3)^2+2y_3^2$$

令$\begin{cases}z_1=y_1\\z_2=\frac{1}{\sqrt{2}}(y_2-2y_3)\\z_3=\sqrt{2}y_3\end{cases}$，即$\begin{pmatrix}y_1\\y_2\\y_3\end{pmatrix}=\begin{pmatrix}1&0&0\\0&\sqrt{2}&\sqrt{2}\\0&0&\frac{1}{\sqrt{2}}\end{pmatrix}\begin{pmatrix}z_1\\z_2\\z_3\end{pmatrix}$，得规范形

$$f=z_1^2+z_2^2+z_3^2$$

所用变换的矩阵为

$$C=\begin{pmatrix}\frac{1}{\sqrt{2}}&-\frac{1}{2}&0\\0&1&0\\0&0&1\end{pmatrix}\begin{pmatrix}1&0&0\\0&\sqrt{2}&\sqrt{2}\\0&0&\frac{1}{\sqrt{2}}\end{pmatrix}=\begin{pmatrix}\frac{1}{\sqrt{2}}&-\frac{1}{\sqrt{2}}&-\frac{1}{\sqrt{2}}\\0&\sqrt{2}&\sqrt{2}\\0&0&\frac{1}{\sqrt{2}}\end{pmatrix}$$

32. 设 $f=x_1^2+x_2^2+5x_3^2+2ax_1x_2-2x_1x_3+4x_2x_3$ 为正定二次型，求 a.

解 二次型的矩阵为

$$A=\begin{pmatrix}1&a&-1\\a&1&2\\-1&2&5\end{pmatrix}$$

由 A 为正定阵得

$$a_{11}=1>0,\quad \begin{vmatrix}a_{11}&a_{12}\\a_{21}&a_{22}\end{vmatrix}=\begin{vmatrix}1&a\\a&1\end{vmatrix}=1-a^2>0$$

$$|A|=\begin{vmatrix}1&a&-1\\a&1&2\\-1&2&5\end{vmatrix}\xlongequal[r_3+r_1]{r_2-ar_1}\begin{vmatrix}1&a&-1\\0&1-a^2&2+a\\0&2+a&4\end{vmatrix}=-5a^2-4a=-5a\left(a+\frac{4}{5}\right)>0$$

解不等式组 $a^2<1$ 和 $a\left(a+\frac{4}{5}\right)<0$，得

$$-\frac{4}{5}<a<0$$

33. 判定下列二次型的正定性.

(1) $f=-2{x_1}^2-6{x_2}^2-4{x_3}^2+2x_1x_2+2x_1x_3$；

(2) $f=x_1^2+3x_2^2+9x_3^2-2x_1x_2+4x_1x_3$.

解 (1) 二次型的矩阵

$$A=\begin{pmatrix}-2&1&1\\1&-6&0\\1&0&-4\end{pmatrix}$$

因为

$$a_{11}=-2<0,\quad \begin{vmatrix}a_{11}&a_{12}\\a_{21}&a_{22}\end{vmatrix}=\begin{vmatrix}-2&1\\1&-6\end{vmatrix}=11>0,\quad |A|=-38<0$$

所以 f 是负定二次型.

(2) 二次型的矩阵为

$$A=\begin{pmatrix}1&-1&2\\-1&3&0\\2&0&9\end{pmatrix}$$

因为 $$a_{11}=1>0,\quad \begin{vmatrix}a_{11}&a_{12}\\a_{21}&a_{22}\end{vmatrix}=\begin{vmatrix}1&-1\\-1&3\end{vmatrix}=2>0,\quad |A|=6>0$$

所以 f 是正定二次型.

34. 证明对称阵 A 为正定的充分必要条件是：存在可逆矩阵 U，使 $A=U^TU$，即 A 与单位阵 E 合同.

证 充分性 已知存在可逆矩阵 U，使 $A=U^TU$，则对任意列向量 $x\neq 0$，有 $Ux\neq 0$（否则，若 $Ux=0$，左乘 U^{-1} 得 $x=0$，矛盾），且

$$f=x^TAx=x^TU^TUx=(Ux)^T(Ux)=[Ux,Ux]=\|Ux\|^2>0$$

即 f 为正定二次型，从而 A 为正定矩阵.

必要性 因为 A 是对称阵，所以存在正交阵 Q，使得

$$Q^TAQ=\mathrm{diag}(\lambda_1,\lambda_2,\cdots,\lambda_n)$$

其中$\lambda_1,\lambda_2,\cdots,\lambda_n$是$\boldsymbol{A}$的$n$个特征值. 由$\boldsymbol{A}$为正定矩阵知$\lambda_i>0\ (i=1,2,\cdots,n)$，于是

$$\boldsymbol{A}=\boldsymbol{Q}\mathrm{diag}(\lambda_1,\lambda_2,\cdots,\lambda_n)\boldsymbol{Q}^{\mathrm{T}}=\boldsymbol{Q}\mathrm{diag}(\sqrt{\lambda_1},\sqrt{\lambda_2},\cdots,\sqrt{\lambda_n})\mathrm{diag}(\sqrt{\lambda_1},\sqrt{\lambda_2},\cdots,\sqrt{\lambda_n})\boldsymbol{Q}^{\mathrm{T}}$$

记$\boldsymbol{U}=\mathrm{diag}(\sqrt{\lambda_1},\sqrt{\lambda_2},\cdots,\sqrt{\lambda_n})\boldsymbol{Q}^{\mathrm{T}}$，则$\boldsymbol{U}$为可逆矩阵，且有$\boldsymbol{A}=\boldsymbol{U}^{\mathrm{T}}\boldsymbol{U}$.

六、学习效果两级测试题及答案

测试题A

1. 设$\boldsymbol{A}$是3阶可逆矩阵，其逆矩阵的特征值为$\frac{1}{2},\frac{1}{3},\frac{1}{4}$，则行列式$|\boldsymbol{E}-\boldsymbol{A}|=$______.

2. 设4阶实方阵$\boldsymbol{A}$满足条件$|\boldsymbol{A}+\sqrt{3}\boldsymbol{E}|=0$，且$|\boldsymbol{A}|=9$，求：

(1) $\boldsymbol{A}^*$的一个特征值； (2) $|\boldsymbol{A}|^2\boldsymbol{A}^{-1}$的一个特征值.

3. 设n阶方阵$\boldsymbol{A}$的每行元素之和为$a(a\neq 0)$，且$|\boldsymbol{A}|=2a$，则$(\boldsymbol{A}^*)^*+2\boldsymbol{A}^*-4\boldsymbol{E}$的一个特征值为______.

4. 设$\boldsymbol{A}$是n阶实对称矩阵，满足$\boldsymbol{A}^3-3\boldsymbol{A}^2+3\boldsymbol{A}-2\boldsymbol{E}=\boldsymbol{O}$，则$\boldsymbol{A}$的特征值是______.

5. 已知0是方阵$\boldsymbol{A}=\begin{pmatrix}1&0&1\\0&2&0\\1&0&a\end{pmatrix}$的特征值，求$a$和方阵$\boldsymbol{A}$的其他特征值.

6. 已知矩阵$\boldsymbol{A}=\begin{pmatrix}3&-2&1\\a&-a&a\\3&-6&5\end{pmatrix}$，$\lambda_0$是$\boldsymbol{A}$的三重特征值，求$a$及$\lambda_0$.

7. 设矩阵$\boldsymbol{A}=\begin{pmatrix}3&2&-2\\-k&-1&k\\4&2&-3\end{pmatrix}$. 问当$k$为何值时，存在可逆矩阵$\boldsymbol{P}$，使得$\boldsymbol{P}^{-1}\boldsymbol{AP}$为对角矩阵？并求出$\boldsymbol{P}$和相应的对角矩阵.

8. 已知矩阵$\boldsymbol{A}=\begin{pmatrix}-1&1&0\\-2&2&0\\4&x&1\end{pmatrix}$可对角化，求$\boldsymbol{A}^n$.

9. 设$\boldsymbol{A}$是n阶正交矩阵，n为奇数，且$|\boldsymbol{A}|=1$，证明：1是$\boldsymbol{A}$的特征值.

10. 已知n阶实对称矩阵$\boldsymbol{A}$的正惯性指数为$p(p<n)$，且$\boldsymbol{A}$满足$\boldsymbol{A}^2+\boldsymbol{A}-6\boldsymbol{E}=\boldsymbol{O}$. 试求行列式$|\boldsymbol{A}-\boldsymbol{E}|$.

11. 已知3阶实对称矩阵$\boldsymbol{A}$的特征值为$\lambda_1=8,\lambda_2=\lambda_3=2$，对应$\lambda_1=8$的特征向量为$\boldsymbol{p}_1=(1,k,1)^{\mathrm{T}}$，对应$\lambda_2=\lambda_3=2$的一个特征向量为$\boldsymbol{p}_2=(-1,1,0)^{\mathrm{T}}$，试求参数$k$，以及对应$\lambda_2=\lambda_3=2$的另一个特征向量$\boldsymbol{p}_3$和矩阵$\boldsymbol{A}$.

12. 设$\boldsymbol{A}$是正交矩阵，λ是$\boldsymbol{A}$的特征值. 证明：$\frac{1}{\lambda}$也是$\boldsymbol{A}$的特征值.

13. 设二次型$f=x_1^2+x_2^2+x_3^2+2ax_1x_2+2x_1x_3+2bx_2x_3$经正交变换$\boldsymbol{x}=\boldsymbol{Qy}$化成标准形$f=y_2^2+2y_3^2$，其中$\boldsymbol{x}=(x_1,x_2,x_3)^{\mathrm{T}}$，$\boldsymbol{y}=(y_1,y_2,y_3)^{\mathrm{T}}$，$\boldsymbol{Q}$是3阶正交矩阵，试求常数$a,b$和正交矩阵$\boldsymbol{Q}$.

14. 已知二次型 $f=2x_1^2+x_2^2+x_3^2+2cx_1x_2+2x_2x_3$ 的秩为 2，求一正交变换化二次型为标准形.

15. 当 t 满足______时，二次型 $f=-x_1^2-4x_2^2-2x_3^2+4tx_1x_2+2x_1x_3$ 是负定的.

16. 已知 $\boldsymbol{A}$ 是实反对称矩阵(即满足 $\boldsymbol{A}^{\mathrm{T}}=-\boldsymbol{A}$ 的实矩阵)，试证 $\boldsymbol{E}-\boldsymbol{A}^2$ 为正定矩阵.

测 试 题 B

1. $\boldsymbol{A}$ 是 3 阶矩阵，$\boldsymbol{A}^{-1}$ 的特征值是 1,2,3，则 $\boldsymbol{A}^*$ 的特征值是______.

2. 若 4 阶矩阵 $\boldsymbol{A}$ 与 $\boldsymbol{B}$ 相似，矩阵 $\boldsymbol{A}$ 的特征值为 $\frac{1}{2},\frac{1}{3},\frac{1}{4},\frac{1}{5}$，则行列式 $|\boldsymbol{B}^{-1}-\boldsymbol{E}|=$______.

3. 设 $\lambda=2$ 是非奇异矩阵 $\boldsymbol{A}$ 的一个特征值，则矩阵 $\left(\frac{1}{3}\boldsymbol{A}^2\right)^{-1}$ 有一特征值等于______.

(a) $\frac{4}{3}$；　(b) $\frac{3}{4}$；　(c) $\frac{1}{2}$；　(d) $\frac{1}{4}$.

4. 设 $\boldsymbol{A}$ 是 n 阶实对称矩阵，$\boldsymbol{P}$ 是 n 阶可逆矩阵. 已知 n 维列向量 $\boldsymbol{\alpha}$ 是 $\boldsymbol{A}$ 的属于特征值 λ 的特征向量，则矩阵 $(\boldsymbol{P}^{-1}\boldsymbol{AP})^{\mathrm{T}}$ 属于特征值 λ 的特征向量是______.

(a) $\boldsymbol{P}^{-1}\boldsymbol{\alpha}$；　(b) $\boldsymbol{P}^{\mathrm{T}}\boldsymbol{\alpha}$；　(c) $\boldsymbol{P\alpha}$；　(d) $(\boldsymbol{P}^{-1})^{\mathrm{T}}\boldsymbol{\alpha}$.

5. 已知向量 $\boldsymbol{\alpha}=\begin{pmatrix}1\\k\\1\end{pmatrix}$ 是矩阵 $\boldsymbol{A}=\begin{pmatrix}2&1&1\\1&2&1\\1&1&2\end{pmatrix}$ 的逆矩阵 $\boldsymbol{A}^{-1}$ 的特征向量，试求常数 k.

6. 设矩阵 $\boldsymbol{A}=\begin{pmatrix}a&-1&c\\5&b&3\\1-c&0&-a\end{pmatrix}$，且 $|\boldsymbol{A}|=-1$. 又设 $\boldsymbol{A}$ 的伴随矩阵 $\boldsymbol{A}^*$ 有特征值 λ_0，属于 λ_0 的特征向量为 $\boldsymbol{\alpha}=(-1,-1,1)^{\mathrm{T}}$，求 a,b,c 及 λ_0 的值.

7. 已知矩阵 $\boldsymbol{A}=\begin{pmatrix}2&0&0\\0&0&1\\0&1&x\end{pmatrix}$ 与 $\boldsymbol{B}=\begin{pmatrix}2&0&0\\0&y&0\\0&0&-1\end{pmatrix}$ 相似.

(1) 求 x 与 y；

(2) 求一个满足 $\boldsymbol{P}^{-1}\boldsymbol{AP}=\boldsymbol{B}$ 的可逆矩阵 $\boldsymbol{P}$.

8. 已知 $\boldsymbol{\xi}=\begin{pmatrix}1\\1\\-1\end{pmatrix}$ 是矩阵 $\boldsymbol{A}=\begin{pmatrix}2&-1&2\\5&a&3\\-1&b&-2\end{pmatrix}$ 的一个特征向量.

(1) 试确定参数 a,b 及特征向量 $\boldsymbol{\xi}$ 对应的特征值；

(2) 问 $\boldsymbol{A}$ 能否相似于对角矩阵？说明理由.

9. 设 $\boldsymbol{A}=\begin{pmatrix}0&0&1\\x&1&y\\1&0&0\end{pmatrix}$ 有 3 个线性无关的特征向量，求 x 和 y 应满足的条件.

10. $\boldsymbol{A}$ 是 n 阶矩阵，$1,2,\cdots,n$ 是 $\boldsymbol{A}$ 的 n 个特征值，$\boldsymbol{E}$ 是 n 阶单位矩阵，计算行列式 $|\boldsymbol{A}-(n+1)\boldsymbol{E}|$.

11. 设矩阵 $\boldsymbol{A}=\begin{pmatrix}1&1&a\\1&a&1\\a&1&1\end{pmatrix}$，$\boldsymbol{\beta}=\begin{pmatrix}1\\1\\-2\end{pmatrix}$，已知线性方程组 $\boldsymbol{Ax}=\boldsymbol{\beta}$ 有解但不唯一，试求：

(1) a 的值； (2) 正交矩阵 Q,使 Q^TAQ 为对角矩阵.

12. 设实对称矩阵 $A=\begin{pmatrix} a & 1 & 1 \\ 1 & a & -1 \\ 1 & -1 & a \end{pmatrix}$,求可逆矩阵 P,使 $P^{-1}AP$ 为对角矩阵,并计算行列式 $|A-E|$ 的值.

13. 已知二次型 $f(x_1,x_2,x_3)=2x_1^2+3x_2^2+3x_3^2+2ax_2x_3$ $(a>0)$ 通过正交变换化成标准形 $f=y_1^2+2y_2^2+5y_3^2$,求参数 a 及所用的正交变换矩阵.

14. 已知二次曲面方程

$$x^2+ay^2+z^2+2bxy+2xz+2yz=4$$

可以经过正交变换 $\begin{pmatrix} x \\ y \\ z \end{pmatrix}=Q\begin{pmatrix} \xi \\ \eta \\ \zeta \end{pmatrix}$ 化为椭圆柱面方程 $\eta^2+4\zeta^2=4$,求 a,b 的值和正交矩阵 Q.

15. 若二次型 $f=2x_1^2+x_2^2+x_3^2+2x_1x_2+tx_2x_3$ 是正定的,则 t 的取值范围是______.

16. 已知 $f(x_1,x_2,x_3)=2x_1^2+x_2^2+x_3^2-2tx_1x_2+2x_1x_3$,如 $f=1$ 是椭球面,则 t 满足______.

17. 设 A 是 n 阶正定矩阵,证明 $|A+2E|>2^n$.

18. 设 A,B 分别为 m,n 阶正定矩阵,试判定分块矩阵 $C=\begin{pmatrix} A & O \\ O & B \end{pmatrix}$ 是否为正定矩阵.

测试题 A 答案或提示

1. 应填：-6.

2. (1) $-\sqrt{3}$ 是 A 的一个特征值,于是 $\dfrac{|A|}{-\sqrt{3}}=-3\sqrt{3}$ 是 A^* 的一个特征值；

(2) $\dfrac{1}{-\sqrt{3}}$ 是 A^{-1} 的一个特征值,因此 $\dfrac{|A|^2}{-\sqrt{3}}=-27\sqrt{3}$ 是 $|A|^2A^{-1}$ 的一个特征值.

3. 应填:$2^{n-2}a^{n-1}$.(提示:a 是 A 的一个特征值. 又由 $A^*=|A|A^{-1}=2aA^{-1}$ 得 $(A^*)^*=|A^*|(A^*)^{-1}=|2aA^{-1}|(2aA^{-1})^{-1}=(2a)^{n-2}A$. 于是 $(A^*)^*+2A^*-4E=(2a)^{n-2}A+4aA^{-1}-4E$,所以它的一个特征值为 $(2a)^{n-2}a+4a\cdot\dfrac{1}{a}-4=2^{n-2}a^{n-1}$.)

4. 应填:2.(提示:实对称矩阵 A 的特征值为实数.)

5. $a=1$,A 的其他特征值为 $\lambda_1=\lambda_2=2$.

6. $a=2,\lambda_0=2$.(提示:利用 $\lambda_1+\lambda_2+\lambda_3=a_{11}+a_{22}+a_{33}$,$\lambda_1\lambda_2\lambda_3=|A|$,得 $3\lambda_0=8-a$,$\lambda_0^3=4a$,联立解得 $\lambda_0=2,a=2$.)

7. $k=0$; $P=\begin{pmatrix} -1 & 1 & 1 \\ 2 & 0 & 0 \\ 0 & 2 & 1 \end{pmatrix}$,使 $P^{-1}AP=\begin{pmatrix} -1 & 0 & 0 \\ 0 & -1 & 0 \\ 0 & 0 & 1 \end{pmatrix}$

(提示：当 A 能对角化时，对应 $\lambda_1=\lambda_2=-1$ 应有两个线性无关的特征向量，从而由 $R(A+E)=1$ 定出 k.)

8. $A^n=\begin{pmatrix}-1 & 1 & 0\\ -2 & 2 & 0\\ 4 & -2 & 1\end{pmatrix}$.（提示：可求得 $|A-\lambda E|)=-(\lambda-1)^2\lambda$，由于 A 可对角化，所以 A 对应 2 重特征值 1 应有 2 个线性无关的特征向量，于是 $R(A-E)=1$，由此求出 $x=-2$. 又可求得

$$P=\begin{pmatrix}1 & 0 & -1\\ 2 & 0 & -1\\ 0 & 1 & 2\end{pmatrix},\text{使得 } P^{-1}AP=\Lambda=\begin{pmatrix}1 & 0 & 0\\ 0 & 1 & 0\\ 0 & 0 & 0\end{pmatrix}$$

利用之求出 A^n.）

9. 提示：证明 $|A-E|=0$.

10. $(-1)^{n-p}4^{n-p}$.（提示：由 $A^2+A-6E=O$ 确定 A 的互异特征值为 2 和 -3，由 A 的正惯性指数为 p 知 2 是 A 的 p 重特征值，-3 是 A 的 $n-p$ 重特征值.）

11. $k=1, p_3=(-1,-1,2)^T, A=\begin{pmatrix}4 & 2 & 2\\ 2 & 4 & 2\\ 2 & 2 & 4\end{pmatrix}$.（提示：由 $[p_1,p_2]=0$ 确定 k. 利用 $[p_1,p_3]=0$ 和 $[p_2,p_3]=0$ 确定 p_3.）

12. 设 $Ax=\lambda x, x\neq 0$，左乘 A^T 并利用 $A^TA=E$ 得 $A^Tx=\frac{1}{\lambda}x$，即 $\frac{1}{\lambda}$ 是 A^T 的特征值，但 A^T 与 A 有相同的特征值，故 $\frac{1}{\lambda}$ 也是 A 的特征值.

13. $a=b=0, Q=\begin{pmatrix}-\frac{1}{\sqrt2} & 0 & \frac{1}{\sqrt2}\\ 0 & 1 & 0\\ \frac{1}{\sqrt2} & 0 & \frac{1}{\sqrt2}\end{pmatrix}$.（提示：利用矩阵 $A=\begin{pmatrix}1 & a & 1\\ a & 1 & b\\ 1 & b & 1\end{pmatrix}$ 与 $\Lambda=\begin{pmatrix}0 & 0 & 0\\ 0 & 1 & 0\\ 0 & 0 & 2\end{pmatrix}$ 相似确定 a 和 b.）

14. 正交变换 $\begin{pmatrix}x_1\\ x_2\\ x_3\end{pmatrix}=\begin{pmatrix}1 & 0 & 0\\ 0 & \frac{1}{\sqrt2} & -\frac{1}{\sqrt2}\\ 0 & \frac{1}{\sqrt2} & \frac{1}{\sqrt2}\end{pmatrix}\begin{pmatrix}y_1\\ y_2\\ y_3\end{pmatrix}$ 化二次型为 $f=2y_1^2+2y_2^2+0y_3^2$.（提示：由二次型的秩为 2 知二次型矩阵 A 的秩为 2，从而 $|A|=0$，可定出 $c=0$.）

15. 应填：$|t|<\frac{1}{\sqrt2}$.

16. 提示：利用定义，并注意 $E-A^2=E+A^TA$.

测试题 B 答案或提示

1. 应填：$\frac{1}{6}, \frac{1}{3}, \frac{1}{2}$.（提示：$|A|=1\cdot\frac{1}{2}\cdot\frac{1}{3}=\frac{1}{6}$.）

第六章　线性空间与线性变换

线性空间是二维、三维几何空间及 n 维向量空间的推广，它在理论上具有高度的概括性．线性空间中的元素统称为向量，但此时的向量除了可以是 n 维向量以外，还可以是矩阵、多项式、函数、数等，这体现了线性空间这一概念的一般性．另一方面，线性空间中要规定加法与数乘这两种运算，但这两种运算未必就是我们所熟悉的 n 维向量、矩阵、多项式、函数和数等的加法和数乘运算；之所以这样称呼是因为这两种运算满足的八条运算规律与通常的加法与数乘运算类似，这又体现了线性空间这一概念的抽象性．线性变换则反映了线性空间中元素之间的一种最基本的联系．线性空间和线性变换是线性代数的主要内容之一，其理论与方法已经渗透到自然科学和工程技术的各个领域．

一、考点研究

1. 考试内容与考试要求

考试内容	向量空间以及相关概念　n 维向量空间的基变换和坐标变换　过渡矩阵
考试要求	(1) 了解 n 维向量空间、子空间、基底、维数、坐标等概念． (2) 了解基变换和坐标变换公式，会求过渡矩阵．

注　仅对数学一的考生要求掌握向量空间的有关内容．

2. 考点分析

向量空间的内容要求得相对稍低，只在 1987 年考过向量的坐标，1997 年考过求齐次方程组的解空间的规范正交基．对向量空间应搞清基、维数、坐标、子空间等概念．熟悉基变换和坐标变换公式，掌握基变换公式的形式记法，这样，相应的计算问题只是求逆矩阵及矩阵乘法，如求过渡矩阵即为如此．

二、重要结论与公式

1. 向量空间的有关结果

(1) 设 V_1 是由向量组 $\boldsymbol{\alpha}_1,\boldsymbol{\alpha}_2,\cdots,\boldsymbol{\alpha}_s$ 生成的向量空间，V_2 是由向量组 $\boldsymbol{\beta}_1,\boldsymbol{\beta}_2,\cdots,\boldsymbol{\beta}_t$ 生成的向量空间．如果 $\boldsymbol{\alpha}_1,\boldsymbol{\alpha}_2,\cdots,\boldsymbol{\alpha}_s$ 可由 $\boldsymbol{\beta}_1,\boldsymbol{\beta}_2,\cdots,\boldsymbol{\beta}_t$ 线性表示，则 $V_1\subset V_2$；如果 $\boldsymbol{\alpha}_1,\boldsymbol{\alpha}_2,\cdots,\boldsymbol{\alpha}_s$ 与 $\boldsymbol{\beta}_1,\boldsymbol{\beta}_2,\cdots,\boldsymbol{\beta}_t$ 等价，则 $V_1=V_2$．

(2) 设 V 是由向量组 $\boldsymbol{\alpha}_1,\boldsymbol{\alpha}_2,\cdots,\boldsymbol{\alpha}_m$ 生成的向量空间，则向量组 $\boldsymbol{\alpha}_1,\boldsymbol{\alpha}_2,\cdots,\boldsymbol{\alpha}_m$ 的最大无关

组就是 V 的基，向量组 $\boldsymbol{\alpha}_1,\boldsymbol{\alpha}_2,\cdots,\boldsymbol{\alpha}_m$ 的秩就等于 V 的维数.

(3) 若向量空间 $V\subset\mathbf{R}^n$，则 V 的维数不会超过 n. 当 V 的维数为 n 时，$V=\mathbf{R}^n$.

2. 基变换公式与坐标变换公式

(1) 如果 $\boldsymbol{\alpha}_1,\boldsymbol{\alpha}_2,\cdots,\boldsymbol{\alpha}_n$ 与 $\boldsymbol{\beta}_1,\boldsymbol{\beta}_2,\cdots,\boldsymbol{\beta}_n$ 是 n 维向量空间的两个基，则由基 $\boldsymbol{\alpha}_1,\boldsymbol{\alpha}_2,\cdots,\boldsymbol{\alpha}_n$ 到基 $\boldsymbol{\beta}_1,\boldsymbol{\beta}_2,\cdots,\boldsymbol{\beta}_n$ 的过渡矩阵 $\boldsymbol{C}$ 是可逆矩阵.

(2) 如果 $\boldsymbol{\alpha}_1,\boldsymbol{\alpha}_2,\cdots,\boldsymbol{\alpha}_n$ 与 $\boldsymbol{\beta}_1,\boldsymbol{\beta}_2,\cdots,\boldsymbol{\beta}_n$ 是 n 维向量空间的两个基，由基 $\boldsymbol{\alpha}_1,\boldsymbol{\alpha}_2,\cdots,\boldsymbol{\alpha}_n$ 到基 $\boldsymbol{\beta}_1,\boldsymbol{\beta}_2,\cdots,\boldsymbol{\beta}_n$ 的过渡矩阵为 $\boldsymbol{C}$，则基变换公式的形式记法为

$$(\boldsymbol{\beta}_1,\boldsymbol{\beta}_2,\cdots,\boldsymbol{\beta}_n)=(\boldsymbol{\alpha}_1,\boldsymbol{\alpha}_2,\cdots,\boldsymbol{\alpha}_n)\boldsymbol{C}$$

或

$$(\boldsymbol{\alpha}_1,\boldsymbol{\alpha}_2,\cdots,\boldsymbol{\alpha}_n)=(\boldsymbol{\beta}_1,\boldsymbol{\beta}_2,\cdots,\boldsymbol{\beta}_n)\boldsymbol{C}^{-1}$$

这一公式在推导过程中会带来方便.

注　(1) 之所以称之为形式记法，是因为当 $\boldsymbol{\alpha}_i,\boldsymbol{\beta}_i(i=1,2,\cdots,n)$ 均是列向量时，上述表达式按矩阵乘法是有意义的；但当 $\boldsymbol{\alpha}_i,\boldsymbol{\beta}_i(i=1,2,\cdots,n)$ 均是行向量时，矩阵$(\boldsymbol{\alpha}_1,\boldsymbol{\alpha}_2,\cdots,\boldsymbol{\alpha}_n)$与 $\boldsymbol{C}$ 相乘无意义，此时应将 $\boldsymbol{\alpha}_i$ 当作一个"数"看待，对$(\boldsymbol{\alpha}_1,\boldsymbol{\alpha}_2,\cdots,\boldsymbol{\alpha}_n)\boldsymbol{C}$ 按矩阵乘法运算规则进行运算.

(2) 过渡矩阵 $\boldsymbol{C}$ 的第 j 列就是 $\boldsymbol{\beta}_j$ 在基 $\boldsymbol{\alpha}_1,\boldsymbol{\alpha}_2,\cdots,\boldsymbol{\alpha}_n$ 下的坐标.

(3) 如果向量 $\boldsymbol{\alpha}$ 在基 $\boldsymbol{\alpha}_1,\boldsymbol{\alpha}_2,\cdots,\boldsymbol{\alpha}_n$ 下的坐标为$(x_1,x_2,\cdots,x_n)^{\mathrm{T}}$，$\boldsymbol{\alpha}$ 在基 $\boldsymbol{\beta}_1,\boldsymbol{\beta}_2,\cdots,\boldsymbol{\beta}_n$ 下的坐标为$(y_1,y_2,\cdots,y_n)^{\mathrm{T}}$，且由基 $\boldsymbol{\alpha}_1,\boldsymbol{\alpha}_2,\cdots,\boldsymbol{\alpha}_n$ 到基 $\boldsymbol{\beta}_1,\boldsymbol{\beta}_2,\cdots,\boldsymbol{\beta}_n$ 的过渡矩阵为 $\boldsymbol{C}$，即

$$(\boldsymbol{\beta}_1,\boldsymbol{\beta}_2,\cdots,\boldsymbol{\beta}_n)=(\boldsymbol{\alpha}_1,\boldsymbol{\alpha}_2,\cdots,\boldsymbol{\alpha}_n)\boldsymbol{C}$$

则坐标变换公式为

$$\begin{pmatrix}x_1\\x_2\\\vdots\\x_n\end{pmatrix}=\boldsymbol{C}\begin{pmatrix}y_1\\y_2\\\vdots\\y_n\end{pmatrix}\quad\text{或}\quad\begin{pmatrix}y_1\\y_2\\\vdots\\y_n\end{pmatrix}=\boldsymbol{C}^{-1}\begin{pmatrix}x_1\\x_2\\\vdots\\x_n\end{pmatrix}$$

三、主要方法

1. 求向量空间的基与维数

如果向量空间 V 用集合来描述，先通过观察找出 V 中一组向量 $\boldsymbol{\alpha}_1,\boldsymbol{\alpha}_2,\cdots,\boldsymbol{\alpha}_r$(这组向量含非零元素越少越好. 通常对向量中可以任意取值的诸分量，分别取其中一个分量为 1 而取其余分量为 0 得到一组向量；而对必须满足一定条件的那些分量，分别取其中两个分量为非零数，使满足所给条件得到一组向量)，证明 $\boldsymbol{\alpha}_1,\boldsymbol{\alpha}_2,\cdots,\boldsymbol{\alpha}_r$ 线性无关，再证明 V 中任意向量可由它们线性表示，则 $\boldsymbol{\alpha}_1,\boldsymbol{\alpha}_2,\cdots,\boldsymbol{\alpha}_r$ 是 V 的一组基，且 V 是 r 维向量空间.

如果 V 是由向量组 $\boldsymbol{\alpha}_1,\boldsymbol{\alpha}_2,\cdots,\boldsymbol{\alpha}_m$ 生成的向量空间，则求向量组 $\boldsymbol{\alpha}_1,\boldsymbol{\alpha}_2,\cdots,\boldsymbol{\alpha}_m$ 的秩和最大无关组，即得到 V 的维数和基.

如果已知 V 是 r 维向量空间，任取 V 中 r 个线性无关的向量都构成 V 的基.

2. 求过渡矩阵

在向量空间 $\mathbf{R}^n$ 中，求由基 $\boldsymbol{\alpha}_1,\boldsymbol{\alpha}_2,\cdots,\boldsymbol{\alpha}_n$ 到基 $\boldsymbol{\beta}_1,\boldsymbol{\beta}_2,\cdots,\boldsymbol{\beta}_n$ 的过渡矩阵时，往往采用中间基法，即取 $\mathbf{R}^n$ 的基(n 维单位坐标向量组)

(2) 求基 $\boldsymbol{\beta}_1,\boldsymbol{\beta}_2,\boldsymbol{\beta}_3,\boldsymbol{\beta}_4$.

分析 应根据坐标之间的关系写出坐标变换公式,进而写出基变换公式,利用其求所需的过渡矩阵和未知的基.

解 (1) 由坐标之间的关系写出坐标变换公式为

$$\begin{pmatrix} y_1 \\ y_2 \\ y_3 \\ y_4 \end{pmatrix} = \begin{pmatrix} 3 & 5 & 0 & 0 \\ 1 & 2 & 0 & 0 \\ 0 & 0 & 2 & -3 \\ 0 & 0 & -5 & 8 \end{pmatrix} \begin{pmatrix} x_1 \\ x_2 \\ x_3 \\ x_4 \end{pmatrix}$$

从而基变换公式为

$$(\boldsymbol{\alpha}_1, \boldsymbol{\alpha}_2, \boldsymbol{\alpha}_3, \boldsymbol{\alpha}_4) = (\boldsymbol{\beta}_1, \boldsymbol{\beta}_2, \boldsymbol{\beta}_3, \boldsymbol{\beta}_4)\boldsymbol{C}$$

其中

$$\boldsymbol{C} = \begin{pmatrix} 3 & 5 & 0 & 0 \\ 1 & 2 & 0 & 0 \\ 0 & 0 & 2 & -3 \\ 0 & 0 & -5 & 8 \end{pmatrix}$$

即为由基 $\boldsymbol{\beta}_1,\boldsymbol{\beta}_2,\boldsymbol{\beta}_3,\boldsymbol{\beta}_4$ 到 $\boldsymbol{\alpha}_1,\boldsymbol{\alpha}_2,\boldsymbol{\alpha}_3,\boldsymbol{\alpha}_4$ 的过渡矩阵.

(2) 由

$$(\boldsymbol{\beta}_1, \boldsymbol{\beta}_2, \boldsymbol{\beta}_3, \boldsymbol{\beta}_4) = (\boldsymbol{\alpha}_1, \boldsymbol{\alpha}_2, \boldsymbol{\alpha}_3, \boldsymbol{\alpha}_4)\boldsymbol{C}^{-1} = (\boldsymbol{\alpha}_1, \boldsymbol{\alpha}_2, \boldsymbol{\alpha}_3, \boldsymbol{\alpha}_4)\begin{pmatrix} 2 & -5 & 0 & 0 \\ -1 & 3 & 0 & 0 \\ 0 & 0 & 8 & 3 \\ 0 & 0 & 5 & 2 \end{pmatrix}$$

得

$$\begin{aligned} \boldsymbol{\beta}_1 &= 2\boldsymbol{\alpha}_1 - \boldsymbol{\alpha}_2 = (0, 1, 1, 1) \\ \boldsymbol{\beta}_2 &= -5\boldsymbol{\alpha}_1 + 3\boldsymbol{\alpha}_2 = (1, 0, 1, 1) \\ \boldsymbol{\beta}_3 &= 8\boldsymbol{\alpha}_3 + 5\boldsymbol{\alpha}_4 = (1, 1, 0, 1) \\ \boldsymbol{\beta}_4 &= 3\boldsymbol{\alpha}_3 + 2\boldsymbol{\alpha}_4 = (1, 1, 1, 0) \end{aligned}$$

五、课后习题全解(习题六)

1. 验证:

(1) 2 阶矩阵的全体 S_1;

(2) 主对角线上的元素之和等于 0 的 2 阶矩阵的全体 S_2;

(3) 2 阶对称矩阵的全体 S_3,

对于矩阵的加法和乘数运算构成线性空间,并写出各个空间的一个基.

解 (1) 因为 $\boldsymbol{O} \in S_1$,所以 S_1 非空. 又对任意 $\boldsymbol{A},\boldsymbol{B} \in S_1$ 和 $\lambda \in \mathbf{R}$,有 $\boldsymbol{A}+\boldsymbol{B} \in S_1$,$\lambda\boldsymbol{A} \in S_1$,即 S_1 对于矩阵的加法和数乘运算封闭,显然八条运算律成立,故 S_1 是一个线性空间. 取 S_1 的 4 个元素为

$$\boldsymbol{E}_{11} = \begin{pmatrix} 1 & 0 \\ 0 & 0 \end{pmatrix},\quad \boldsymbol{E}_{12} = \begin{pmatrix} 0 & 1 \\ 0 & 0 \end{pmatrix},\quad \boldsymbol{E}_{21} = \begin{pmatrix} 0 & 0 \\ 1 & 0 \end{pmatrix},\quad \boldsymbol{E}_{22} = \begin{pmatrix} 0 & 0 \\ 0 & 1 \end{pmatrix}$$

若有一组数 x_1，x_2，x_3，x_4 使得

$$x_1\boldsymbol{E}_{11}+x_1\boldsymbol{E}_{12}+x_3\boldsymbol{E}_{21}+x_4\boldsymbol{E}_{22}=\boldsymbol{O}$$

即 $\begin{pmatrix}x_1 & x_2\\ x_3 & x_4\end{pmatrix}=\begin{pmatrix}0 & 0\\ 0 & 0\end{pmatrix}$，只有 $x_1=x_2=x_3=x_4=0$，故 $\boldsymbol{E}_{11},\boldsymbol{E}_{12},\boldsymbol{E}_{21},\boldsymbol{E}_{22}$ 线性无关. 又对任意 $\boldsymbol{A}=\begin{pmatrix}a_{11} & a_{12}\\ a_{21} & a_{22}\end{pmatrix}\in S_1$，有

$$\boldsymbol{A}=a_{11}\boldsymbol{E}_{11}+a_{12}\boldsymbol{E}_{12}+a_{21}\boldsymbol{E}_{21}+a_{22}\boldsymbol{E}_{22}$$

从而 $\boldsymbol{E}_{11},\boldsymbol{E}_{12},\boldsymbol{E}_{21},\boldsymbol{E}_{22}$ 是一个基.

(2) 因为 $\boldsymbol{O}\in S_2$，所以 S_2 非空. 对任意 $\boldsymbol{A}=\begin{pmatrix}a_{11} & a_{12}\\ a_{21} & a_{22}\end{pmatrix}$，$\boldsymbol{B}=\begin{pmatrix}b_{11} & b_{12}\\ b_{21} & b_{22}\end{pmatrix}\in S_2$，有

$$a_{11}+a_{22}=0,\quad b_{11}+b_{22}=0$$

由于 $\boldsymbol{A}+\boldsymbol{B}=\begin{pmatrix}a_{11}+b_{11} & a_{12}+b_{12}\\ a_{21}+b_{21} & a_{22}+b_{22}\end{pmatrix}$，且 $(a_{11}+b_{11})+(a_{22}+b_{22})=(a_{11}+a_{22})+(b_{11}+b_{22})=0$，所以 $\boldsymbol{A}+\boldsymbol{B}\in S_2$. 又对任意 $\lambda\in\mathbf{R}$，有 $\lambda\boldsymbol{A}=\begin{pmatrix}\lambda a_{11} & \lambda a_{12}\\ \lambda a_{21} & \lambda a_{22}\end{pmatrix}$，且 $\lambda a_{11}+\lambda a_{22}=0$，即 $\lambda\boldsymbol{A}\in S_2$. 显然八条运算律成立，故 S_2 是一个线性空间. 取 S_2 的 3 个元素

$$\boldsymbol{A}_1=\begin{pmatrix}1 & 0\\ 0 & -1\end{pmatrix},\quad \boldsymbol{A}_2=\begin{pmatrix}0 & 1\\ 0 & 0\end{pmatrix},\quad \boldsymbol{A}_3=\begin{pmatrix}0 & 0\\ 1 & 0\end{pmatrix}$$

设有一组数 x_1，x_2，x_3，使得

$$x_1\boldsymbol{A}_1+x_2\boldsymbol{A}_2+x_3\boldsymbol{A}_3=\boldsymbol{O}$$

即有 $\begin{pmatrix}x_1 & x_2\\ x_3 & -x_1\end{pmatrix}=\begin{pmatrix}0 & 0\\ 0 & 0\end{pmatrix}$，只有 $x_1=x_2=x_3=0$，故 $\boldsymbol{A}_1,\boldsymbol{A}_2,\boldsymbol{A}_3$ 线性无关，且对任意 $\boldsymbol{A}=\begin{pmatrix}a_{11} & a_{12}\\ a_{21} & -a_{11}\end{pmatrix}\in S_2$，有

$$\boldsymbol{A}=a_{11}\boldsymbol{A}_1+a_{12}\boldsymbol{A}_2+a_{21}\boldsymbol{A}_3$$

从而 $\boldsymbol{A}_1,\boldsymbol{A}_2,\boldsymbol{A}_3$ 是 S_2 的一个基.

(3) 因为 $\boldsymbol{O}\in S_3$，所以 S_3 非空. 对任意 $\boldsymbol{A},\boldsymbol{B}\in S_3$ 和 $\lambda\in\mathbf{R}$，由于 $\boldsymbol{A}^{\mathrm{T}}=\boldsymbol{A},\boldsymbol{B}^{\mathrm{T}}=\boldsymbol{B}$，所以 $(\boldsymbol{A}+\boldsymbol{B})^{\mathrm{T}}=\boldsymbol{A}^{\mathrm{T}}+\boldsymbol{B}^{\mathrm{T}}=\boldsymbol{A}+\boldsymbol{B}$，$(\lambda\boldsymbol{A})^{\mathrm{T}}=\lambda\boldsymbol{A}^{\mathrm{T}}=\lambda\boldsymbol{A}$，即 $\boldsymbol{A}+\boldsymbol{B}\in S_3$，$\lambda\boldsymbol{A}\in S_3$. 显然八条运算律成立，故 S_3 是一个线性空间. 取 S_3 的 3 个元素

$$\boldsymbol{B}_1=\begin{pmatrix}1 & 0\\ 0 & 0\end{pmatrix},\quad \boldsymbol{B}_2=\begin{pmatrix}0 & 1\\ 1 & 0\end{pmatrix},\quad \boldsymbol{B}_3=\begin{pmatrix}0 & 0\\ 0 & 1\end{pmatrix}$$

设有一组数 x_1，x_2，x_3，使得

$$x_1\boldsymbol{B}_1+x_2\boldsymbol{B}_2+x_3\boldsymbol{B}_3=\boldsymbol{O}$$

即 $\begin{pmatrix}x_1 & x_2\\ x_2 & x_3\end{pmatrix}=\begin{pmatrix}0 & 0\\ 0 & 0\end{pmatrix}$，只有 $x_1=x_2=x_3=0$，故 $\boldsymbol{B}_1,\boldsymbol{B}_2,\boldsymbol{B}_3$ 线性无关，且对任意 $\boldsymbol{A}=\begin{pmatrix}a_{11} & a_{12}\\ a_{21} & a_{22}\end{pmatrix}\in S_3$，有

$$\boldsymbol{A}=a_{11}\boldsymbol{B}_1+a_{12}\boldsymbol{B}_2+a_{22}\boldsymbol{B}_3$$

其中

$$C^{-1}=\frac{1}{27}\begin{pmatrix}12 & 9 & -27 & -33\\ 1 & 12 & -9 & -23\\ 9 & 0 & 0 & -18\\ -7 & -3 & 9 & 26\end{pmatrix}$$

(3) 为确定在两个基下有相同坐标的向量，即$(x_1', x_2', x_3', x_4')^{T}=(x_1, x_2, x_3, x_4)^{T}$.

则由 $\begin{pmatrix}x_1\\x_2\\x_3\\x_4\end{pmatrix}=C\begin{pmatrix}x_1\\x_2\\x_3\\x_4\end{pmatrix}$ 得$(C-E)\begin{pmatrix}x_1\\x_2\\x_3\\x_4\end{pmatrix}=\mathbf{0}$. 由

$$C-E=\begin{pmatrix}1 & 0 & 5 & 6\\ 1 & 2 & 3 & 6\\ -1 & 1 & 1 & 1\\ 1 & 0 & 1 & 2\end{pmatrix}\xrightarrow[\substack{r_3+r_1\\ r_4-r_1}]{r_2-r_1}\begin{pmatrix}1 & 0 & 5 & 6\\ 0 & 2 & -2 & 0\\ 0 & 1 & 6 & 7\\ 0 & 0 & -4 & -4\end{pmatrix}\xrightarrow[r_3-r_2]{r_2\times\frac{1}{2}}$$

$$\begin{pmatrix}1 & 0 & 5 & 6\\ 0 & 1 & -1 & 0\\ 0 & 0 & 7 & 7\\ 0 & 0 & -4 & -4\end{pmatrix}\xrightarrow[\substack{r_2+r_3\\ r_4+4r_3}]{\substack{r_3\times\frac{1}{7}\\ r_1-5r_3}}\begin{pmatrix}1 & 0 & 0 & 1\\ 0 & 1 & 0 & 1\\ 0 & 0 & 1 & 1\\ 0 & 0 & 0 & 0\end{pmatrix}$$

得基础解系为 $\boldsymbol{\xi}=(-1, -1, -1, 1)^{T}$

故在两个基下有相同坐标的向量为

$$c(-1, -1, -1, 1)^{T}\quad (c\in\mathbf{R})$$

7. 设线性空间 S_1（习题六，第 1 题(1)）中向量：

$$\boldsymbol{a}_1=\begin{pmatrix}1 & 2\\ 1 & 0\end{pmatrix},\quad \boldsymbol{a}_2=\begin{pmatrix}-1 & -1\\ 1 & 1\end{pmatrix},\quad \boldsymbol{b}_1=\begin{pmatrix}1 & 3\\ 3 & 1\end{pmatrix},\quad \boldsymbol{b}_2=\begin{pmatrix}2 & -1\\ 4 & 1\end{pmatrix}$$

(1) 问 $\boldsymbol{b}_1$ 能否由 $\boldsymbol{a}_1,\boldsymbol{a}_2$ 线性表示？$\boldsymbol{b}_2$ 能否由 $\boldsymbol{a}_1,\boldsymbol{a}_2$ 线性表示？

(2) 求由向量组 $\boldsymbol{a}_1,\boldsymbol{a}_2,\boldsymbol{b}_1,\boldsymbol{b}_2$ 所生成的向量空间 L 的维数和一个基.

解 (1) 设有 $\boldsymbol{b}_1=k_1\boldsymbol{a}_1+k_2\boldsymbol{a}_2$，代入得

$$\begin{cases}k_1-k_2=1\\ 2k_1-k_2=3\\ k_1+k_2=3\\ k_2=1\end{cases}\quad 解之得\quad \begin{cases}k_1=2\\ k_2=1\end{cases}$$

即 $\boldsymbol{b}_1$ 可由 $\boldsymbol{a}_1,\boldsymbol{a}_2$ 线性表示为 $\boldsymbol{b}_1=2\boldsymbol{a}_1+\boldsymbol{a}_2$.

设有 $\boldsymbol{b}_2=k_1\boldsymbol{a}_1+k_2\boldsymbol{a}_2$，代入得

$$\begin{cases}k_1-k_2=1\\ 2k_1-k_2-1\\ k_1+k_2=4\\ k_2=1\end{cases}$$

此方程组无解，即 $\boldsymbol{b}_2$ 不能由 $\boldsymbol{a}_1,\boldsymbol{a}_2$ 线性表示.

(2) 取 S_1 的标准基

$$\boldsymbol{E}_1=\begin{pmatrix}1&0\\0&0\end{pmatrix},\quad \boldsymbol{E}_2=\begin{pmatrix}0&1\\0&0\end{pmatrix},\quad \boldsymbol{E}_3=\begin{pmatrix}0&0\\1&0\end{pmatrix},\quad \boldsymbol{E}_4=\begin{pmatrix}0&0\\0&1\end{pmatrix}$$

则 $\boldsymbol{a}_1,\boldsymbol{a}_2,\boldsymbol{b}_1,\boldsymbol{b}_2$ 在标准基下的坐标分为

$$\boldsymbol{x}_1=\begin{pmatrix}1\\2\\1\\0\end{pmatrix},\quad \boldsymbol{x}_2=\begin{pmatrix}-1\\-1\\1\\1\end{pmatrix},\quad \boldsymbol{x}_3=\begin{pmatrix}1\\3\\3\\0\end{pmatrix},\quad \boldsymbol{x}_4=\begin{pmatrix}2\\-1\\4\\1\end{pmatrix}$$

由于

$$(\boldsymbol{x}_1,\boldsymbol{x}_2,\boldsymbol{x}_3,\boldsymbol{x}_4)=\begin{pmatrix}1&-1&1&2\\2&-1&3&-1\\1&1&3&4\\0&1&1&1\end{pmatrix}\xrightarrow[r_3-r_1]{r_2-2r_1}\begin{pmatrix}1&-1&1&2\\0&1&1&-3\\0&2&2&2\\0&1&1&1\end{pmatrix}\xrightarrow[r_4-r_2]{r_3-2r_2}$$

$$\begin{pmatrix}1&-1&1&2\\0&1&1&-5\\0&0&0&12\\0&0&0&6\end{pmatrix}\xrightarrow{r_4-\frac{1}{2}r_3}\begin{pmatrix}1&-1&1&2\\0&1&1&-5\\0&0&0&12\\0&0&0&0\end{pmatrix}$$

则向量组 $\boldsymbol{x}_1,\boldsymbol{x}_2,\boldsymbol{x}_3,\boldsymbol{x}_4$ 的秩为 3，极大无关组为 $\boldsymbol{x}_1,\boldsymbol{x}_2,\boldsymbol{x}_4$，因此 $\boldsymbol{a}_1,\boldsymbol{a}_2,\boldsymbol{b}_1,\boldsymbol{b}_2$ 的秩为 3，极大无关组为 $\boldsymbol{a}_1,\boldsymbol{a}_2,\boldsymbol{b}_2$. 故 $\boldsymbol{a}_1,\boldsymbol{a}_2,\boldsymbol{b}_1,\boldsymbol{b}_2$ 生成的向量空间 L 的维数 3，$\boldsymbol{a}_1,\boldsymbol{a}_2,\boldsymbol{b}_2$ 是它的一个基.

8. 说明 xOy 平面上变换 $T\begin{pmatrix}x\\y\end{pmatrix}=\boldsymbol{A}\begin{pmatrix}x\\y\end{pmatrix}$ 的几何意义，其中

(1) $\boldsymbol{A}=\begin{pmatrix}-1&0\\0&1\end{pmatrix}$；(2) $\boldsymbol{A}=\begin{pmatrix}0&0\\0&1\end{pmatrix}$；(3) $\boldsymbol{A}=\begin{pmatrix}0&1\\1&0\end{pmatrix}$；(4) $\boldsymbol{A}=\begin{pmatrix}0&1\\-1&0\end{pmatrix}$.

解

(1) $T\begin{pmatrix}x\\y\end{pmatrix}=\boldsymbol{A}\begin{pmatrix}x\\y\end{pmatrix}=\begin{pmatrix}-1&0\\0&1\end{pmatrix}\begin{pmatrix}x\\y\end{pmatrix}=\begin{pmatrix}-x\\y\end{pmatrix}$，关于 y 轴对称.

(2) $T\begin{pmatrix}x\\y\end{pmatrix}=\boldsymbol{A}\begin{pmatrix}x\\y\end{pmatrix}=\begin{pmatrix}0&0\\0&1\end{pmatrix}\begin{pmatrix}x\\y\end{pmatrix}=\begin{pmatrix}0\\y\end{pmatrix}$，投影到 y 轴.

(3) $T\begin{pmatrix}x\\y\end{pmatrix}=\boldsymbol{A}\begin{pmatrix}x\\y\end{pmatrix}=\begin{pmatrix}0&1\\1&0\end{pmatrix}\begin{pmatrix}x\\y\end{pmatrix}=\begin{pmatrix}y\\x\end{pmatrix}$，关于直线 $y=x$ 对称.

(4) $T\begin{pmatrix}x\\y\end{pmatrix}=\boldsymbol{A}\begin{pmatrix}x\\y\end{pmatrix}=\begin{pmatrix}0&1\\-1&0\end{pmatrix}\begin{pmatrix}x\\y\end{pmatrix}=\begin{pmatrix}y\\-x\end{pmatrix}$，顺时针方向旋转 90°.

9. n 阶对称矩阵的全体 V 对于矩阵的线性运算构成一个 $\frac{n(n+1)}{2}$ 维线性空间. 给出 n 阶矩阵 $\boldsymbol{P}$，以 $\boldsymbol{A}$ 表示 V 中的任一元素，变换

$$T(\boldsymbol{A})=\boldsymbol{P}^{\mathrm{T}}\boldsymbol{AP}$$

称为**合同变换**. 试证合同变换 T 是 V 中的线性变换.

证　对任意 $\boldsymbol{A},\boldsymbol{B}\in V, k\in\mathbf{R}$，有

$$T(\boldsymbol{A}+\boldsymbol{B})=\boldsymbol{P}^{\mathrm{T}}(\boldsymbol{A}+\boldsymbol{B})\boldsymbol{P}=\boldsymbol{P}^{\mathrm{T}}\boldsymbol{AP}+\boldsymbol{P}^{\mathrm{T}}\boldsymbol{BP}=T(\boldsymbol{A})+T(\boldsymbol{B})$$

(2) 坐标变换公式 $\begin{pmatrix}x_1\\x_2\\x_3\end{pmatrix}=\begin{pmatrix}2&3&4\\2&2&3\\-3&-3&-4\end{pmatrix}\begin{pmatrix}y_1\\y_2\\y_3\end{pmatrix}$,其中$(x_1,x_2,x_3)^T$和$(y_1,y_2,y_3)^T$分别是向量在基$\boldsymbol{\alpha}_1,\boldsymbol{\alpha}_2,\boldsymbol{\alpha}_3$和基$\boldsymbol{\beta}_1,\boldsymbol{\beta}_2,\boldsymbol{\beta}_3$下的坐标;

(3) $\boldsymbol{\alpha}$在基$\boldsymbol{\beta}_1,\boldsymbol{\beta}_2,\boldsymbol{\beta}_3$下的坐标为$(3,-2,1)^T$.

3. (1) 过渡矩阵 $\boldsymbol{C}=\begin{pmatrix}1&-1&-1\\-1&1&0\\1&0&2\end{pmatrix}$;

(2) $\boldsymbol{\beta}_1=(-1,-4,3)$, $\boldsymbol{\beta}_2=(-1,-3,4)$, $\boldsymbol{\beta}_3=(1,-1,2)$.

测试题B答案或提示

1. 应填:$(1,1,-1)$.(提示:设$\boldsymbol{u}=x_1\boldsymbol{\alpha}_1+x_2\boldsymbol{\alpha}_2+x_3\boldsymbol{\alpha}_3$,解之得$x_1=1,x_2=1,x_3=-1$.)

2. 标准正交基

$$\boldsymbol{\gamma}_1=\frac{1}{\sqrt{15}}(1,1,2,3)^T,\quad \boldsymbol{\gamma}_2=\frac{1}{\sqrt{39}}(-2,1,5,-3)^T$$

(提示:因为$R(\boldsymbol{B})=2$,所以$\boldsymbol{Bx}=\boldsymbol{0}$的解空间的维数为$4-R(\boldsymbol{B})=2$. 可求得$\boldsymbol{\alpha}_1,\boldsymbol{\alpha}_2$线性无关,故$\boldsymbol{\alpha}_1,\boldsymbol{\alpha}_2$是解空间的基,将其正交化再单位化即得标准正交基.)

附录　线性代数考试真题

考试真题 A

一、(每空 3 分,共 24 分) 填空:

1. 设 $\boldsymbol{\alpha}_1,\boldsymbol{\alpha}_2$ 为二维列向量,矩阵 $\boldsymbol{A}=(\boldsymbol{\alpha}_1+\boldsymbol{\alpha}_2,\boldsymbol{\alpha}_1-\boldsymbol{\alpha}_2)$,$\boldsymbol{B}=(\boldsymbol{\alpha}_1,\boldsymbol{\alpha}_2)$,如 $|\boldsymbol{A}|=4$,则 $|\boldsymbol{B}|=$ ________.

2. 已知 $\boldsymbol{A},\boldsymbol{B},\boldsymbol{C}$ 均为 n 阶可逆矩阵,则 $\begin{pmatrix}\boldsymbol{O} & \boldsymbol{A}\\ \boldsymbol{B} & \boldsymbol{C}\end{pmatrix}^{-1}=\begin{pmatrix} & \\ & \end{pmatrix}$.

3. 设 3 阶矩阵 $\boldsymbol{A}=\begin{pmatrix}1 & 2 & -2\\ 2 & 1 & 2\\ 3 & 0 & 4\end{pmatrix}$,三维列向量 $\boldsymbol{\alpha}=\begin{pmatrix}\lambda\\ 1\\ 1\end{pmatrix}$,已知 $\boldsymbol{A\alpha}$ 与 $\boldsymbol{\alpha}$ 与线性相关,则 λ 的值为________.

4. 设方阵 $\boldsymbol{A}$ 满足 $\boldsymbol{A}^2+2\boldsymbol{A}-9\boldsymbol{E}=\boldsymbol{O}$,则 $(\boldsymbol{A}-2\boldsymbol{E})^{-1}=$ ________.

5. 已知向量空间

$$V=\{(x_1,x_2,\cdots,x_n)\mid 2x_1-2x_2+x_3=0,x_1-x_2+x_3=0,x_1-x_2+2x_3=0\}$$

则 V 的维数 $\dim V=$ ________.

6. 设矩阵 $\boldsymbol{A}=\begin{pmatrix}0 & 0 & 1\\ 0 & 2 & 0\\ 1 & 0 & 0\end{pmatrix}$,矩阵 $\boldsymbol{B}$ 与 $\boldsymbol{A}$ 相似,$\boldsymbol{E}$ 是单位矩阵,则 $|\boldsymbol{B}-3\boldsymbol{E}|=$ ________.

7. 已知 3 阶对称方阵 $\boldsymbol{A}$ 的特征值为 1,2,-3,则 $|\boldsymbol{A}^2-3\boldsymbol{A}+\boldsymbol{E}|=$ ________;当 t 满足________时,矩阵 $2\boldsymbol{A}-t\boldsymbol{E}$ 是正定矩阵,其中 $\boldsymbol{E}$ 是单位矩阵.

二、(10 分) 计算 n 阶行列式

$$D_n=\begin{vmatrix}1 & 2 & 1 & \cdots & 1 & 1\\ 1 & 1 & 2 & \cdots & 1 & 1\\ \vdots & \vdots & \vdots & & \vdots & \vdots\\ 1 & 1 & 1 & \cdots & 2 & 1\\ 1 & 1 & 1 & \cdots & 1 & 2\\ 1 & 1 & 1 & \vdots & 1 & 1\end{vmatrix}$$

三、(10 分) 设 $\boldsymbol{A}=\begin{pmatrix}2 & 1 & 0\\ 1 & 2 & 0\\ 0 & 0 & 1\end{pmatrix}$,且 $\boldsymbol{ABA}^*=2\boldsymbol{BA}^*+\boldsymbol{E}$,其中 $\boldsymbol{A}^*$ 为 $\boldsymbol{A}$ 的伴随矩阵,求 $|\boldsymbol{B}|$.

四、(15 分) 设 $\boldsymbol{A}=\begin{pmatrix}1 & 1 & \lambda\\ 1 & \lambda & 1\\ \lambda & 1 & 1\end{pmatrix}$,$\boldsymbol{b}=\begin{pmatrix}1\\ 1\\ -2\end{pmatrix}$,当 λ 满足什么条件时,线性方程组 $\boldsymbol{Ax}=\boldsymbol{b}$ 有唯

二、$D_n \xlongequal{\text{每列减第一列}} \begin{vmatrix} 1 & 1 & 0 & \cdots & 0 \\ 1 & 0 & 1 & \cdots & 0 \\ 1 & 0 & 0 & \ddots & 0 \\ \vdots & \vdots & \vdots & \ddots & 1 \\ 1 & 0 & 0 & \cdots & 0 \end{vmatrix} \xlongequal{\text{按最后一行展开}} (-1)^{1+n} \mid \boldsymbol{E}_{n-1} \mid = (-1)^{1+n}$

三、由矩阵方程得

$$(\boldsymbol{A}-2\boldsymbol{E})\boldsymbol{B}\boldsymbol{A}^{*}=\boldsymbol{E}$$

可求得 $|\boldsymbol{A}|=2$，于是 $\boldsymbol{A}^{*}=3\boldsymbol{A}^{-1}$，代入方程得

$$\boldsymbol{B}=\frac{1}{3}(\boldsymbol{A}-2\boldsymbol{E})^{-1}\boldsymbol{A}$$

从而

$$\boldsymbol{B}=\frac{1}{3}\begin{pmatrix} 0 & 1 & 0 \\ 1 & 0 & 0 \\ 0 & 0 & -1 \end{pmatrix}, \quad \boldsymbol{A}=\frac{1}{3}\begin{pmatrix} 0 & 1 & 0 \\ 1 & 0 & 0 \\ 0 & 0 & -1 \end{pmatrix}\begin{pmatrix} 2 & 1 & 0 \\ 1 & 2 & 0 \\ 0 & 0 & 1 \end{pmatrix}=\frac{1}{3}\begin{pmatrix} 1 & 2 & 0 \\ 2 & 1 & 0 \\ 0 & 0 & -1 \end{pmatrix}$$

则 $|\boldsymbol{B}|=\frac{1}{9}$.

四、
$$|\boldsymbol{A}|=(\lambda+2)(\lambda-1)^2$$

当 $\lambda\neq-2$ 且 $\lambda\neq 1$ 时，线性方程组有唯一解；

当 $\lambda=1$ 时，增广矩阵

$$\left(\begin{array}{ccc:c} 1 & 1 & 1 & 1 \\ 1 & 1 & 1 & 1 \\ 1 & 1 & 1 & -2 \end{array}\right) \rightarrow \left(\begin{array}{ccc:c} 1 & 1 & 1 & 1 \\ 0 & 0 & 0 & -3 \\ 0 & 0 & 0 & 0 \end{array}\right)$$

线性方程组无解；

当 $\lambda\neq-2$ 时，增广矩阵

$$\left(\begin{array}{ccc:c} 1 & 1 & -2 & 1 \\ 1 & -2 & 1 & 1 \\ -2 & 1 & 1 & -2 \end{array}\right) \rightarrow \left(\begin{array}{ccc:c} 1 & 0 & -1 & 1 \\ 0 & 1 & -1 & 0 \\ 0 & 0 & 0 & 0 \end{array}\right)$$

通解为

$$x_1=1+k, \quad x_2=k, \quad x_3=k, \quad k \text{ 任意}$$

五、1) 因为

$$(\boldsymbol{\beta}_1,\boldsymbol{\beta}_2,\boldsymbol{\beta}_3)=(\boldsymbol{\alpha}_1,\boldsymbol{\alpha}_2,\boldsymbol{\alpha}_3)\begin{pmatrix} 0 & 0 & 1 \\ 0 & 1 & -1 \\ 1 & -1 & 0 \end{pmatrix}, \quad (\boldsymbol{\gamma}_1,\boldsymbol{\gamma}_2,\boldsymbol{\gamma}_3)=(\boldsymbol{\alpha}_1,\boldsymbol{\alpha}_2,\boldsymbol{\alpha}_3)\begin{pmatrix} 1 & 0 & 1 \\ 1 & 1 & 0 \\ 0 & 1 & 1 \end{pmatrix}$$

所以

$$(\boldsymbol{\gamma}_1,\boldsymbol{\gamma}_2,\boldsymbol{\gamma}_3)=(\boldsymbol{\beta}_1,\boldsymbol{\beta}_2,\boldsymbol{\beta}_3)\begin{pmatrix} 0 & 0 & 1 \\ 0 & 1 & -1 \\ 1 & -1 & 0 \end{pmatrix}^{-1}\begin{pmatrix} 1 & 0 & 1 \\ 1 & 1 & 0 \\ 0 & 1 & 1 \end{pmatrix}=$$

$$(\boldsymbol{\beta}_1,\boldsymbol{\beta}_2,\boldsymbol{\beta}_3)\begin{pmatrix} 1 & 1 & 1 \\ 1 & 1 & 0 \\ 1 & 0 & 0 \end{pmatrix}\begin{pmatrix} 1 & 0 & 1 \\ 1 & 1 & 0 \\ 0 & 1 & 1 \end{pmatrix}=(\boldsymbol{\beta}_1,\boldsymbol{\beta}_2,\boldsymbol{\beta}_3)\begin{pmatrix} 2 & 2 & 2 \\ 2 & 1 & 1 \\ 1 & 0 & 1 \end{pmatrix}$$

故由基 $\boldsymbol{\beta}_1,\boldsymbol{\beta}_2,\boldsymbol{\beta}_3$ 到基 $\boldsymbol{\gamma}_1,\boldsymbol{\gamma}_2,\boldsymbol{\gamma}_3$ 的过渡矩阵为 $\boldsymbol{C}=\begin{pmatrix}2&2&1\\1&1&0\\0&1&1\end{pmatrix}$.

2)　$$\boldsymbol{\alpha}=(\boldsymbol{\alpha}_1,\boldsymbol{\alpha}_2,\boldsymbol{\alpha}_3)\begin{pmatrix}1\\2\\-3\end{pmatrix}=(\boldsymbol{\gamma}_1,\boldsymbol{\gamma}_2,\boldsymbol{\gamma}_3)\begin{pmatrix}1&0&1\\1&1&0\\0&1&1\end{pmatrix}^{-1}\begin{pmatrix}1\\2\\-3\end{pmatrix}=$$

$$(\boldsymbol{\gamma}_1,\boldsymbol{\gamma}_2,\boldsymbol{\gamma}_3)\frac{1}{2}\begin{pmatrix}1&1&-1\\-1&1&1\\1&-1&1\end{pmatrix}\begin{pmatrix}1\\2\\-3\end{pmatrix}=(\boldsymbol{\gamma}_1,\boldsymbol{\gamma}_2,\boldsymbol{\gamma}_3)\begin{pmatrix}3\\-1\\-2\end{pmatrix}$$

故向量 $\boldsymbol{\alpha}$ 在基 $\boldsymbol{\gamma}_1,\boldsymbol{\gamma}_2,\boldsymbol{\gamma}_3$ 下的坐标为 $(3,-1,-2)^{\mathrm{T}}$.

六、设 $\mathrm{R}(\boldsymbol{A})=r$，则 $\boldsymbol{Ax}=\boldsymbol{0}$ 的解空间的维数为 $n-r$，设 $\boldsymbol{B}=(\boldsymbol{b}_1,\boldsymbol{b}_2,\cdots,\boldsymbol{b}_n)$，$\boldsymbol{b}_i(i=1,2,\cdots,n)$ 为列向量. 由 $\boldsymbol{AB}=\boldsymbol{O}$ 得

$$(\boldsymbol{Ab}_1,\boldsymbol{Ab}_2,\cdots,\boldsymbol{Ab}_n)=(\boldsymbol{0},\boldsymbol{0},\cdots,\boldsymbol{0})$$

知 $\boldsymbol{b}_i(i=1,2,\cdots,n)$ 为 $\boldsymbol{Ax}=\boldsymbol{0}$ 的解. 所以

$$\mathrm{R}(\boldsymbol{B})=\mathrm{R}(\boldsymbol{b}_1,\boldsymbol{b}_2,\cdots,\boldsymbol{b}_n)\leqslant n-r$$

即
$$\mathrm{R}(\boldsymbol{A})+\mathrm{R}(\boldsymbol{B})\leqslant r+n-r=n.$$

七、二次型 $f=x^2+3y^2+z^2+2axy+2xz+2yz$ 的矩阵

$$\boldsymbol{A}=\begin{pmatrix}1&a&1\\a&3&1\\1&1&1\end{pmatrix}\text{正交相似于对角矩阵}\begin{pmatrix}0&&\\&1&\\&&4\end{pmatrix}$$

所以 $\boldsymbol{A}$ 的特征值 $\lambda_1=0,\lambda_2=1,\lambda_3=4$，再由 $|\boldsymbol{A}|=-(a-1)^2=\lambda_1\lambda_2\lambda_3=0$ 得 $a=1$. 可求得对应的特征向量分别为

$$\boldsymbol{p}_1=(-1,0,1)^{\mathrm{T}},\quad \boldsymbol{p}_2=(1,-1,1)^{\mathrm{T}},\quad \boldsymbol{p}_3=(1,2,1)^{\mathrm{T}}$$

单位化得正交矩阵 $\boldsymbol{Q}=\begin{pmatrix}-\frac{1}{\sqrt{2}}&\frac{1}{\sqrt{3}}&\frac{1}{\sqrt{6}}\\0&-\frac{1}{\sqrt{3}}&\frac{2}{\sqrt{6}}\\\frac{1}{\sqrt{2}}&\frac{1}{\sqrt{3}}&\frac{1}{\sqrt{6}}\end{pmatrix}$.

八、必要性. 由矩阵 $\boldsymbol{A},\boldsymbol{B}$ 相似知，存在可逆矩阵 $\boldsymbol{C}$ 使得矩阵 $\boldsymbol{A}=\boldsymbol{C}^{-1}\boldsymbol{BC}$，则

$$|\boldsymbol{A}-\lambda\boldsymbol{E}|=|\boldsymbol{C}^{-1}\boldsymbol{BC}-\lambda\boldsymbol{E}|=|\boldsymbol{B}-\lambda\boldsymbol{E}|$$

所以，矩阵 $\boldsymbol{A},\boldsymbol{B}$ 的特征多项式相等。

充分性. 设矩阵 $\boldsymbol{A},\boldsymbol{B}$ 的特征多项式相等，则矩阵 $\boldsymbol{A},\boldsymbol{B}$ 有相同的特征值，不妨设为 $\lambda_1,\lambda_2,\cdots,\lambda_n$，由 $\boldsymbol{A},\boldsymbol{B}$ 为同阶实对称矩阵知，矩阵 $\boldsymbol{A},\boldsymbol{B}$ 可由正交变换化为对角阵，不妨设对应的正交矩阵分别为 $\boldsymbol{P},\boldsymbol{Q}$，即有

$$\boldsymbol{P}^{-1}\boldsymbol{AP}=\begin{pmatrix}\lambda_1&0&\cdots&0\\0&\lambda_2&\cdots&0\\\vdots&\vdots&&\vdots\\0&0&\cdots&\lambda_n\end{pmatrix},\quad \boldsymbol{Q}^{-1}\boldsymbol{BQ}=\begin{pmatrix}\lambda_1&0&\cdots&0\\0&\lambda_2&\cdots&0\\\vdots&\vdots&&\vdots\\0&0&\cdots&\lambda_n\end{pmatrix}$$

所以，$P^{-1}AP=Q^{-1}BQ$，即

$$(PQ^{-1})^{-1}APQ^{-1}=B$$

即得矩阵 A,B 相似.

考试真题B解答

一、(1) -5； (2) $\frac{1}{11}(2A+14E)$； (3) $\begin{pmatrix}0&1&1\\1&0&0\\0&0&1\end{pmatrix}$； (4)C； (5)A； (6)3； (7)D；

(8) $y_1^2+y_2^2-y_3^2$.

二、$D_n \xlongequal{\text{按第1行展开}} (a+b)D_{n-1}+1\cdot(-1)^{1+2}\begin{vmatrix}ab&1&&&\\&a+b&1&&\\&ab&a+b&\ddots&\\&&\ddots&\ddots&1\\&&&ab&a+b\end{vmatrix}_{n-1}$

$$\xlongequal{\text{按第1列展开}} (a+b)D_{n-1}-abD_{n-2}$$

变形为

$$D_n-aD_{n-1}=b(D_{n-1}-aD_{n-2})$$

由于 $D_1=a+b,D_2=(a+b)^2-ab=a^2+ab+b^2$，利用上述递推公式得

$$D_n-aD_{n-1}=b(D_{n-1}-aD_{n-2})=b^2(D_{n-2}-aD_{n-3})=\cdots=b^{n-2}(D_2-aD_1)=b^n$$

于是

$$D_n=aD_{n-1}+b^n=a^2D_{n-2}+ab^{n-1}+b^n=\cdots=a^{n-1}D_1+a^{n-2}b^2+\cdots+ab^{n-1}+b^n=$$

$$a^n+a^{n-1}b+a^{n-2}b^2+\cdots+ab^{n-1}+b^n=\frac{a^{n+1}-b^{n+1}}{a-b}$$

三、可求得 $|A|=4$，于是 $A^*=4A^{-1}$，代入矩阵方程得

$$4A^{-1}XA=8A^{-1}X-4E$$

上式左乘 $\frac{1}{4}A$ 得 $XA=2X-A$，从而

$$X=-A(A-2E)^{-1}=-A\begin{pmatrix}-1&1&-1\\-1&-1&1\\1&-1&-1\end{pmatrix}^{-1}=-A\left(-\frac{1}{2}\right)\begin{pmatrix}1&1&0\\0&1&1\\1&0&1\end{pmatrix}=\begin{pmatrix}0&1&0\\0&0&1\\1&0&0\end{pmatrix}$$

四、设 $\beta=x_1\alpha_1+x_2\alpha_2+x_3\alpha_3+x_4\alpha_4$，比较分量得

$$\begin{cases}-x_2+ax_3=0\\-ax_1+x_2+ax_4=0\\x_1-x_3-x_4=1\\x_2-ax_3=b\end{cases}$$

增广矩阵

$$\begin{pmatrix} 0 & -1 & a & 0 & \vdots & 0 \\ -a & 1 & 0 & a & \vdots & 1 \\ 1 & 0 & -1 & -1 & \vdots & 1 \\ 0 & 1 & -a & 0 & \vdots & b \end{pmatrix} \xrightarrow{\text{初等行变换}} \begin{pmatrix} 1 & 0 & -1 & -1 & \vdots & 1 \\ 0 & 1 & -a & 0 & \vdots & 1+a \\ 0 & 0 & 0 & 0 & \vdots & 1+a \\ 0 & 0 & 0 & 0 & \vdots & b \end{pmatrix}$$

当 $\boldsymbol{\beta}$ 可由 $\boldsymbol{\alpha}_1,\boldsymbol{\alpha}_2,\boldsymbol{\alpha}_3,\boldsymbol{\alpha}_4$ 线性表示时上述线性方程组有解，所以 $1+a=0,b=0$，故 $a=-1,b=0$. 代入上式得同解方程组

$$\begin{cases} x_1=1+x_3+x_4 \\ x_2=-x_3 \end{cases}$$

通解为

$$x_1=1+k_1+k_2,\quad x_2=-k_1,\quad x_3=k_1,\quad x_4=k_2\quad (k_1,k_2\ \text{任意})$$

五、1) 因为

$$(\boldsymbol{\alpha}_1,\boldsymbol{\alpha}_2,\boldsymbol{\alpha}_3,\boldsymbol{\alpha}_4)=(\boldsymbol{\beta}_1,\boldsymbol{\beta}_2,\boldsymbol{\beta}_3,\boldsymbol{\beta}_4)\begin{pmatrix} 3 & 5 & 0 & 0 \\ 1 & 2 & 0 & 0 \\ 0 & 0 & 2 & -3 \\ 0 & 0 & -5 & 8 \end{pmatrix}$$

得

$$(\boldsymbol{\beta}_1,\boldsymbol{\beta}_2,\boldsymbol{\beta}_3,\boldsymbol{\beta}_4)=(\boldsymbol{\alpha}_1,\boldsymbol{\alpha}_2,\boldsymbol{\alpha}_3,\boldsymbol{\alpha}_4)\begin{pmatrix} 2 & -5 & 0 & 0 \\ -1 & 3 & 0 & 0 \\ 0 & 0 & 8 & 3 \\ 0 & 0 & 5 & 2 \end{pmatrix}$$

故由基 $\boldsymbol{\alpha}_1,\boldsymbol{\alpha}_2,\boldsymbol{\alpha}_3,\boldsymbol{\alpha}_4$ 到基 $\boldsymbol{\beta}_1,\boldsymbol{\beta}_2,\boldsymbol{\beta}_3,\boldsymbol{\beta}_4$ 的过渡矩阵为 $\boldsymbol{C}=\begin{pmatrix} 2 & -5 & 0 & 0 \\ -1 & 3 & 0 & 0 \\ 0 & 0 & 8 & 3 \\ 0 & 0 & 5 & 2 \end{pmatrix}$.

$$2)\boldsymbol{\beta}=(\boldsymbol{\beta}_1,\boldsymbol{\beta}_2,\boldsymbol{\beta}_3,\boldsymbol{\beta}_4)\begin{pmatrix} 2 \\ 1 \\ -1 \\ 3 \end{pmatrix}=(\boldsymbol{\alpha}_1,\boldsymbol{\alpha}_2,\boldsymbol{\alpha}_3,\boldsymbol{\alpha}_4)\begin{pmatrix} 2 \\ 1 \\ -1 \\ 3 \end{pmatrix}=(\boldsymbol{\alpha}_1,\boldsymbol{\alpha}_2,\boldsymbol{\alpha}_3,\boldsymbol{\alpha}_4)\begin{pmatrix} -1 \\ 1 \\ 1 \\ 1 \end{pmatrix}$$

故向量 $\boldsymbol{\beta}$ 在基 $\boldsymbol{\alpha}_1,\boldsymbol{\alpha}_2,\boldsymbol{\alpha}_3,\boldsymbol{\alpha}_4$ 下的坐标为 $(-1,1,1,1)^{\mathrm{T}}$.

六、设

$$k_1\boldsymbol{\alpha}_1+k_2\boldsymbol{\alpha}_2+k_3\boldsymbol{\alpha}_3=\mathbf{0} \qquad (*)$$

上式左乘 $\boldsymbol{A}$，并利用 $\boldsymbol{A\alpha}_1=\boldsymbol{\alpha}_1,\boldsymbol{A\alpha}_2=2\boldsymbol{\alpha}_2,\boldsymbol{A\alpha}_1=\boldsymbol{\alpha}_2+2\boldsymbol{\alpha}_1$，得

$$k_1\boldsymbol{\alpha}_1+2k_2\boldsymbol{\alpha}_2+k_3(\boldsymbol{\alpha}_2+2\boldsymbol{\alpha}_3)=\mathbf{0}$$

式（$*$）乘 2 减去上式得

$$k_1\boldsymbol{\alpha}_1-k_3\boldsymbol{\alpha}_2=\mathbf{0}$$

由 $\boldsymbol{\alpha}_1,\boldsymbol{\alpha}_2$ 线性无关（属于不同特征值的特征向量线性无关）得 $k_1=k_3=0$，代入式（$*$）得 $k_2\boldsymbol{\alpha}_2=\mathbf{0}$. 再由 $\boldsymbol{\alpha}_2\neq\mathbf{0}$ 得 $k_2=0$. 故向量组 $\boldsymbol{\alpha}_1,\boldsymbol{\alpha}_2,\boldsymbol{\alpha}_3$ 线性无关.

七、1) 二次型的矩阵为 $\boldsymbol{A}=\begin{pmatrix} 1 & -1 & t \\ -1 & 5 & 2 \\ t & 2 & 1 \end{pmatrix}$. 由

$$\Delta_1 = 1 > 0, \quad \Delta_2 = 4 > 0, \quad \Delta_2 = |\boldsymbol{A}| = -t(5t+4) > 0$$

解得 $-\frac{4}{5} < t < 0$,即当 $-\frac{4}{5} < t < 0$ 时,二次型正定.

2) 当 $t=0$ 时二次型的矩阵为 $\boldsymbol{A} = \begin{pmatrix} 1 & -1 & 0 \\ -1 & 5 & 2 \\ 0 & 2 & 1 \end{pmatrix}$. 可求得

$$|\boldsymbol{A} - \lambda \boldsymbol{E}| = -\lambda(\lambda-1)(\lambda-6)$$

所以 $\boldsymbol{A}$ 的特征值为 $\lambda_1 = 0, \lambda_2 = 1, \lambda_3 = 6$. 对应的特征向量分别为

$$\boldsymbol{p}_1 = (-1,-1,2)^{\mathrm{T}}, \quad \boldsymbol{p}_2 = (2,0,1)^{\mathrm{T}}, \quad \boldsymbol{p}_3 = (-1,5,2)^{\mathrm{T}}$$

正交变换 $\begin{pmatrix} x_1 \\ x_2 \\ x_3 \end{pmatrix} = \begin{pmatrix} -\frac{1}{\sqrt{6}} & \frac{2}{\sqrt{5}} & -\frac{1}{\sqrt{30}} \\ -\frac{1}{\sqrt{6}} & 0 & \frac{5}{\sqrt{30}} \\ \frac{2}{\sqrt{6}} & \frac{1}{\sqrt{5}} & \frac{2}{\sqrt{30}} \end{pmatrix} \begin{pmatrix} y_1 \\ y_2 \\ y_3 \end{pmatrix}$,化二次型为 $f = 0y_1^2 + y_2^2 + 6y_3^2$.

3) 当 $t=0$ 时 $f=1$ 表示椭圆柱面.

八、若 $\boldsymbol{Ax}=\boldsymbol{0}$,则 $\boldsymbol{A}^{\mathrm{T}}\boldsymbol{Ax}=\boldsymbol{0}$. 反之,若 $\boldsymbol{A}^{\mathrm{T}}\boldsymbol{Ax}=\boldsymbol{0}$,则有 $\boldsymbol{x}^{\mathrm{T}}\boldsymbol{A}^{\mathrm{T}}\boldsymbol{Ax}=0$,即 $(\boldsymbol{Ax})^{\mathrm{T}}\boldsymbol{Ax}=0$,从而 $\boldsymbol{Ax}=\boldsymbol{0}$. 这表明,齐次线性方程组 $\boldsymbol{Ax}=\boldsymbol{0}$ 与 $\boldsymbol{A}^{\mathrm{T}}\boldsymbol{Ax}=\boldsymbol{0}$ 同解,故它们的基础解系所含的线性无关解向量的个数相同,即

$$n - \mathrm{R}(\boldsymbol{A}) = n - \mathrm{R}(\boldsymbol{A}^{\mathrm{T}}\boldsymbol{A})$$

故 $\mathrm{R}(\boldsymbol{A}) = \mathrm{R}(\boldsymbol{A}^{\mathrm{T}}\boldsymbol{A})$.